漂洋过海来看你

一座座天生丽质小岛
一幅幅海上绝佳画卷
一艘艘穿梭扁舟巨轮
一番番别样梦幻仙境

人·岛·舟·山·海·城
海岛风情 海城风韵

虽
看似无关
却
情深似海

便构成了
无与伦比的

海天佛国 渔都港城

千岛之城 海上花园

这便是

我的美丽舟山群岛之梦……

——周建军

群岛型、国际化、高品质
海上花园城市规划建设理论与实践探索
——以浙江舟山群岛新区为例

周建军等　著

中国建筑工业出版社

图书在版编目（CIP）数据

群岛型、国际化、高品质海上花园城市规划建设
理论与实践探索：以浙江舟山群岛新区为例／周建军
等著. —北京：中国建筑工业出版社，2019.10
ISBN 978-7-112-24251-1

Ⅰ.①群… Ⅱ.①周… Ⅲ.①城市规划-研究-
舟山 Ⅳ.①TU984.255.3

中国版本图书馆CIP数据核字（2019）第217786号

　　本书从海上花园城建设理论研究入手，构建海上花园城规划建设的目标体系、标准体系、指标体系和评价系统，提出海上花园城生态化建设策略和空间治理体系，明确海上花园城建设实施行动计划，从理论到实践、目标到途径，全方位地为舟山实现建设群岛型、国际化、高品质和充满活力、品质高端、韵味独特的海上花园城市这一目标和行动提供理论支持和实践指导。

　　本书可供城市规划、城市空间设计、城市生态与绿色规划、城市景观与风貌规划、海洋、海域及海岛城市发展与规划研究和城市建设管理等人员学习和实践参考，也可供相关专业院校师生学习阅读。

责任编辑：张　磊　曹丹丹
责任校对：张惠雯

群岛型、国际化、高品质海上花园城市规划建设理论与实践探索
——以浙江舟山群岛新区为例
周建军等　著
*
中国建筑工业出版社出版、发行（北京海淀三里河路9号）
各地新华书店、建筑书店经销
北京锋尚制版有限公司制版
天津翔远印刷有限公司印刷
*
开本：880×1230毫米　1/16　印张：19　字数：490千字
2019年12月第一版　　2019年12月第一次印刷
定价：188.00元
ISBN 978-7-112-24251-1
（34749）

课题研究组成员

顾　　问：俞东来　何中伟
组　　长：周建军
副 组 长：李天富　陈　鸿　朱介鸣　陈前虎　杨培峰　徐宇波

总 统 稿：周建军　田乃鲁　陈　鸿　徐宇波
参研人员：（以姓氏笔画排序）

丁伟民　王飞跃　王　涛　王秀敏　龙　香　田乃鲁　史旭东
朱　凯　朱星宇　刘　坚　许潇涵　孙　颖　孙裔煜　李　娜
李　荷　李博文　杨　威　吴一洲　吴若昊　何立堃　沈也迪
陈志端　陈安振　陈华杰　陈妍琦　周　宇　周家豪　郑　舟
郑　琦　胡家晟　洪　斌　祝　琦　姚笑盈　夏　泉　顾建斌
倪龙和　郭　刚　郭晶鹏　黄文圣　曹越皓　董翊明　傅小娇
焦泽飞　谢燕玲　缪华东　潘聪林

序　一

"城市是人类最伟大的发明与最美好的愿望"，城市让生活更美好，实现人民对美好生活的向往，是执政为民，体现以人民为中心发展理念的初心使命和责任担当。舟山群岛新区是我国第一个以海洋为主题的国家级新区和自由贸易试验区，舟山群岛战略地位十分重要，是长江流域和长三角对外开放的国际海上门户、一带一路战略重要枢纽和国际重要江海联运服务中心。舟山群岛拥有1390多个碧绿岛屿，宛如大珠小珠落玉盘，镶嵌在广阔无垠的东海和西太平洋之中，海上仙境、天生丽质、光彩夺目、无限遐想……一岛一城一景一花园，海天佛国，渔都港市，千岛之城，海上花园。

新时代舟山群岛新区以生态文明新发展理念为指导，坚持以人民为中心的发展理念，坚持生态优先，坚持走海洋、群岛特色的新型城镇化，坚持高起点、高标准、高水平规划建设群岛型、国际化、高品质海上花园城市。在海上花园城市建设具体创新实践中，充分体现和展示建设充满活力、品质高端、独具韵味的海上花园城市特点、特色、特质和特征的诗意海岛人居栖息地美好愿景和蓝图，精心规划、精致建设、精准管理，砥砺前行。近年来，以"四个舟山"建设为目标，以"五大会战"为抓手，以规划为引领，统筹协调，攻坚克难，真抓实干，"一张蓝图绘到底、一任接着一任干"，舟山城市环境、品质和面貌发生了明显改观和提升，人民群众满意度、幸福感和获得感不断增强和提升。一幅幅海上花园城市的新画卷正在不断展开和丰富，必将为回应舟山人民对美好生活的向往不断创造更加美好的未来，进而成为中国新时代生态文明发展理念下具有独特魅力和韵味的群岛型美丽花园、美满家园和美好乐园的生态绿色典范城市。

本研究以舟山群岛新区近几年海上花园城市规划建设和管理的理论思考和实践探索为主线，扬舟山城市发展之长，拉高标杆，积极融入长三角区域高质量一体化发展战略，努力高质量建设长三角陆海统筹沪舟合作海上发展示范区。同时，借鉴学习国内外先进城市发展成功经验，结合舟山群岛新区发展规划和阶段特征提出了舟山建设群岛型、国际化、高品质海上花园城市的目标体系、标准体系、指标体系、建设体系、评估体系和治理体系及系统集成的项目实施支撑体系，为建设群岛型海上花园城市这项复杂的系统工程提供了理论指导和实践探索，特别是作者提供的舟山群岛新区海上花园城市从策划、规划、建设到管理全生命周期的理论体系构建和实践运作推进模式探索对生态文明新理念指引下的我国新型城镇化和生态绿色城市建设都具有较强的理论指导意义和实践参考价值。

是以为序。

中共舟山市委书记
中共浙江舟山群岛新区工作委员会书记
浙江舟山群岛新区管委会主任

　　"城市让生活更美好"，既是2010年上海世博会的主题，更是新时代生态文明发展理念指引下回应"人民对美好生活向往"城市发展的必然要求、目标、准则和行动指南。

　　舟山，海天佛国，渔都港城。1400个海岛星罗棋布，苑如千颗明珠绿钻，闪耀在无垠的东海和西太平洋上。舟山为我国最大群岛和世界著名渔场，更是我国及长三角对外开放的海上国际门户。随自由贸易试验区、波音亚太交付中心、国家江海联运中心和绿色临港产业等重大国家战略落户舟山，舟山的转型提升品质和实现跨越发展，引擎生态文明，全面改革开放，创立"高品质、国际化、群岛型的海上花园城市"比任何时候都显得迫切和必要。

　　舟山提出建设"四个舟山"，实为追逐品质高端、充满活力、独特韵味海上花园城市之目标，其目标、标准、指标，建设和评估五体系成为系统之必然，"一、三、五年建设行动计划及其任务书"成为实操之必须、"作战图、时间表"成为协同推进之必要。然其高标准、高水平、高质量之真抓实干才是城市物质空间建设之要。历数载砥砺前行，城市功能才得完善，城市品质才得显升，城市环境才得著改。回归人民获得幸福、市民大增自豪，乃生态明新时代之荣誉范例。若能长期坚持，舟山样本必成时代典范，不负先行先试之历史使命，更应在海洋海岛生态文明建设中贡献其舟山智慧，而光大传播。

　　此书可贵有新时代海洋梦创新发展之理论思考，更是用具体行动在西太平洋之上的鲜活实践。若城乡规划建设能不忘初心，并结合实际不断创新创造，坚守人民中心，遵循生态文明，创新以绿色永续，和谐协同，开放共享，城市让生活更美好，便将为更美丽现实。弟子周建军呈我书稿，读舟山群岛新区海上花园城市规划建设，虽只为良好开端，但为者常成，行者常至。愿舟山群岛新区勇立潮头，破浪前行，不辱使命，不负众望成为引领世界城市绿色发展的海上花园建设的新典范。

　　是为序。

中国工程院院士

同济大学副校长

德国工程科学院院士

瑞士皇家工程科学院院士

目 录

第 1 章
引言

1.1 研究背景、目的及意义

1.1.1 研究背景

1. 花园城市建设和发展新趋势

随着城市化进程的推进和城市的无规律蔓延，城市问题越发突出，城市成为人类改造自然最为彻底的场所，同时也减少了城市居民与自然要素良性互动的乐趣。工业化和城镇化在提升城市物质生活质量的同时，也造成了对自然的严重侵害和环境污染加剧。探索未来城市的发展模式，规划城市美好的蓝图，实现人们对美好生活的期盼，处理城市与自然相结合的问题，不断改善环境、修复生态，已然成为世界各国研究的热点。

花园城市是生态良性循环、经济高效、社会和谐的人类居住区，是结构合理、功能稳定、动态平衡的社会、经济、自然复合生态系统，符合城市现代化建设和持续发展的客观趋势。19世纪末，在经历了工业城市出现的种种弊端，目睹了工业化浪潮对自然的破坏后，英国著名规划专家霍华德于1898年提出了"花园城市"的理论，其中心思想是使人们能够生活在既有良好的社会经济环境又有美好的自然环境的新型城市之中。20世纪末，随着人类生态意识的加强、绿色运动的兴起、社会经济的发展、人们对美好生活的向往以及可持续发展观念的深入人心，花园城市的建设热潮再一次兴起。联合国环境规划署和国际公园协会联合决定，自1997年起每年举行一次"国际花园城市"的评选活动，这项评选在一定程度上催生了我国各地花园城市建设的热潮。

为使城市生态得到恢复和健全，以营造宁静、舒适、优美的城市环境，目前世界上公认的也是最行之有效的办法就是建设花园城市，通过城市功能品质提升、生态修复、形态优化和景观塑造，使市民生活在自然和谐的花园之中，实现城市在花园中的美好理想。创建花园城市，提高城市质量和生活品质，已成为现代城市建设与发展的主要方向。目前全球有100多座城市已加入国际花园城市的行列，我国自2000年深圳市首次获奖至2013年间，近30个城镇或社区在竞赛中获奖。近年来，我国更多的城市以城市改造和建设为契机，向花园城市的目标迈进，我国也正成为世界上建设花园城市最为积极主动的国家之一。

2. 中央提出生态文明和城市建设的新理念

党的十八大以来，以习近平同志为核心的党中央将生态文明建设纳入中国特色社会主义"五位一体"总体布局和"四个全面"战略布局，提出了一系列新思想、新理念、新战略，强调"绿水青山就是金山银山""保护生态环境就是保护生产力，改善生态环境就是发展生产力"。

党的十八届五中全会坚持"以人民为中心"的发展思想，鲜明提出了"创新、协调、绿色、开放、共享"的发展理念。"十三五"规划中明确了创新、协调、绿色、开放、共享的新发展理念，"绿色"成为我国"十三五"乃至更长时期的发展方向和着力点。党的十九大报告把"坚持人与自然和谐共生"作为习近平新时代中国特色社会主义思想的重要组成部分，体现出党中央对生态文明建设的坚定决心。在全国生态环境保护大会上，会议提出生态文明建设必须遵循的六大原则，为新时代生态文明建设指明了方向。

城市让生活更美好是人们的深切期望，城市绿色发展成为生态文明建设的"重头戏"。改革开放以来，我国城市发展迅猛、面貌日新月异，但也伴生着一些"城市病"。中央城市工作会议提出"一尊重五统筹"，要求统筹生产、生活、生态三大布局，提高城市发展的宜居性，为破解"城市病"开出了"药方"。

3. 舟山提出"建设海上花园城"新目标

2011年6月30日，国务院批准设立浙江舟山群岛新区。此后的几年里，舟山先后获批舟山港综合保税区、中国（浙江）大宗商品交易中心、舟山江海联运服务中心以及舟山绿色石化基地、波音737完工与交付中心、国家远洋渔业基地等一系列国家级战略、国家级平台和国家级项目。2017年4月1日，中国（浙江）自由贸易试验区正式挂牌。舟山在国家战略布局中的地位越来越凸显，标志着舟山进入了新的发展阶段，跃上了新的发展起点。

2012年，在《浙江舟山群岛新区空间发展战略规划》中提出了建设"海上花园城"的空间发展战略，随后这一战略又在城市总体规划中得到了进一步落实，同时提出"借鉴新加坡的发展经验，通过营造花园城市，提升城市环境品质，塑造国际品牌形象，培育良好的文化氛围和创新精神，吸引新兴产业和高端产业；通过构建公共城市，提供可支付住房和高效便捷的公共交通，提升城市公共服务能力，降低人居生活成本，增强对各类专业人才的吸引"。

2016年2月29日，舟山市委理论中心组举行"海上花园城建设"专题学习会，新区总规划师就海上花园城建设做了专题报告，会议深入学习贯彻中央城市工作会议精神，研究探讨新型城市化发展和海上花园城建设工作，会议提出切实贯彻落实新区发展规划和新区（城市）总体规划，加快建设海上花园城，努力让人民群众生活更美丽，新区发展更绿色、健康和永续。

2017年4月，舟山市委提出，要打好交通建设、招商引资、系列国家战略落地、城乡环境综合整治、剿灭劣 V 类水等"五大会战"。2017年7月31日，舟山市委七届二次全会深入贯彻浙江省第十四次党代会精神，提出了建设创新舟山、开放舟山、品质舟山、幸福舟山，力争高水平谱写实现"两个一百年"奋斗目标的舟山篇章。

2017年5月舟山市委市政府发布《关于建设海上花园城市的指导意见》（舟委发〔2017〕10号），正式提出到2030年基本建成群岛型、国际化、高品质海上花园城市的总体目标，并从强化规划引领、优化城市空间布局、凸显群岛城镇特色、提高城市建设现代化水平等方面，对舟山市的海上花园城建设和规划工作提出了具体的要求。

为具体落实海上花园城的建设目标，舟山市委市政府又制定了《舟山市2017年海上花园城市建设攻坚行动实施方案》和《舟山市2018年海上花园城市建设攻坚行动实施方案》，明确海上花园城建设的项目清单和任务分解，并和各部门的年度考核相挂钩，保证海上花园城建设项目的顺利实施。

1.1.2 研究目的

本研究的主要目的包括以下三个方面：

（1）明确海上花园城的概念和内涵。

进一步丰富和发展花园城市理论，按新时代生态文明的要求，提出舟山建设群岛型、国际化、高品质海上花园城市的概念、内涵和外延，建立具有舟山特色的品质高端、充满活力和独特韵味的海上花园城理论体系。

（2）建立海上花园城规划建设综合标准和指标体系。

包括海上花园城建设的目标体系、指标体系、标准体系和评价体系。其中指标和标准的选择既要求具有国际先进水平和先进视野，又能够符合舟山城市建设实际需求，体现舟山特色，具有特殊性和创新性；既能体现当今生态文明建设的新要求、新趋势和城市发展从高速度向高质量转型的时代特征，又具有可量化、可操作性。

（3）制定海上花园城规划建设实施策略和路径。

明确海上花园城建设的策略、重点、时序，制定项目清单、任务分解书、时间表、作战图并落实工作经费、保障机制和完善考核体系，确保海上花园城的建设工作能够顺利推进。

1.1.3 研究意义

"海上花园城"是生态文明理念指引下的新型城市发展理念，是城市永续发展符合生态逻辑的高级形态，是一项复杂的系统工程，也是舟山群岛新区在激烈的区域竞合中体现差异化发展、错位化竞争和提高群岛魅力特色的重大战略选择和行动指南。在舟山新的黄金机遇期，建设"海上花园城"必须终结通过城市空间的粗放扩张的传统增长主义，坚持生态底线，实现绿色发展，并重塑城市规划、建设和管理的宏观环境和科学实施路径，从而实现舟山城市建设和发展从蓝图到获得感的跨越，并实现人们对美好生活向往的最佳作为。

本研究有助于丰富和完善"海上花园城"的内涵，通过顶层设计的方式，实现从单一的建设口号向包括理念-目标-策略-行动计划的完整理论体系的转变；有助于进一步完善当前的规划、建设和管理体制，形成规划一张图、管理一张网、建设一盘棋的一体化格局，齐心协力推动海上花园城建设；有助于及时发现和解决城市建设和发展中的短板和问题，从目标导向和问题导向两条线索出发，分析和评估城市发展现状，提供可操作、可实施、近远期相结合的解决方案，明确考核目标和任务清单，指导海上花园城规划建设，为我国新时代生态文明理念指导下的城市可持续发展和城市让生活更美好提供理论探索和实践样本。

1.2 技术路线及主要内容

1.2.1 技术路线

本次研究的技术路线如图1-1所示。

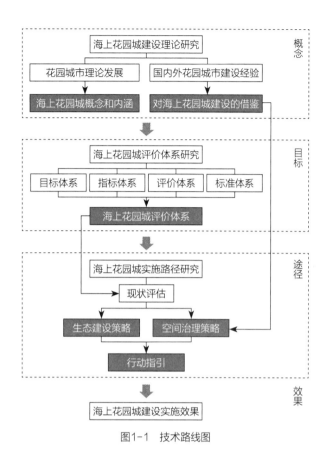

图1-1 技术路线图

1.2.2 主要内容

本研究将从海上花园城建设理论研究入手，构建海上花园城的目标体系、标准体系、指标体系和评价体系，提出海上花园城生态化建设策略和空间治理体系，明确海上花园城建设实施行动计划，从理论到实践、目标到途径，全方位地为舟山实现建设群岛型、国际化、高品质和充满活力、品质高端、韵味独特的海上花园城市这一目标和行动提供理论支持和实践指导。

本研究主要包括以下五部分内容。

第一部分：包括第2、3章，为海上花园城理论研究部分。主要内容包括海上花园城的理论综述以及国内外花园城市建设的案例研究。通过这一部分的研究，将明确海上花园城的起源和演变，由此引出舟山海上花园城，并结合国内外花园城市建设经验，为舟山海上花园城的建设提供借鉴。

第二部分：包括第4～7章，为海上花园城目标研究部分。主要内容包括海上花园城目标体系、指标体系、标准体系、评价体系和现状评估几个方面。这一部分通过国内外花园城市建设指标和标准的研究，以及相关评价系统的整理，构建既具有国际先进水平又能体现舟山特色的海上花园城的建设评价系统和评价制度。同时，以目标导向的方式，应用建设评价系统对舟山城市发展现状进行评估，找出舟山在海上花园城建设中的短板。

第三部分：包括第8章，为海上花园城建设指引部分。主要包括目标指引、规划指引、政策指引、行动指引、项目指引和实施指引，是实际指导舟山海上花园城建设的部分。在前面两个部分研究的基础上，将海上花园城的建设理念和建设目标进行具体落实，在目标、规划、政策的引导下，制定一系列的行动，借助具体的项目进行有效的实施。

第四部分：包括第9、10章，为海上花园城建设策略研究部分。主要内容包括海上花园城生态化建设策略和空间治理体系研究。这一部分，以问题导向的方式，通过对舟山城市生态化建设以及规划、建设、管理体制这两个在海上花园城建设中至关重要的方面所存在的现状问题进行分析，并通过对国内外相似城市的案例进行总结和经验吸收，提出海上花园城在生态化建设以及规划、建设、管理体制方面的发展策略。

第五部分：包括第11章，为海上花园城实施效果部分。展示了近年来舟山建设海上花园城所取得的成果，特别是通过2017年、2018年两年海上花园城市建设攻坚行动的实施，使得城市的面貌发生了巨大的改变。

第2章
海上花园城规划建设理论综述

2.1 工业文明时代的花园城市

2.1.1 霍华德"花园城市"的时代背景

霍华德的"花园城市"思想在规划界译为"田园城市"理论，其产生有其深刻的时代背景：18、19世纪的"产业革命"在使资本主义的生产力获得巨大发展的同时，也带来了一系列的社会问题，尤其是城市人口过于密集、交通拥挤、环境污染日益严重、居民生活条件恶化；而农村则大量破产，社会两极分化，城乡对立日甚。

霍华德的"花园城市"思想从萌芽状态起就表现出强烈的政治性、思想性和社会性，也因其历史发展阶段、国家和地区、民族与文化的不同有着不同的时代观念、文化内涵、民族特征以及不同的地域风貌。这一概念最早是在1820年由著名的空想社会主义者罗伯特·欧文（Robert Owen，1771—1858年）提出的。

2.1.2 霍华德"花园城市"的思想理念

在经历了英、美两国的工业城市出现的种种弊端，目睹了工业化浪潮对自然的毁坏后，英国著名规划专家埃比尼泽·霍华德（Ebenezer Howard，1830—1928年）提出了"田园城市"的理论，其中心思想是使人们能够生活在既有良好的社会经济环境又有美好的自然环境的新型城市之中。1898年，霍华德出版了《明日：一条通往真正改革的和平道路》（1902年的修订本改名为《明日的田园城市》）一书，是城市发展理论研究的一个重要里程碑。针对工业文明时代的众多社会弊病，霍华德提出了著名的"三磁"理论。所谓"三磁"是指可供人们选择居住的三类人居磁场：乡村、城市和花园城市（图2-1）。乡村的吸引力在于接近自然、空气清新、水质干净、阳光充沛、生活费用低廉，缺点是缺乏就业机会、收入低、缺少社会多样性、生活单调。城市的吸引力在于丰富多样的生活方式、多种娱乐场所、收入高，缺点是生活成本高、环境污染、天空阴霾、空气污浊。第三个磁场"田园城市"，也就是霍华德的创意，让城市和乡村形成一个整体，旨在结合乡村和城市的优点，既有丰富的城市生活和多样的就业机会，又有良好的自然环境和田园风光，而没有它们的缺点。1919年霍华德给田园城市下了一个简短的定义："田园城市是为了安排健康的生活和工作而设计的城镇；其规模要有可能满足各种社会生活，但不能太大；被乡村带包围；全部土

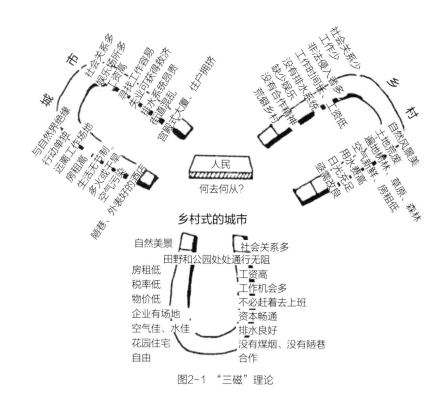

图2-1 "三磁"理论

地归公共所有或者托人为社区代管。"田园城市拥有优美的自然环境、丰富的社交机遇，有企业发展的空间和资本流，有洁净的空气和水，有自由之气氛，具合作之氛围，无烟尘之骚扰，无棚户之困境，兼具城乡之美，而无城市之通病，亦无乡村之缺憾。他认为田园城市是一把万能钥匙，可以解决城市的各种社会问题。

虽然从现代的眼光看，霍华德的花园城市理论可能过于简单和理想化，但总体来看，霍华德针对现代社会出现的城市问题，提出带有先驱性的规划思想，把城市和乡村结合起来，作为一个体系研究和规划；对城市规模、布局结构、人口密度、绿带等城市规划问题，提出一系列独创性的见解，是一个比较完整的城市规划思想体系。田园城市理论对现代城市规划思想起到了重要的启蒙作用，对后来出现的一些城市规划理论（如"有机疏散"论、卫星城镇理论等）颇有影响，也是"花园城市"最重要的思想渊源之一。20世纪40年代以后，在许多城市规划方案的实践中都体现了霍华德田园城市理论的思想。

"田园城市"的提出及其在实践中的尝试具有重要而深远的意义，它不仅仅是一种理论和实践创新，更重要的是它为人类解决城市的环境危机提供了新的思想和对策，从而改变了人们对世界未来的悲观看法，增强了人们面对危机的勇气和克服困难的信心，因此将对整个人类社会的发展进程产生积极的作用，特别是将为人类居住区的建设和发展开辟广阔的前景。因此，"花园城市"这一概念是积极的而不是消极的，是发展的和前进性的而不是停滞的或倒退的，是建设性的而不是破坏性的，是全面的而不是片面的，是革命性和战略性的而不是权宜性的。"花园城市"的产生可以认为是城市规划和建设领域的一个里程碑。刘易斯·芒福德对霍华德的"花园城市"评价极高，将"花园城市"与飞机并称为20世纪初人类的两大发明。

2.1.3 霍华德"花园城市"的空间特点

首先，城市人口密度必须控制，霍华德"花园城市"应该是人口密度低、绿化用地多的城市。其次，城市规模也必须控制，大城市不可能是"花园城市"，以农业用地作为绿带遏制城市的继续发展，同时构造一个城市工业和乡村农业结合的综合体（图2-2）。霍华德"花园城市"的逐渐成长最终形成"无贫民窟、无污染的城市群"（图2-3）。霍华德"花园城市"的空间模式是低密度、小规模、组团结构。

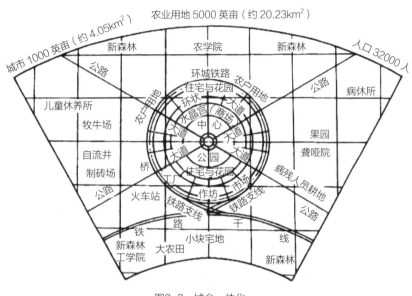

图2-2 城乡一体化

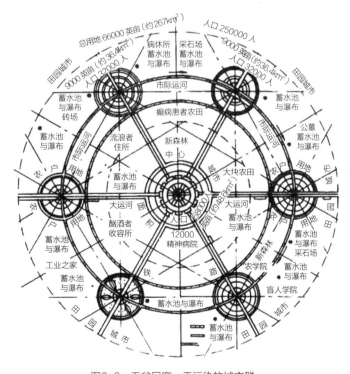

图2-3 无贫民窟、无污染的城市群

这个设想极具创新意识，前所未有。城乡移民毋庸置疑地会被"花园城市"所吸引，而舍弃大城市。深信"花园城市"会成功，霍华德与志同道合的规划师和建筑师共同组建了花园城市开发公司，亲自融资、买地、规划和设计。

2.1.4 霍华德"花园城市"的历史经验

1.莱奇沃斯与韦林的规划建设实践

第一个"花园城市"莱奇沃斯于1903年建成（图2-4～图2-8），第二个"花园城市"韦林于16年后的1919年在英国伦敦的郊区建成（图2-9、图2-10）。霍华德的理念在莱奇沃斯——世界上第一个花园城市得到实施，莱奇沃斯的建成也使霍华德成为现代城市规划的先驱大师。

帕克与昂温关于莱奇沃斯的规划：霍华德的几何形式的回声保留在城镇广场（M）周围的区域。来源于莱奇沃斯指南（1907）

图2-4 莱奇沃斯花园城市总体规划

图2-5 莱奇沃斯——世界上
　　　第一个花园城市

图2-6 莱奇沃斯的居住区

图2-7 莱奇沃斯的公共绿地和设施

图2-8 莱奇沃斯的绿带

图2-9 韦林花园城

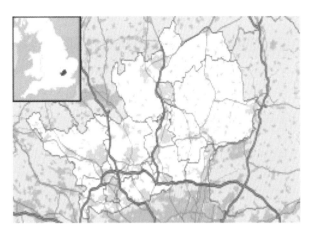

图2-10 韦林花园城的位置

韦林是英格兰赫特福德郡的一个小镇。它位于伦敦国王十字路口约20英里（约32km）处。韦林花园城是英格兰第二个花园城市，也是最早的新城镇之一（1948年指定）。它体现了建造时期的物质、社会和文化规划理想。

2. 发展战略和建设路径：成立花园城市开发公司以保证开发实施与规划一致

土地是花园城市建设的关键要素。任何规划能否顺利实施，涉及土地业主是否配合，如果规划理念与土地业主利益不吻合，规划实施基本无望。霍华德《明日的花园城市》一书中以同样的篇幅讨论了花园城市开发的融资和收益以及详细的财务计划。高尚的理念需要务实的精神。"花园城市先驱开发公司"（Garden City Pioneer Company）于1902年成立，注册资金为2万英镑。公司与莱奇沃斯所在地的15个土地业主商谈购买土地，以155587英镑买下3818英亩（约15.45km²）土地。1903年成立莱奇沃斯开发项目公司"第一花园城市公司"（The First Garden City Company），注册资金为30万英镑。

因为开发商就是规划师，所以莱奇沃斯花园城市开发基本按照规划蓝图进行。开发商为低收入居民提供经济适用房（图2-11），不以盈利为目的。花园城市提倡各种不同收入居民的社会融合，不提供"门禁"社区。

韦林小镇则沿着绿树成荫的林荫大道和新佐治亚镇中心布局。1919年，霍华德安排购买已被确定为合适地点的赫特福德郡土地。1920年4月29日，一家名为Welwyn Garden City Limited的公司成立，负责规划和建造由Theodore Chambers爵士担任主席的花园城市。Louis de

图2-11 开发商为低收入居民提供的经济适用房

Soissons被任命为建筑师和城市规划师，C.B Purdom担任财务总监，Frederic Osborn担任秘书。

它有自己的环境保护立法，即韦林花园城市管理计划。每条路都有宽阔的草地边缘。镇上的中心线是公园路，一个中央商场或风景优美的公园大道，长约1英里（约1.6km）。沿着公园路向南的景色曾被描述为世界上最好的城市景观之一。较旧的房屋位于公园路的西侧，而较新的房屋位于公园路的东侧。

最初的规划者打算让花园城市的所有居民在一家商店购物并创建了韦林商店，这是垄断，引起了一些当地人的不满。此后，商业压力确保了更多的竞争和多样性，韦林商店于1984年由John Lewis Partnership接管。

3. 莱奇沃斯和韦林花园城市建设的经验教训

（1）教训：没有经济规律支持的规划难以实现

规划理念是一回事，能够成功获得市场响应是另一回事，毕竟城市发展需要供需配合。莱奇沃斯花园城市强调公共利益，如将区位条件良好的市中心安排为中心花园和公共建筑，而不是商业设施，建成后发现城市中心没有活力，忽视了市场经济的规律（图2-12）。

事实上霍华德的花园城市协会也就开发了两个花园城市，即1903年的莱奇沃斯和1919年的韦林。"田园城市"的规划师之一雷蒙德·昂温（Raymond Unwin）叹道："30年的花园城市建设，莱奇沃斯和韦林的城市居民数量加起来仅达

图2-12　莱奇沃斯的市中心

24000人，而在过去的十年中，每12个星期就有同样数目的居民来到大伦敦地区定居"（1932年）。面对来自市场的竞争，"花园城市"的吸引力似乎远远低于没有规划理念的伦敦，"花园城市"难以为继。为什么理念上如此完美高尚、经过规划的"花园城市"居然竞争不过具有很多城市问题、没有规划的大伦敦？为什么"花园城市"磁场未能比城市磁场更有吸引力？事后分析，原因可能很简单："田园城市"未能如愿地达到所设定的规划目标——既有乡村的优越性又有城市的吸引力。事实上，"花园城市"只有"花园"而没有"城市"，没有伦敦大都市所具有的城市生活综合吸引力，其中的致命问题是莱奇沃斯没有足够的就业机会。

规划只能创造良好的物质环境，而无法创造有实力的经济环境。规划师能够规划居住区、基础设施、公共和社会设施，但是无法规划城市经济。规划师的知识背景也限制了他们对城市经济的认识，他们以为城市经济会自然而然地发展和壮大。自1903年莱奇沃斯建成后很长一段时间内，该城市只有一家稍具规模的企业提供就业。而这家企业也是因为其深具社会责任感的工厂业主于1910年从美国慕名而来，协助霍华德建设世界上第一个田园城市。莱奇沃斯未能吸引更多的企业来促进花园城市更有活力，说明这个城市对以赢利为首要目的的企业没有吸引力。城市的偏远区位（当初霍华德选择此地是因为远离伦敦、地价便宜）和规模太小是两大原因。"花园城市"的实践揭示了规划理论和城市现实之间的鸿沟。优秀的规划理念需要尊重市场机制。这个教训极其重要，尤其对于中国的规划业界。政府强势，以致忽视市场经济的作用，没有市场支持的规划设想，实施后肯定是事倍功半，最后往往是规划理念得不到实现。

（2）启示：后工业文明时代的花园城市的经济与社会意义

必须指出的是，霍华德花园城市还有更深远的理念，更多地体现在首版的《明日：一条通往真正改革的和平道路》一书中，如其标题所示，霍华德花园城市所追求的是社会改革，建设缩小贫富

差距、体现社会公平的社会城市（Social City）。花园城市强调城乡一体化，乡村到城市的单向移民使得乡村荒芜，而城市过度拥挤、住房紧缺、环境污染。城乡一体化有利于避免乡村衰落和大城市病。社会城市也反映在城市民治上，小规模城市有利于居民自治。所以花园城市的内涵是城乡一体化的社会城市，低密度、小规模的设置是为了追求城市民治，既不由强权的政府管理，也不受贪婪的资本控制。花园城市的空间结构（近期目标）实际上反映了规划师所追求的社会城市远期目标。莱奇沃斯目前人口规模是33600人。

花园城市的空间内容体现在城市生态和绿化发展两个方面，其空间结构是低密度、小规模、城乡一体和组团结构，霍华德花园城市的内涵是社会公正和社区民治。

对花园城市、生态城市的重视源于早期城市化只关注经济发展和工业化，忽视了严重的污染公害，导致居民健康的恶化。霍华德的"花园城市"是对工业革命负面后果的规划反应。西方进入后工业化时代后，综合的生活质量指数（Quality of Life）替代了单方面追求GDP经济发展的目标，花园城市、生态城市又成为热门课题，特别是后工业化时代的新经济，员工先选择有良好生态环境的居住区位，企业随之选择生产布局的区位，所谓"企业追随员工"，而不是早期工业化时代的"员工跟随企业"。这个现象在欧美发达国家比较显著。于是，花园城市、生态城市成为了有利于新经济发展的有效规划范式。20世纪末，可持续发展运动、低碳经济模式又赋予花园城市、生态城市新的功能。舟山有后发优势，可以花园城市、生态城市模式引导发展城市新经济，打造高生活质量的城市。

2.2 花园城市的理论基础与现代发展

2.2.1 花园城市的理论基础

从对"花园城市"概念的探讨、对其思想渊源的追溯及对城市生态问题的分析中我们可以看出，"花园城市"的全部理论基础可以归结为四个方面：城市生态系统理论、可持续发展理论、区域整体性和城乡协调发展理论以及经济、社会、文化、环境综合发展理论。

1. 城市生态系统理论

城市生态系统理论是指将城市作为一个生态系统来研究，用生态学和系统论的思想、方法来分析和研究城市问题，指导城市规划、建设和发展的理论体系，它是"花园城市"最基本的理论基础。城市生态系统理论，特别是其中关于生命与环境相互作用以及食物链、资源利用链结构和功能的理论，对于我们正确认识和分析城市问题以及对于花园城市的建设和发展具有重要的指导意义。城市生态系统理论的内容是非常丰富的，从本课题的需要出发，我们必须把握其核心内容。

从生态学的角度来看，城市是一种生态系统。首先，城市的物质基础是自然生态系统；其次，城市的整体是一种自然—人文复合生态系统，人类活动与其物质环境之间是一个不可分割的有机体；再者，城市与周围腹地、城市与城市之间存在着一种生态系统关系。但是城市生态系统是一种特殊的生态系统，这种生态系统具有一些不同于其他生态系统的特征：①城市生态系统是以人为核心的生态系统。与其他生态系统一样，城市生态系统也是生物与环境相互作用而形成的统一体，只不过这里的生物主要是人，这里的环境也成了包括自然环境和人工环境的城市环境。"城市人"和城市环境相互依赖、相互适应而形成一个共生整体。但是在这一整体中，人是城市的主体，城市的各项建设都要以满足人的生理、心理需要为宗旨来进行。城市环境是服务于人的，而不是相反。当然，人并不是被动地接受环境的服务，而是要主动地利用环境、改善环境，要避免对城市环境的掠夺、损坏和污染，保持城市自然、社会、经济的平衡。②城市生态系统是一个自然—社会—经济复合生态系统。城市生态系统从总体上看属于人文生态系统，它以人的社会经济活动为其主要内容，但它仍然是以自然生态系统为基础的，是人类活动在自然基础上的叠加。因此，城市生态系统的运行既遵守社会经济规律，也遵循自然演化规律。城市生态系统的内涵是极其丰富的，城市中的大气、土地、水、动植物、各种产业、文化、建筑、邻里关系、民俗风情等都属于城市生态系统的构成要素。③城市生态系统具有高度的开放性。每一个城市都在不断地与周边地区和其他城市进行着大量的物质、能量和信息交换，输入原材料、能源，输出产品和废弃物。因此，城市生态系统的状况不仅仅是自身原有基础的演化，而且深受周边地区和其他城市的影响。城市的自然环境与周边地区的自然环境本来就是一个无法分割的统一的自然生态系统。城市生态系统的这种开放性，既是其显著的特征之一，也是保证城市的社会经济活动持续进行的必不可少的条件。④城市生态系统的脆弱性。与自然生态系统不同的是，城市生态系统越复杂越脆弱。由于城市生态系统是高度人工化的生态系统，受到人类活动的强烈影响，自然调节能力弱，主要靠人工活动进行调节，而人类活动具有太多的不确定因素，不仅使得人类自身的社会经济活动难以控制，还因此导致自然生态的正常变化；而且影响城市生态系统的因素众多，各因素之间具有很强的联动性，一个因素的变动会引起其他因素的连锁反应，因此城市生态系统的结构和功能表现出相当的脆弱性。城市生态系统的脆弱性主要表现在城市的生态问题种类繁多而且日益严重。

城市生态系统既有生态系统的一般功能，也有其特有的功能，我们主要研究其特有的功能：①生产功能，即城市生态系统的经济功能；②生活功能，也可称之为社会功能；③还原功能，主要是其自然方面的功能；④文化功能，这是城市生态系统区别于其他生态系统的最主要的功能，它包括三个方面：一是文化记录；二是文化创新；三是文化交融。城市是社会最宝贵的文化产物，多数城市都拥有构成其社会历史和文化主要部分的建筑物、街道、格局和社区，以及丰富多彩的观赏与装饰艺术、音乐和舞蹈、戏剧、文学，这些正是人类文化的生动记录。城市中集中着人类绝大部分的科研机构、大学以及文化机构，其科学文化功能是其他任何地域所无法比拟和不能代替的。几乎所有的"新文化"都产生于城市，这说明城市是文化创新之地。城市好比社会发展的催化剂，它在居民中传播新的文化和思想。城市把知识、思想、经验逐渐积累起来，并整理加工、组织成为一种约定俗成的生活秩序；同时，把这种新的生活秩序逐渐传播到邻近地区去。而且由于城市之间的交流与交往，各城市、各地区的文化相互影响、相互交流、相互融合，这也是其他生态系统所不具有的功能。

同样，我们说明这些城市生态系统及相关的概念，是为了强调城市的系统性。我们研究城市，包括分析和解决城市问题，建设花园城市，都必须用系统的眼光和系统论的观念，才能得到科学的认识，才能得出正确的结论，才能找到合理的建设、改造、管理措施。

2. 可持续发展理论

可持续发展是20世纪80年代出现的重要的战略思想，目前已为全世界所普遍接受，并逐步向社会经济的各个领域渗透，成为当今社会最热点的问题之一。可持续发展思想起源于人类对能源危机、资源危机、粮食危机、生态危机等人类所面临的各种危机的反思，作为一个有明确定义的概念是在1987年发表的世界环境与发展委员会的报告《我们共同的未来》中被提出来的，意即既满足当代人的需要又不损害后代人满足其需要的能力的发展。1992年5月在巴西里约热内卢召开的"联合国环境与发展大会"通过了全球《21世纪议程》，使可持续发展成为指导世界各国社会经济发展的共同的战略。

可持续发展战略旨在促进人类之间以及人类与自然之间的和谐，其核心思想是，健康的经济发展应建立在生态可持续、社会公正和人民积极参与自身发展决策的基础上。具体体现为三个原则：一是公平性原则，包括本代人的公平、代际间的公平以及资源分配与利用的公平。二是持续性原则，即要求人类的经济和社会发展不能超越资源与环境的承载能力。三是共同性原则，即可持续发展需要全球的联合行动。为了达到上述三个原则的要求，世界环境与发展委员会提出了七个方面的支持体系：①保证公民有效参与决策的政治体系；②在自力更生和持久的基础上能够产生剩余物资和技术知识的经济体系；③为不和谐发展的紧张局面提供解决方法的社会体系；④尊重保护发展的生态基础的义务的生产体系；⑤不断寻求新的解决方法的技术体系；⑥促进可持续性方式的贸易和金融的国际体系；⑦具有自身调整能力的灵活的管理体系。

根据可持续发展战略的"三大原则"和"七大体系"，并考虑花园城市的特点和要求，我们应该从可持续发展理论中得到以下几方面的思想观念：①正确的自然观；②全面的环境观；③"生态"的历史观；④客观的技术观；⑤高效的经济观；⑥公正的社会观；⑦全球观。

可持续发展战略被认为是人类求得生存与发展的唯一可供选择的途径。它是对传统发展观的反思和创新。以工业化和经济增长为主要内容的传统发展观对人类文明的发展起过巨大作用，但也蕴含着深刻的矛盾和冲突。它乐观地看待由于科学技术发展和工业化引起的经济增长，却没有预见到由此引起的生态环境恶化；它改变了人对自然的盲目崇拜，却又将人类引入一味征服、主宰自然的另一种幼稚和盲目。可持续发展战略强调人类应享有以与自然相和谐的方式过健康而富有生产成果的生活的权利，并公平地满足后代对发展与环境方面的需要。

可持续发展的思想表达了发展与限制，社会、经济与环境，当代（眼前）与后代（长远），以及地方与区域、全球之间辩证统一的关系；其综合考虑政治、经济、社会、技术、文化、美学等各个方面，并提出整合的解决办法。这些都对我们进行花园城市的规划和建设具有重要的指导意义。

3. 区域整体性和城乡协调发展理论

城市本身是一个巨系统。城市化进程的加快以及城市化范围向周围乡村地区的蔓延，使得城市问题不断出现并日益严重，加大了城市规划建设和管理的难度，因此出现了城市在发展过程中需要与周边城市和乡村地区相协调的思想，即区域整体性理论。

区域整体性理论是美国建筑理论家和城市规划师刘易斯·芒福德在20世纪初提出的。他认为区域是一个整体，而城市是其中的一部分，所以"真正成功的城市规划必须是区域规划"，必须从区域的角度来研究城市；他强调把区域作为规划分析的主要单元，在地区生态极限内建立若干独立自存又相互联系的、密度适中的社区，使其构成网络结构体系。实际上，霍华德的"田园城市"，盖迪斯的"集合城市"，沙里宁的"有机疏散论"，赖特的"广亩城市"等也都具有区域整体发展的思想。

对于城市的规划和发展而言，所谓区域整体性主要就是城乡一体化，或者说区域整体性的关键在于城乡的协调发展。城乡协调和融合实际上是强调城市与自然的有机融合以及人与自然的和谐共生。城市在其发展过程中曾一度陷入否定自然、唯我独尊的地步。城市，一直是想要成为一种不同于自然并超乎自然之上的事物。但是，历史证明，没有一个良好的自然环境就没有很好的城市。回顾历史，中国文化中心的辗转与变迁，雄辩地说明城市文化与生态环境之间具有依赖性。中国西部有多少城市由于其周边生态环境的恶化而逐渐衰退，甚至沦为废墟!如著名的高昌、楼兰等故城。因此，离开了自然环境的支持，城市就失去了生命力。由于城市是一种高度人工化的文化环境，它本身的自然环境在强大的人为力量面前显得十分脆弱，因此城市所能够依赖的自然环境主要是其周围的乡村地区，或者说是城市所在的区域。

区域整体性理论还包括相关城市之间的协调与合作。德国经济学家李斯特在总结欧洲经济史的经验时指出："我们可以看到意大利在12世纪与13世纪时具有国家经济繁荣的一切因素，在工业和商业方面都远远胜过其他国家。对于别的国家来说，它的农业和工业是起着示范作用的……但是意大利这样显赫一时，却独独缺少一件东西，因此使它不能达到像今天英国这样的地位，因为它缺少了这件东西，所以一切别的繁荣因素都如风卷残云，一时化为乌有了。它缺少的是国家的统一以及由此而产生的力量。意大利的许多城市和统治势力并不是作为一个团体中的成员而存在着的，而是像独立的国家那样，一直在进行着互相残杀、互相破坏。"虽然李斯特所说的情形好像离我们很遥远，但它实际上告诉我们一个永恒的真理：城市是不能孤立存在的，城市之间需要团结与协作。

当然，对于城市建设的区域整体性理论要有正确的认识和恰当的理解，要把握其精神内涵。既要站在区域的高度和角度来看待城市的存在和发展，又不能脱离城市而过分地强调区域。以"区域整体性理论"为指导来进行城市规划，有利于城乡建设规划的统筹和融合，有利于形成合理的城镇网络，有利于疏散大城市的功能，有利于改善区域生态环境和实现区域生态系统的良性运行。但是所谓"区域整体性"是以城市为核心的，必须以城市作为研究和规划的出发点。钱学森先生曾指出："把城市规划和建设一直扩大到国土的整治和建设是不对的，因为那是又一门学科，是地理科学的事。""城市建设要讲生态，但不能一讲生态就扩大到地区和整个国家。"我们理解钱学森先生并不是否定应该用区域观看待城市，而是强调城市研究，城市科学不能脱离城市而去研究区域，城市规划和建设的区域观是城市科学与地理科学的交叉和结合。钱学森先生的观点还启示我们，不能过分地强调城市的区域分散性而忽视城市的集聚效应，像"广亩城市"要求每个独户家庭的周围有1英亩（约0.4ha）土地，生产供自己消费的食物，用汽车作为交通工具，居民过庄园式的生活。这种过分强调城市区域性的设想，就背离了现代社会发展的要求，也缺乏现实的可操作性。

4. 经济、社会、文化、环境综合发展理论

经济、社会、文化、环境综合发展理论实际上也是城市生态系统理论的演化，就是要"把规划的城市和区域看成是由各种经济、社会、科技、文化和自然物质要素组合而成的复杂开放系统"，把城市的各个方面作为一个统一的系统进行研究、规划、建设和管理；同时这一理论也是人们对城市规划实践的经验和教训的总结。在无数的经验和教训面前，人们已逐渐认识到，发展并不只是数量的增长，而是包括经济、社会、文化和环境质量在内的全面改善；即使是地区城乡空间环境的发展也不能只按照传统的规划概念制定土地利用的远景蓝图，只注重建设用地的规模扩大和功能安排，单纯地安排各种物质设施的内容，还必须从城乡经济、社会、文化、环境等各方面综合发展，并从物质文明和精神文明并重的目的出发，进行全面规划，使城乡空间环境的发展不仅满足经济增长的需求，更要有助于促进社会的稳定和进步，丰富地区的文化内涵，保护地区的自然资源，维持地区的生态平衡。这其中包括对地区和城镇经济发展进行全面的分析、预测，制定社会发展目标和文化

建设措施，研究继承和发展地区传统的城镇空间和建筑风貌的理论与方法，制定保护自然环境的措施以及一系列专业规划，等等。这就是城市经济、社会、文化、环境综合发展的理论。

5．小结

以上四个方面的理论共同构成了花园城市的理论基础。实际上，这四个方面的理论在根本上是一致的，区域整体性理论和城市综合发展理论显然是以城市生态系统理论为基础演化而来的，而可持续发展理论则可谓是一项普遍性的原则和目标。例如，区域整体性理论的"区域"不仅仅是地理概念，它还是一个社会概念和文化单元。区域作为地理概念是既定的事实，而作为社会概念和文化单元则是人类深思熟虑的愿望和意图的体现。因此，这里所谓的区域也可以称为人文区域，它是地理要素、经济要素和人文要素的综合体。从历史和现实性上讲，每一个区域、每一个城市都存在着深层次的文化差异，这是区域和城市个性与特色的重要方面。从城市发展的方向上看，满足人类的物质和精神需求，使人类安全、幸福地生活，是城乡人居环境建设的最终目标。

花园城市首先是"城市"，它具有城市的一般特征，遵循城市发展的一般规律，因此传统的研究城市的学科，如建筑学、城市规划学、城市经济学、城市社会学、城市地理学、城市史学等都是研究"花园城市"的基础学科，一些新兴的学科如城市学、城市发展战略学、城市生态环境学、城市灾害学、环境社会学、环境行为学等也为"花园城市"的研究提供了有益的指导和启发。另一方面，"花园城市"又不是传统意义上的城市，它强调城市建设的"花园"标准，追求城市生态系统的和谐与高效，这就需要更多学科的相互结合。我们必须用融贯的综合研究方法，以问题为中心，探讨解决问题的理论基础，从相关学科中寻找帮助解决问题的方法，最终得到相应的结论。

2.2.2 花园城市概念的演进与比较

1．田园城市

1898年，霍华德在《明日：一条通往真正改革的和平道路》一书中，首先提出了一种理想的城乡规划建设模式。此书后来更名为《明日的田园城市》（Garden City of Tomorrow，译为田园城市更能体现霍华德想要在城市中营造田园生活的理想），其思想对后世城市规划和建设产生了极为深远的影响，是现代各种生态城市思想产生的源泉。霍华德针对当时英国大城市所面临的问题，提出用逐步实现土地社区所有制和建设田园城市的办法来逐步消灭土地私有制和大城市，建立城乡一体化的社会城市。根据1919年英国田园城市和城市规划协会的定义，"田园城市是为了安排健康的生活和工业而设计的城镇；其规模要有可能满足各种社会生活，但不能太大；被乡村带包围；全部土地归公众所有"。而所谓的社会城市就是由一个中心田园城市和若干个周边田园城市所组成的中小城市群，城市群内以包括地铁在内的各种快速交通网络紧密联系在一起，从而既可以实现与大城市一样的高效率，又可以避免大城市所固有的弊病。中心城市由一系列同心圆组成，中央是公园绿地，环绕公园绿地由中心向外分别为市政设施、商业服务区、居住区，最外围是永久性绿地；在由中心城市放射出来的6条大道上，离中心城市一定距离的地方，各建设一个田园城市，可容纳32000人居住，城区外围也为永久性绿地，新增人口再沿放射道路向外面新城市扩展。

2．花园城市

20世纪60年代，新加坡在经济社会高速发展的进程中，首先明确了经济发展不能以牺牲生态环境为代价的指导思想，于1967年首先提出了"花园城市运动"，绿化软化"混凝土森林"，不断加强对岛内生态空间的保护和可持续人居环境的打造。连续两任最高首长亲自挂帅，将建设花园城市提高到政治高度。

1971年的新加坡概念规划提出了城市组团式结构的总体构思，奠定了现代花园城市空间结构理论的基础，其重要意义是高层高密度的居住组团可确保人多地少的高密度城市能够高效地利用土地，从而保证在土地极其稀缺的情况下有足够的土地用于绿化和建造花园。

3．山水城市

1992年钱学森先生提出："社会主义中国应该建山水城市"，"把中国的山水诗词、中国的古典建筑和中国的山水画合在一起，创建山水城市"，"高楼可以建设成错落有致，并在高层用树木点缀，整个城市是山水城市"。吴良镛认为，"山水城市提倡人工环境与自然环境相协调发展，其最终目的在于建立'人工环境'（以城市为代表）与'自然环境'相融合的人类聚居环境"。"山水城市"中的"山水"二字，既指自然空间中的山、水，又不指具体的山、水，而是涵盖"自然"之意。"山水城市"是在现代城市理论和建设实践发展的基础上，以民族文化为内涵，以高科技为手段，以特定的城市地理环境为条件，创造人与自然、人与人相和谐的，具有地方特色和中国风格的，最佳人居环境的中国城市艺术空间。

4．园林城市

1992年，我国建设部（现为住房城乡建设部）号召开展创建园林城市活动，并于当年命名了我国第一批园林城市，在全国掀起了创建园林城市的热潮。根据一些学者的定义，园林城市是以一定量的绿化作为基本的有机纽带，艺术化地组织和构造城市空间的各个基本要素，使城市形体环境有最佳的美学和生态学效果。而在实际操作中，主要是以绿化指标作为园林城市的评判指标。根据建设部的规定，评选国家园林城市的指标为：绿地率30%；绿化覆盖率35%；人均公共绿地6%。园林城市是以造园学为指导，以花草、树木的景观设计和配置为主要特征，注重追求城市的景观美化效果，通过融入中国古典的造园理论和艺术风格，汲取华夏文明中诗、书、画等文学艺术形式的精髓，创造了"虽为人作，宛自天开"的人与自然相和谐统一的效果。

5．生态城市

生态城市的概念产生于联合国教科文组织1971年发起的"人与生物圈计划"。在"人与生物圈计划"的研究过程中，前苏联城市生态学家尤尼斯基（O.Yanitsky）提出了"生态城市"这个理想城市模式，旨在建设一种理想的人类栖居环境。其目的是通过技术和自然的融合，使人类的创造力和生产力得到最大限度地发挥，最大限度地保护居民的身心健康和环境质量。也就是说，"生态城市"是按生态学原理建立起来的一种社会、经济、自然协调发展，物质、能量、信息高效利用，生态良性循环的人类聚居地。王如松等人认为，"生态城市并不是一个不可企及、尽善尽美的理想境界，而是一种可望可及的持续发展的过程，一场破旧立新的生态革命"。"通过生态城市建设，我们可以在现有的资源环境条件下，充分发掘潜力，实现一种既非传统式又非西方化的生产和生活方式，达到高效、和谐、健康、殷实。"

6．森林城市

1969年加拿大多伦多大学因科乔金森（Encjogensen）教授在森林生态学讲座中首次提出"城市"与"森林"相结合。森林城市建设倡导的宗旨就是：用森林包围城市，将森林引入城市，实现"城在林内，林在城中"。"森林城市"的具体实施和建设，是以乔木树种为主，以大面积森林为基调，以花草、林木构筑景观多样性、生态系统多样性和生物物种多样性为主要特征，乔灌草花优化组合，林种树种合理搭配，并与山水地貌相依托，与城市内含物及三维空间相衬托，构成绿色点、线、面、网相连,绿化、美化、香化、净化相结合,形成开放、自然、和谐、内外借景、相互映照的有机整体,呈现出山林、河流等自然景观与喷泉、高楼等人文景观融为一体的城市风貌。整个城市景观不仅给人们提供幽雅、清新的生活空间,而且给人们带来轻松、洒脱、舒适的视觉享受。

7．公园城市

（1）我国新时代公园城市理念的提出

随着十九大的召开,新时代中国特色社会主义思想成为了全党全国人民的行动指南,在这个"新时代",花园城市的理念又有了新的发展。

公园城市作为全面体现新发展理念的城市建设新模式,为新时代城市价值重塑提供了新路径,在世界城市规划建设史上具有开创性意义!

"公园城市不仅仅是简单的'公园＋城市',它需要解决'什么样的城市能让居民生活更美好'这一长远问题。"中国工程院院士、同济大学副校长吴志强这样释义公园城市。

城市的发展需不忘初心,满足人民群众对美好生活的向往。在公园城市语境下,城市发展思路从原来的"产–城–人",转变为"人–城–产";从原来的在"城市中建公园",转变到在"公园中建城市";从原来的"空间建造",转变到如今的"场景营造"。"三个转变"将以人为本、生态优先的理念贯穿建设始终。

（2）我国新时代公园城市强调以人民为中心

2018年4月首都义务植树活动中,再次强调了以人民为中心的绿化思想。坚持以人民为中心,问计于民,问需于民是新时代花园城市的价值观。

（3）新时代城市规划建设理念的发展转型呼吁"公园城市"

在经历过工业化对自然环境的巨大冲击后,需要回归尊重自然、顺应自然、保护自然,营造人与自然和谐共生、可持续发展的生态。而"两山"理论也正意味着资源的生态价值超越了它的生产资料价值,因而新时代的规划理念也必然对于生态价值有所重视,这也是花园城市理论的时代背景。

"公园城市"理念是对新时代城市人居环境发展特征的高度凝练和形象概括,指出了"公园—城市"关系发展演变的必然方向,毫无疑问将成为新时代"以人民为中心"的城市发展观的重要组成部分,指引全面建成小康社会和"2035美丽中国"目标下城乡人居环境发展建设。

（4）新时代公园城市的内涵

1）突出以生态文明引领的发展观;

2）突出以人民为中心的价值观;

3）突出构筑山水林田湖城生命共同体的生态观;

4）突出人城境业高度和谐统一的大美城市形态。

8．花园城市和上述概念对比分析

通过梳理花园城市相关概念的演进（图2–13）,我们发现田园城市理论具有一定的历史局限性,它忽视了城市的经济效益。霍华德所规划的田园城市面积为6000英亩（约24.28km²）,其中5000英亩（约20.23km²）为农业用地,人口上限为32000人,显然城市规模过小,无法有效发挥城市的聚集经济效应。另一方面,田园城市建设模式更适合在空地上建设新城,而对于已建成的大城市来说,整改成本是十分巨大的,一般来说是无法承受的,因而缺乏大范围实践的基础。

不能把花园城市与田园城市混为一谈,二者虽然有一定的相似性,其实却是两个概念。田园城

图2-13 花园城市相关概念演进图

市更为强调城乡的和谐与统一；而花园城市则更为注重城市居民的主观感受和意象，强调从艺术的角度来美化城市，所体现出来的是人类对"美"的一种亘古不变的追求和对高质量人居环境的向往。花园城市建设对于改善城市生态环境、提升人文环境品位、增添城市生活情调、美化城市形象和增加城市旅游收入等具有十分积极的意义。

园林城市过分注重形式，往往侧重于用园艺绿化手段构造美学艺术效果，而较少从发挥生态效益与适地适树的生态学和栽培学方面的规律来考虑如何构建稳定的城市绿地生态系统。园林城市通过在城市内大面积种植草皮，合理进行植物配置，并在公园内创造一些人文景观，对居住区周边进行绿化，具有一定的观赏性，能够创造景观、美化环境，为人们提供良好休憩、游览和文体生活的环境，有良好的视觉效果，但却难以取得明显的生态效益。

而山水城市模式更多的还只是一种构想，缺乏解决现代城市问题的一套完整思路和可行方案。另一方面，山水城市还具有较强的资源和地域局限性。虽然"山水"并不完全指具体的山和水，但对于那些没山、没水或是既没山又没水的大部分平原、高原和滨海城市来说，很难构造那种意境，无论呼声有多高，建设山水城市也只能是纸上谈兵。

生态城市建设模式以生态学原理为指导，把社会、经济和生态作为一个复合的生态系统来建设现代城市。该模式的环境生态功能较强，但忽视了艺术与文化在城市建设中的重要性。因此视觉效果和游憩功能都相对较差。

当前的花园城市、森林城市、园林城市、山水城市和生态城市研究都有就城市论城市之嫌，都是以改善或美化城市建成区的环境为目标，较少涉及城郊乡村，未把城乡作为一个和谐统一的整体来看待和解决问题。

2.3 生态文明时代的花园城市

2.3.1 生态文明时代花园城市的内涵

从"花园城市"这一概念的产生过程可以看出，"花园城市"是以反对环境污染、追求优美的自然环境为起点的，但随着研究的深入和思想的发展，这一概念已经远远超出其初始意义，成为最恰当地全面表达人类理想城市的综合性的概念。花园城市现已超越了保护环境即城市建设与环境保持协调的层次，融合了社会、文化、历史、经济等因素，向更加全面的方向发展。但是关于"花园城市"的概念，目前并没有一个比较公认的确切的定义。目前，围绕着这一概念存在很多争论。对这一概念的不同理解直接影响到城市规划的思想、理念和实践。因此在对"花园城市"进行深入研究之前，有必要首先明确这一概念正确的、合理的、全面的内涵。

将众说纷纭的各种定义加以分析，发现对"花园城市"的理解无外乎以下三种主要观点：一是环境说，这种观点是将花园城市进行单向度、简单化和现实化理解，认为所谓花园城市不过是绿化覆盖率高、环保工作做得好、环境清洁优美的城市。二是理想说，这种观点是将"花园城市"完美化和理想化，认为"花园城市"不过是人类的一种理想，是一种乌托邦式的虚幻的东西，因此只能作为一种学术观点进行探讨而不具有现实的可操作性。他们的观点是受到大多数人怀疑的。三是系统说，即从分析城市的生态系统着手，认为只要实现生态系统（包括自然、经济、社会等各个方面）良性运行的城市就是花园城市。这种观点既立足现实，兼顾了城市的各种生态要素，又有一个明确的目标，还有其丰富的、深厚的理论基础，因此这种观点已经为多数人所接受。

综合以上各观点，我们认为花园城市是一种强调"以人为本"，以最大程度满足城乡居民对生态效益、经济效益、社会效益的需求为根本目标，是一种经济高效、环境宜人、社会和谐的人类居住区。

2.3.2　生态文明时代花园城市的本质特征

从以上对花园城市及相关概念的辨析可以看出，有这样几个词语或者概念对花园城市的含义来讲特别重要："自然""区域""高效""和谐""人本"。"自然"是指要保持城市的自然特色和景观，使城市与自然充分融合；"区域"是指花园城市必须是与区域相融合的城市，包括自然环境的融合和社会经济的融合；"高效"是对花园城市资源和能量消耗的要求，即花园城市要以最少的资源和能源消耗实现城市生产和生活的正常运转；"和谐"是指花园城市不仅要实现人与自然的和谐共处，而且要实现城市社会中人与人的和谐；"人本"是对花园城市的最高要求，也是最基本的要求，体现了花园城市的终极目的，当然这里的人是指整个人类，包括前人、今人和后人。据此我们认为，花园城市的本质是"和谐的、宜人的人居环境"，"和谐"是对花园城市特点的高度概括，"宜人"是花园城市的根本宗旨所在。

"花园城市"作为人类理想的人居环境，应当更明确、更全面地体现城市的本质，即宜人居住。花园城市应当是一个健康的、有机的社会，其中不仅人与自然和谐相处，而且人与人也和睦相处，每个市民在其中都能自由自在地生活，并得到充分的关怀，还有足够的机会实现个人的发展。花园城市具体表现为以下基本特征：

（1）和谐性

和谐性是花园城市最本质的特征和最核心的内涵。和谐性既指经济、社会与环境发展的和谐，也指人与自然的和谐，同时还指人际关系的和睦。在花园城市中，人与自然和谐共生，人回归自然、贴近自然，自然融于城市；在经济发展的同时，环境得到有效保护，社会关系良性运行。从这个意义上讲，花园城市应该是"平衡的城市"。花园城市要营造满足人类自身进化各种需求的环境，空气清新，环境优美，同时又充满人情味，文化气氛浓郁，拥有强有力的互帮互助的群体，富有生机和活力。花园城市不是一个仅用自然绿色点缀而社会混乱、缺乏生气的人类居所，而是一个充满关心和爱心、保护人、陶冶人的人居环境。

（2）高效性

花园城市要改变现代城市高耗能、非循环的运行机制，提高一切资源的利用效率，物尽其用，人尽其才，各施其能，各得其所，物质、能量得到多层次的分级利用，废弃物循环再生，各行业、各部门之间的共生关系协调。有人提出"循环城市"的概念，就是指高效、循环或多层次利用能源和资源的城市。因此，从资源问题上讲，花园城市应该是"循环城市"。还有人提出了"清洁生产城市"，也是指城市经济的运行要实现高产出、低排放，高效、循环利用资源和能源。高效性要求花园城市在宏观上要形成合理的产业结构，发展节约资源和能源的生产方式，形成高效运行的生产系统和控制系统；在微观上要积极开发有利于环境健康的生产技术，设计出更为耐用和可维修的产品，最大限度地减少废弃物，并扩大物资的回收和再利用。

（3）持续性

花园城市是以可持续发展思想为指导的，合理配置资源，公平地满足今世后代在发展和环境方面的需要，不因眼前的利益而用"掠夺"的方式促进城市的暂时繁荣；也不为自身的发展而破坏区域的生态环境。要保证城市发展的健康、协调、可持续。持续性不仅是指城市发展要注意保护自然环境，要更多地使用可再生的资源和能源，并保证可再生资源和能源的自我更新能力，保持生态的多样性，保护一切自然资源和生命支持系统，不断提高环境质量和生活质量；同时，持续性还包括经济的持续发展和社会的良性运行，对于城市来说，没有经济的发展和社会的和谐，自然环境就失去了其"人本"的意义。从这个意义上讲，花园城市必须也必然是可持续发展的城市。

（4）整体性或称系统性

花园城市不是单纯追求环境优美或经济繁荣，而是兼顾社会、经济和环境三者的整体效益，不仅重视经济发展与生态环境的协调，更注重对人类生活质量的提高，是在整体协调的新秩序下寻求发展。一个方面的生态化不是花园城市，整体的生态化才能称为花园城市。

（5）区域性

区域性具有两方面的含义，一是指花园城市本身不同于传统意义上的城市，而是一种城乡结合的城市，是一种"区域城市"；二是指花园城市必须融入区域之中，孤立的花园城市（假设存在孤立的花园城市的话）是无法长久实现生态化的。区域是城市生态系统运行的基础和依托，离开区域的自然和人文支持，城市就成了封闭的"孤岛"，城市与外界的物质、能量、人口、信息和文化等方面的交流就没有了畅通的渠道，城市生态系统的新陈代谢就难以进行，这样的城市是不可能实现花园化的。

（6）全球性

全球性实际上是花园城市区域性的扩大。花园城市是以人与人、人与自然和谐为价值取向的，广义而言，要实现这一目标，需要全球、全人类的合作。"地球村"的概念就道出了当今世界不再孤立、分离的关系。因为我们只有一个地球，是地球村的主人，为保护人类生活的环境及其自身的生存发展，全球必须加强合作，共享技术与资源。全球性映衬出花园城市是具有全人类意义的共同财富，是全世界人民的共同目标。当然，全球性并不是指全世界都按照一个模式去建设花园城市，而是指都按照生态原则去发展符合当地及本民族特点的、富有个性的城市。

2.3.3 生态文明时代花园城市的建设标准

花园城市首先是"城市"，它具有城市的一般特征，遵循城市发展的一般规律；同时，花园城市又不是传统意义上的城市，它强调城市建设的"花园"标准，追求城市生态系统的和谐与高效。生态文明时代的花园城市具体建设标准如下：

（1）自然生态良好

花园城市要保护城市的自然特色和景观，使人回归自然、贴近自然，使城市与自然充分融合。

（2）城市规模适度

霍华德在花园城市理论中对城市的规模进行了严格的限制，目前的各类花园城市虽对于规模没有具体的要求，但花园城市特别是规划的新城，规模不宜过大，否则就会产生各类城市病。

（3）经济运转高效

花园城市要以最少的资源和能源消耗实现生产和生活的正常运转，应该是"循环城市"。

（4）社会健康和谐

霍华德的花园城市结合了"城市－乡村"的优点，花园城市还应拥有充满关心、爱心、保护人、陶冶人的人居环境，反映人们对和谐健康生活环境的追求。

（5）城市发展可持续

花园城市讲究可持续发展，讲究合理配置资源，公平地满足今世后代在发展和环境方面的需要，不因眼前的利益而用"掠夺"的方式促进城市的暂时繁荣，也不为自身的发展而破坏区域的生态环境，要保证城市发展的健康、协调、可持续。

2.3.4 国际花园城市的评价标准

"国际花园城市"竞赛有"绿色奥斯卡"之称，是目前世界城市管理中的最高荣誉之一。"国际花园城市"的评比活动始于1996年，由英国、美国、日本、比利时、加拿大等环保较好的国家共同发起，由联合国环境规划署认可的国际公园与康乐设施管理协会负责，由联合国环境规划署直接发动，是目前唯一涉及城市环境、人与自然、可持续发展、环境保护等重要议题的国际竞赛。

1．评选规则

国际花园城市的评选主要围绕景观改善、艺术文化与遗产管理、环保最佳实践、公众参与及授权、健康生活方式、战略规划6个方面进行。其评选标准不仅仅局限于城市园林绿色，而是对一座城市人居环境和生态环境的综合评判。既有城市功能方面的硬件设施建设，也有社会、经济、文化和教育等软件方面的内容，该竞赛已被国际社会公认为城市环境管理的基本准则。

"国际花园城市"竞赛自举办起已举办14届。该项竞赛最早得到了发达国家城市的广泛参与，近年来一些发展中国家由于注重可持续发展也纷纷加入竞赛行列。中国泉州、晋城、杭州、大连、厦门、常德、张家港、濮阳、无锡、南京、东莞、南昌和上海；美国芝加哥、加拿大多伦多、英国纽卡斯尔、法国里昂、德国汉诺威、厄瓜多尔洛加、阿联酋迪拜、南非约翰内斯堡等来自亚、非、欧、澳、北美、南美等六大洲70多个国家的100多座城市已加入国际花园城市的行列。

2．奖项设置

国际花园城市竞赛主要设三个奖项，即"国际花园城市奖"、"环境可持续项目奖"和"助学金奖"，2007年增设"个人贡献奖"。其中"国际花园城市奖"按参选城市或社区的常住人口分为五个评选等级，同一人口等级的参评对象不与等级内其他参评对象进行横向评比，只按照其所在地的有关文化、政治、经济、地理与气候环境因素等评选标准进行评选。"环境可持续项目奖"则旨在表彰创新性项目对可持续发展与提高环保意识方面所做出的贡献，肯定其对当地环境所带来的巨大的积极影响。

3．中国获奖城市

从2000年深圳获得中国大陆第一座最高级别E类第一名开始至今，我国按时间顺序的获奖城市包括：深圳、广州、杭州、厦门、苏州、濮阳、泉州、常熟、杭州千岛湖、张家港、常德、上海松江区、东莞、南昌红谷滩新区、成都市温江区、常州市武进区、江阴、上海青浦朱家角、湖州市长兴县、大连、北京东城区、无锡、江阴市新桥镇、南京、重庆桃源居、晋城白马寺山森林公园、晋城、遂宁、常州、东莞市长安镇、衢州和昆明。

2.4　海上花园城市的舟山模式

为贯彻落实《中共中央国务院关于进一步加强城市规划建设管理工作的若干意见》、《中共浙江省委浙江省人民政府关于进一步加强城市规划建设管理工作加快建设现代化城市的实施意见》精神，依据《浙江舟山群岛新区发展规划》和《浙江舟山群岛新区（城市）总体规划（2012—2030年）》，舟山就加快推进群岛型、国际化、高品质海上花园城市建设提出了《关于建设海上花园城市的指导意见（舟委发［2017］10号）》。

2.4.1　舟山海上花园城的主要内涵

《关于建设海上花园城市的指导意见（舟委发［2017］10号）》中提出的"海上花园城市"既综合了以上关于花园城市的理念精华，又呼应了生态文明时代花园城市的核心思想，是突显舟山特色的一个具有划时代意义的发展理念与新的概念。其主要内涵如下：坚定以人民为中心的发展思想和"创新、协调、绿色、开放、共享"的发展理念，牢记"势在必行"，敢于勇立潮头，充分发挥海岛区位优势和资源特色。坚定不移地走海洋、海岛特色的新型城市化道路，切实加强城乡规划、城市建设和管理工作，全面提升城市现代化、国际化功能品质和公共服务水平，整体提升城市形象，实现新区华丽转身，切实提高人民群众的获得感和幸福感。

2.4.2　舟山海上花园城的建设总纲

舟山结合发展理念和自身实际，提出包括"指导思想、总体目标、基本原则、实施方案"四个步骤的海上花园城市建设总纲（图2-14）。

1．指导思想

舟山市建设海上花园城的核心思想即"两个坚定"：

坚定以人民为中心的发展思想和"创新、协调、绿色、开放、共享"的发展理念，牢记"势在必行"，敢于勇立潮头，充分发挥海岛区位优势和资源特色。

坚定不移地走海洋、海岛特色的新型城市化道路，切实加强城乡规划、城市建设和管理工作，全面提升城市现代化、国际化功能品质和公共服务水平，整体提升城市形象，实现新区华丽转身，

图2-14 关于建设海上花园城市的指导意见

切实提高人民群众的获得感和幸福感。

2．总体目标

在舟山海上花园城的建设总纲中，舟山结合自身实际，提出了独具特色的"三园、四高、五城"的总体目标，即：

（1）"三园"

将舟山建设成为具有海岛优美自然风光、独特文化风情、理想栖居环境的美丽花园、美满家园、美好乐园。

（2）"四高"

建设具有高度发达的物质文明、高效便捷的基础设施、高端品质的公共服务、高度和谐的生态文明的城市。

（3）"五城"

加快实施海上花园城市建设系列攻坚行动，到2030年将舟山基本建设成为生态和谐的绿色城市、以人民为中心的共享城市、多元包容的开放城市、独具人文特色的和善城市、永续发展的智慧城市。

3．基本原则

即"六个坚持"，包括坚持产城一体、坚持品质提升、坚持绿色生态、坚持人文情怀、坚持千岛共荣和坚持开放发展，强化基础设施，发扬城市特色，提升城市竞争力，建设高标准、适宜人居、独具魅力的美丽海上花园城市。

（1）坚持产城一体

以产城融合、产城联动、产城共荣为导向科学精细规划城市发展目标，加快国家战略重大产业项目落地实施，提升城市综合竞争力。

（2）坚持品质提升

牢固树立精品意识，高起点、高标准、精细化地抓好城市规划、建设和管理工作，强势推进城乡环境综合整治行动，实现城市面貌的新变化和群众满意度的新提升。

（3）坚持绿色生态

注重城市集约发展，加大生态建设力度，提升环境建设水平，努力实现生产空间集约高效、生活空间宜居适度、生态空间山清水秀，使舟山市成为最适宜人居的美丽健康家园。

（4）坚持人文情怀

保护、培育城市的文化底蕴与人文精神，建设有"温度"的舟山城市文化，以文化基因定位城市建设风格，以人文情怀指导城市发展实践，将舟山建设成为以人为核心、富有独特文化风情、多元开放的人文城市。

（5）坚持千岛共荣

科学开发利用和保护海岛，构建陆海联动的综合交通体系和基础设施网络。创新海岛特色的城乡统筹发展体制机制。推进公共服务均等化，促进军民融合发展，打造"千岛之城，百花绽放，各具形态，独具魅力"的美丽海岛。

（6）坚持开放发展

适应对外开放和建设舟山自由贸易港区更高更新要求，抢抓机遇，重点突破，全面提升城市建设和公共服务国际化水平，高标准打造国家海上开放门户城市。

4．实施方案

为了实现舟山海上花园城建设总体目标，综合制定舟山海上花园城"一、三、五"建设实施方案，《舟山市2017年海上花园城市建设攻坚行动实施方案》和《舟山市2017年城乡环境综合整治大会战实施方案》也相继出台。舟山市于2017年实施了海上花园城市建设十大攻坚行动（图2-15），包括中心城区提升、城市景观亮化工程、城市公园绿化绿道建设、城市污水和环卫设施建设、小城镇环境综合整治、"城中村"治理改造、城乡危旧房治理改造、老旧小区改造及农贸市场提升、"三改一拆"违法建筑拆除、城市交通拥堵治理等。城市建设标准、品质和城市综合环境面貌得到了全面提升。

依据舟山城市总体规划，提出"五年攻坚计划"，通过一年攻坚打基础、三年行动出成效、五年会战大变样，努力建设舟山自由贸易港区，建设海上花园城市。突出"开放强省"，全面提高开放水平，全力打造"一带一路"战略枢纽，加快培育参与国际竞争与合作的新优势。

同时，依据2030年建设规划进行舟山五年建设规划（图2-16），依据2040年战略规划进行舟山群岛新区的专业规划及配套政策制定。

2.4.3 舟山海上花园城的特质描绘

1．舟山海上花园城的空间形态

理想的舟山海上花园城的空间形态，应当具有四大城市形象与空间特质。

图2-15 舟山群岛新区海上花园城市建设2017年十大攻坚行动

文化特质:"海天佛国,渔都港城",凸显舟山独特的海洋文化、佛教文化、渔盐文化、海港文化。

城市特质:"千岛之城,海上花园",突出舟山独特的海岛地理与景观特色。

空间特质:"城在海上,海在城中",充分利用舟山城海交错、海城一体的独特空间结构。

环境特质:"海岬山湾城一体,岛滩城水山相拥",打造独具一格的海上花园城景观名片。

2.舟山海上花园城的文化价值

(1)舟山海上花园城的城市理想与价值追求

舟山海上花园城的城市理想与价值追求可以总结为八大目标:

美丽——建设风景如画的美丽花园;

绿色——构建绿色生产生活体系;

紧凑——把控疏密有致舒适空间;

愉悦——创造轻松愉悦工作环境;

品质——提供温馨浪漫品质家园;

健康——优质文教卫体综合配套;

高端——优良高附加值产业集群;

幸福——实现城乡一体和谐发展。

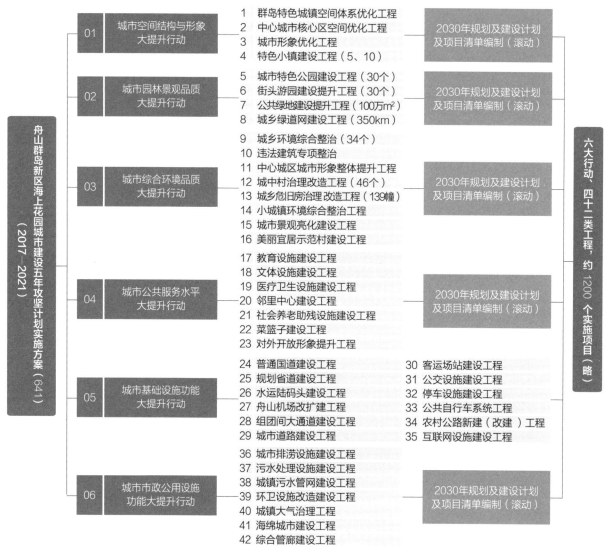

图2-16　舟山群岛新区海上花园城市建设五年攻坚计划实施方案

（2）舟山海上花园城的文化理念

一个全面渗透城乡经济、政治、社会和生态的文化系统，它由标识文化、海洋文化、海岛文化、社区文化、制度文化、物质文化、精神文化等构成。

标识文化：是城市形象外化的一种手段，通过形象来将城市物质文化和精神文化融为一体，表达城市的文化内涵，使城市具有个性与特色，不仅能有效增进市民的凝聚力、自信心和自豪感，更是促进城市形象的设计与传播，树立"城市品牌"的最佳途径。

海洋文化：舟山因海而生、因海而兴，在漫长的历史长河中，在长期的生产、生活中，舟山人兴渔盐之利，行舟楫之便，繁荣的海洋经济创造了"祭海谢洋"等独具特色的舟山海洋文化。

海岛文化：不同于中国较常见的大陆滨海文化、渔盐文化，它带有独特的地理特色和民俗民风，尤其舟山定海古城是中国唯一的海岛文化名城，是中国极为稀缺的文化资源。具有典型的海岛时代特征和地域特色的朱家尖海岛民宿部落项目在2018年的首届"乡悦杯"美丽浙江乡村创客大赛颁奖典礼暨乡村振兴产品发布会上荣获金奖，成为舟山著名的旅游品牌之一，彰显了舟山海岛文化的独特魅力。

社区文化：作为群体组织文化的重要组成部分，是社区的地域特点、人口特性以及居民长期共同的经济和社会生活的反映，具有社会性、开放性和群众性的特点，是地方文化的具体表现，也是文化繁荣发展最重要的土壤。

制度文化、物质文化、精神文化：是"文化"的三个层次。其中物质文化是造物的文化，是外显的文化产品，是最容易被观察到的文化，同时也是不易被理解的文化。精神文化是人类在从事物质文化基础生产上产生的意识形态的集合，具有价值导向、精神源泉、民族凝聚的功能属性，是人类文化精神不断推进物质文化发展演进的内在动力。制度文化是文化在社会中交流、传递，并被社会成员共同获得的途径，是精神文化与物质文化之间的中介。制度文化既是风俗习惯等文化内容的沉淀，也是文化价值、精神、理念的反映。

（3）舟山海上花园城的文化内涵

舟山海上花园城的文化内涵在于充分结合舟山的自然禀赋、历史文化、社会人文与未来的发展目标、功能定位、城市理想，兼容城市与渔村的功能和优点，实现"七个融合"：自然生态与现代建筑的融合，诗意栖居与创业奋进的融合，生活舒适与城市朝气的融合，智慧灵光与创意无限的融合，交通便捷与效益最优的融合，城乡互渗与城乡共进的融合，海洋文化与理想城市的配合。

2.4.4 小结

（1）舟山城市理想——海上花园城市，更美城市更好生活

理想是城市前行的灯塔，指引正确方向，引领永续发展。未来舟山海上花园城是既具有城市高度发达的物质文明、高效便捷的基础设施、高端品质的公共服务、高度和谐的生态文明，又具有海岛优美自然风光、独特文化风情、理想栖居环境的美丽花园、美满家园、美好乐园。

理想是发展定位与目标，意味信心和责任，呼唤激情和创新。通过加快实施海上花园城市建设系列攻坚行动，到2020年，舟山基本建成普惠性、保基本、均等化、可持续的现代化公共服务体系，社会建设达到国内一流水平，基本公共服务体系和社会保障体系基本完善，社会组织作用明显增强，市民素质显著提升，社会管理科学高效，社会更加和谐稳定。

理想是城市未来之梦想，通往"梦想社会"，步入"理想王国"。通过不断践行花园城市建设指标体系，到2030年基本建设成为生态和谐的绿色城市、以人民为中心的共享城市、多元包容的开放城市、独具人文特色的和善城市、永续发展的智慧城市。

（2）舟山城市价值观——绿色和谐发展，以生态文明新发展理念为指引

绿色经济：舟山必须坚定不移地走绿色和谐发展之路，主要体现在绿色的营商环境、绿色的经济结构、绿色的发展理念。大力推进"大众创业、万众创新"，促进以创业带动就业，提升营商环境。围绕推动系列国家战略落地，全力打造凸显舟山区位资源优势的开放产业平台；积极推进经济供给侧结构改革，重资本轻资产，加快国际贸易转型升级，推动特色服务贸易加快发展，培育新业态，打造新优势。积极发展第三产业，加强国际旅游合作，开发具有丝路特色的国际旅游产品，努力打造国际旅游目的地推介普陀山和雪窦山两大佛教名山、观音文化和弥勒文化两大佛教文化，共同打造甬舟"黄金旅游线"。

绿色城市：舟山必须坚持不懈地打造环境最优美、产业最优质、发展最绿色、社会最和谐的文明之城。引进国内外一流规划、建筑设计团队及专家，融入城市独特景观，提升"城在景中，景中

有城"的城市设计、建筑设计水平。加强对城市现有生态环境、历史文化、传统风貌的规划研究，发挥海岛特色景观资源优势，构建"山、海、城"相融共生的海上花园景观格局。

绿色文明：舟山必须坚忍不拔地推进生产、生活、文化传播方式的绿色价值取向，遵循历史、文化和社会规律方能行稳致远。加速完成历史、文化的保护工作，有效保护古遗址、古建筑、近现代历史建筑等文物资源，强化古树名木及资源保护；推进风景名胜区资源保护和生态修复，完善旅游基础设施，建设具有山海诗画韵味的花园城市。

（3）舟山城市行动——一张蓝图干到底，让海上花园城市绽放异彩

必须充分认识：海上花园城市建设是一项长期艰巨而复杂的系统工程；一个海上花园城市并非一朝一夕而建立的，必须从省委领导层次严控舟山海上花园城建设目标不动摇，以此来保障系统工程的延续性，一届接一届干。

必须严格遵守：规划一支笔，坚持高标准精心规划；建设一盘棋，坚持高水平精美建设；管理一张网，坚持高效率精准管理。实施规划引领战略就必须坚持高起点规划，推进"多规合一"，保证一张蓝图干到底。树立建设高品质之城新理念，优化市域空间结构，形成"H"形梯状组团式市域主骨架（图2-17），科学规划城市空间布局，优化"一心两环六组团"的开放式空间结构（图2-18）。

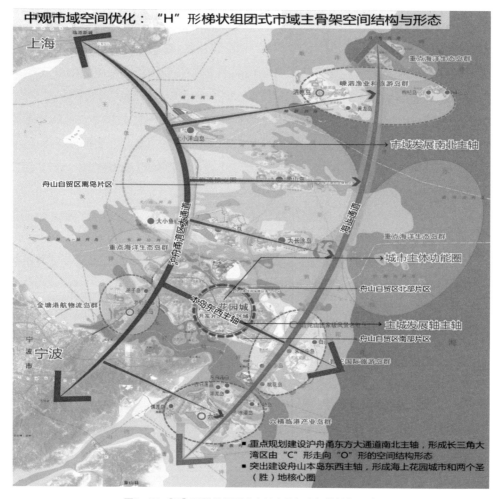

图2-17 "H"形梯状组团式市域主骨架空间结构与形态

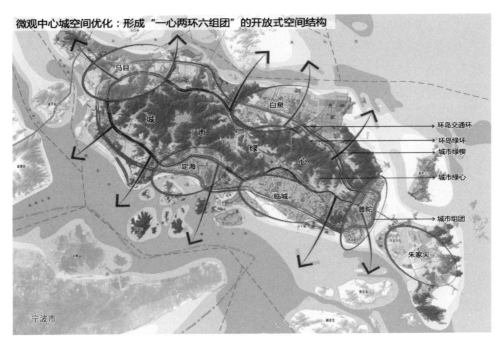

图2-18 "一心两环六组团"的开放式空间结构

加强顶层设计，有序推进"多规合一"工作，构建城市空间规划体系，实行覆盖全市域的城乡一张蓝图严格管控机制。科学划定城市开发边界、生态保护红线，注重保护城市天际线，推进城市空间集约化，让城市建设更加有序有度。

必须志存高远：坚守绝不允许短期经济发展而牺牲环境的坚定原则。坚持"既要绿水青山，也要金山银山；宁要绿水青山不要金山银山；绿水青山就是金山银行"的发展理念不动摇，稳固生态立市，严守生态保障基线、环境质量安全底线、自然资源利用上线，推进国家海上花园城市建设，打造"千岛之城，百花绽放，各具形态，独具魅力"的美丽海岛。

第3章
花园城市规划建设案例分析

最初"花园城市"概念的提出，只是学者对人们生活环境不满所提出的"设想"，但随着时间的推移与社会的进步，人们将这一设想进行了理论到实践的推进。早在1869年，芝加哥就开始了美化城市环境建设的实践。它通过实施一个庞大的城市公园体系项目，使其成为了美国中部最美的一座工业城市，这里应该是实践中花园城市建设的开端。1965年新加坡建立了独立的共和国，城市大规模的重建正是从那时开始的，建设花园城市的思想也同时形成。从最早提出建设"花园城市"理念的20世纪60年代到20世纪90年代，新加坡为提高花园城市的建设水平，在不同的发展时期都有新的目标和政策提出，这些积极的措施促使新加坡成为国际上最知名的花园城市。和新加坡一样，20世纪60年代后国际上各大城市都进行了花园城市建设，典型的还有堪培拉、华盛顿等城市。而我国花园城市的研究和建设起步较晚，但是发展很快。我国自2002年初次参加国际花园城市评选至今，已有9座大中小城市获得"国际花园城市"称号。然而关于花园城市建设并没有形成系统的理论，也缺乏相关的评价指标，只是通过主观感受判别。国际公园与康乐设施管理协会所制定的国际花园城市评选标准有5条：园林景观的美化、遗产管理、环境保护措施、公众参与、未来规划。国外的这些标准多是定性的评价，缺少量化标准，所以目前仍然缺少一套系统的、定性与定量相结合的指标体系。

3.1 新加坡：世界上最负盛名的海上花园城市

3.1.1 概况与城市定位

新加坡是东南亚的岛国，位于马来半岛南端，其南面有新加坡海峡与印度尼西亚相隔，北面有柔佛海峡与马来西亚相望，并以两条长堤相连于新马之间。国土面积719.1km²，人口561.2万人，人均GDP约6万美元。分五个社区（中心城16km²）和五个规划次区域（面积110~260km²）。

新加坡是全球最为富裕的国家之一，属于新兴的发达国家，其经济模式被称作"国家资本主义"，并以稳定的政局、廉洁高效的政府而著称。新加坡是亚洲最重要的金融、服务和航运中心之一。

新加坡的城市定位：亚洲最重要的金融、服务和航运中心之一。根据全球金融中心指数排名，新加坡是继纽约、伦敦和香港之后的全球第四大金融中心。新加坡在城市保洁方面效果显著，故有

"花园城市"之美称。

3.1.2 建设目标

无论何时，只要谈论起世界上最宜居城市，以海上"花园城市"闻名于世的亚洲现代化大都市新加坡总是最热门的候选地之一。

新加坡位于北纬1.3°，东经103.8°，地处太平洋与印度洋航运要道——马六甲海峡的出入口，是马来半岛最南端的一个热带城市岛国。北隔柔佛海峡与马来西亚为邻，南隔新加坡海峡与印度尼西亚相望（图3-1）。国土面积719.1km²（与舟山市区范围相当，约673km²），人口561.2万人（2017年），GDP总量为3057.57亿美元（2017年），人均GDP高达58665美元（排名世界第六），是继纽约、伦敦、香港之后的全球第四大金融中心，也是亚洲重要的航运中心之一。

新加坡是世界第四大金融中心，更是世界著名的"花园城市"。由本岛及63个小岛组成，人口密度约为7600人/km²，人口密度位居世界第二。新加坡立足于长远的横向、纵向多层级规划，在1965—1996实现了从"花园城市"美好愿景向真正"花园中的城市"的转变（图3-2）。

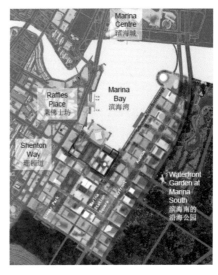

图3-1 新加坡城市区位

图3-2 新加坡城市中心风貌

新加坡城市的发展始于1819年英国人建立新加坡港，1869年苏伊士运河开通，新加坡港占据亚欧航线关口，成为世界上最繁荣的港口之一。1965年新加坡独立建国后，抓住了亚洲与欧美战后世界经济全球化的历史性机遇，通过构建高度开放的现代经济体系、廉洁高效的政府管理机制，以及制定良好的空间战略规划，实现了长达50多年的持续繁荣。2006年新加坡人均GDP首次突破3万美元，9成多的民众拥有自己的住房，失业率极低（约在2%），全球化指数在62个国家中排名第一，经济速度指数在155个国家和地区中排名第二，廉洁程度在159个国家中排名第五，全球竞争力和商业环境排名世界第三，至此，新加坡进入高度发达国家行列。

回顾新加坡城市的现代化发展历程，在走向世界级花园城市的道路上，共经历了五次大的城市目标转型（图3-3）。1971年新加坡首次提出"环形生态城市"的建设构想；1991年提出"建设一个完美的热带城市和引人入胜的岛国，同时成为国际投资中心"，体现了经济与环境可持续发展的观念，着重于改善环境和生活质量；2001年提出"建设世界级繁荣城市"，强调全球化经济竞争力；2011年提出"建设世界最宜居城市"的目标；2014年新加坡提出"智慧国家2025"计划，拟通过大数据、物联网、认知计算和高级机器人、未来通信和协作、网络安全、浸入式媒体、移动和高度互联、媒体内容突破平台、资讯通信媒体整合九大领域的突破式发展将新加坡打造成一个智慧国家。

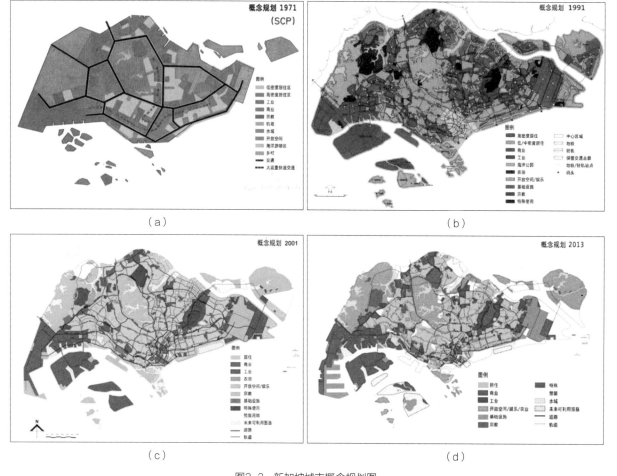

(a)　　　　　　　　　　　　　　　(b)

(c)　　　　　　　　　　　　　　　(d)

图3-3　新加坡城市概念规划图
（a）1971年；（b）1991年；（c）2001年；（d）2013年

新加坡花园城市的最重要建设经验是，经济的高速发展并没有以牺牲生态环境为代价，反而是在不断加强对岛内生态空间的保护和可持续人居环境的打造。早在20世纪60年代就提出花园城市的建设目标，在1971年的城市概念规划中就确定了严格保护城市中心绿肺，目前，除了占国土面积23%的森林或自然保护区（大约3000ha）以外，新加坡城市建成区绿化覆盖率达到50%，居民住宅区每隔500m建有一个1.5ha的公园，共建有337个公园。而全城20%以上的绿色建筑和屋顶绿化则柔化了"钢铁丛林"的尖锐棱角，自然之美与现代化都市的完美结合使新加坡成为世界上独一无二的"花园城市"。在此基础上，通过步行公交都市、花园新市镇、邻里中心体系、现代化基础设施的不断完善成就了这座"花园城市"的高宜居性和世界级品质。新加坡在经济可持续、花园式城市环境、绿色交通模式、生态基础设施、城市智慧化等方面的举措均可借鉴应用于舟山海上花园城的打造（如新加坡城市现代化设施建设一览表，见表3-1）。

新加坡城市现代化设施建设一览表 表3-1

设施类别	设施内容
文化艺术类馆（120处）	国家博物馆、亚洲文明博物馆、美术馆、集邮馆、国大博物馆、南大华裔馆、漳宜监狱教堂博物馆、牛车水原貌馆、民防博物馆、空军博物馆、海军博物馆、陆军博物馆、孙中山南洋纪念馆、马来传统文化馆、内学堂博物馆、好藏之美术馆、玩具博物馆、新加坡城市画廊、红点设计博物馆、圣淘沙4D魔幻剧院、新加坡艺术科学博物馆、新加坡科学馆、滨海艺术中心等，共67座博物馆、20余座图书馆、20余座剧院和6个画廊，每万人拥有文化艺术馆0.21个
高校教育设施（9所）	新加坡理工学院、义安理工学院、淡马锡理工学院、新加坡南洋理工学院、共和理工学院、新加坡国立大学（排名世界第15）、南洋理工大学（排名世界第11）、新加坡科技设计大学、新加坡管理大学
各类城市公园	岛内共370余个开放型公园，每万人拥有开放型公园0.66个
标志性休闲娱乐设施	新加坡环球影城、新加坡金沙娱乐城、克拉码头、滨海湾空中花园、新加坡植物园、鱼尾狮公园、国家兰花园、裕廊飞禽公园、新加坡动物园、S.E.A.海洋馆等
国际节庆赛事（9个）	国际艺术节、马赛克音乐节、热带圣诞节、新加坡妆艺大游行、新加坡艺术周、新加坡杯足球赛、F1新加坡大奖赛、WTA年终总决赛、高尔夫球冠军赛等
主要交通设施	对外交通：新加坡樟宜机场、实里达机场、新加坡港、兀兰火车站。对内交通：公路干线长度约3356km（高速公路163km）、300条巴士线路、5条地铁线路（长度148.9km）、3条轻轨线路（服务于武吉班让、盛港和榜鹅新市镇，长度28.8km）

3.1.3 发展战略

1. 政治上高度重视

总理李光耀于1963年发起植树运动，1967年亲自发起花园城市运动，要求新加坡在20世纪90年代成为处处有遮阴的城市，绿化软化"混凝土森林"，创造良好的生活环境是一个目标，创造良好的生活环境吸引外资是关系到城市经济发展的更重要的目标。第二任总理吴作栋1991年继承前任的推动，发起"绿化与清洁运动"。最高首长亲自挂帅，将建设花园城市提高到政治的高度。

2. 城市结构

规划构造一个有利于花园城市发展的城市结构。1971年的概念规划（图3-4）奠定了新加坡城市未来发展的基础，城市组团式结构是花园城市的总体性构思，其重要意义是高层高密度的居住组团确保人多地少高密度城市新加坡能够高效地利用土地，从而保证土地极其稀缺的新加坡有足够的

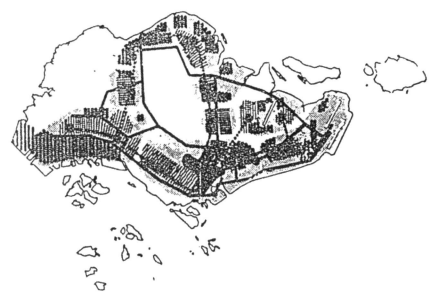

图3-4 新加坡城市规划空间结构

土地用于绿化和建造花园。城市毛密度高是土地资源的自然制约，但是规划可以通过提高城市建成区的净密度，从而挤出空地缔造花园城市。

3. 居住组团——高层高密度

一个典型组团的空间规模在800ha左右，居住人口规模30万人，人口密度3.5万～4.0万人/km²，基本生活设施配套齐全。组团式结构的特点是：①规划理念是不考虑职住平衡，居民的生活需求基本在组团内得到满足。如此，大量的生活性交通发生在组团内，以此减少组团外的城市交通，通过高效利用控制城市道路用地。高层高密度组团可以节约城市居住用地和交通用地，以此保障绿化用地。②30万人的组团足够支持地铁＋转运公交的公交体系，地铁站往往是组团中心，多用公共交通，少用私人小汽车，减少汽车尾气对空气的污染也是花园城市战略的重要组成部分（图3-5）。花园城市提高居民生活质量基本体现在组团结构内的绿地体系：组团外绿带＋组团中心绿地＋社区绿地＋住宅群绿地（图3-6）。

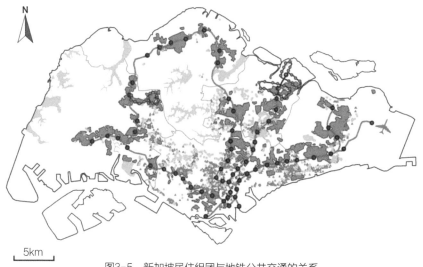

5km

图3-5 新加坡居住组团与地铁公共交通的关系

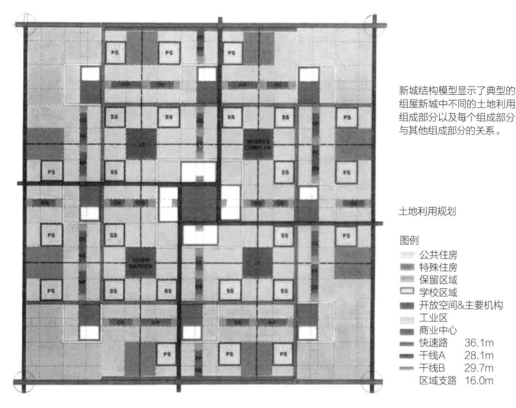

新城结构模型显示了典型的组屋新城中不同的土地利用组成部分以及每个组成部分与其他组成部分的关系。

土地利用规划

图例
▨ 公共住房
▨ 特殊住房
▨ 保留区域
▨ 学校区域
▨ 开放空间&主要机构
▨ 工业区
▨ 商业中心
▬ 快速路 36.1m
▬ 干线A 28.1m
▬ 干线B 29.7m
▬ 区域支路 16.0m

图3-6　居住组团规划结构

4. 规划管理体系：实施花园城市

新加坡最吸引人的地方就是其良好的绿化环境，这已成为其重要的旅游吸引力之一。但这不是自然的巧合，而是精心规划的结果。

（1）绿蓝：城市规划中专门有一章"绿色和蓝色规划"，该规划为确保在城市化进程飞速发展的条件下，新加坡仍拥有绿色和清洁的环境。

（2）开放：在规划和建设中特别注意建设更多的公园和开放空间。

（3）渗透：将各主要公园用绿色廊道相连，形成完整和系统的绿色空间。

（4）环保：重视保护自然环境。

（5）休憩：充分利用海岸线并使岛内的水系适合休闲的需求。

（6）花园：新加坡城市建设的目标就是让人们在走出办公室、家或学校时，感到自己身处于一个花园之中。

规划的落实机制：新加坡总体规划委员会的主席是规划局局长，成员包括政府所有有关城市建设的部门和城市建设方面的专业协会，所有城市建设的规划实施由规划局协调，确保城市规划的龙头地位。而且根据城市规划法，政府行政首长无权干涉已有法律地位的总体规划。所以规划局充分掌控花园城市建设实施的过程。

5. 环境铁律与严格的管理机制

新加坡的城市规划建设管理工作自始至终贯彻决不允许短期经济发展而牺牲环境的坚定原则。并有专项立法惩罚对城市及生态环境的破坏行为。同时新加坡政府大力开展推广公民环保教育，将环境保护意识贯彻到全民，实现真正以人为本的城市与环境和谐共进。

3.1.4 建设路径

1. 第一期：20世纪60年代起步

花园城市建设依赖于政府的财政收入，财政收入取决于城市经济发展。20世纪60年代的新加坡还是一个贫穷的发展中国家，城市问题严重，如污染严重、交通拥挤、住房短缺、失业率高，政府没有足够的经费推动实施花园城市。所以早期是利用城区内边角地、空地种植树木和花草。着重对樟宜机场—市中心快速路进行行道树种植，主要目的是为招商引资服务，让来自发达国家的投资商能够对新加坡有个好印象。绿树成荫对于炎热的赤道贫困国家特别重要，据说效果显著，不少外商对这条快速路印象深刻，由此促进他们决策投资项目落地新加坡。

2. 第二期：20世纪70—80年代经济发展推动花园城市建设

短短几年，新加坡从一个单纯的中转港口经济转型成为制造业—商业贸易结合的经济，其中很大部分是由于外资的贡献。20世纪70年代初期，新加坡通过吸引外资发展制造业解决了失业问题，国家达到全民就业，有些产业甚至出现员工短缺。花园城市建设开始整体性推广，强调绿化体系建设，绿化环境设计主要以遮阴为主，结合乔木、灌木和花卉种植。根据新加坡海岛和自然地理特征，绿化体系由海岸公园（5个）、自然公园（5个）和水库公园（6个）（新加坡最大的自然水源保护地）构成；还包括与中央商务区和居住区相关联的城市公园（7个，因为土地稀缺，规模较小）以及与居住组团相关联的组团中心公园—邻里绿地—组群绿地。旅游业是新加坡四大经济支柱之一（另外三个是制造业、国际航运和金融业），花园城市配合旅游业的内容是游乐公园（除了城市整体环境之外）（图3-7、图3-8）。

图3-7　东海岸公园　　　　　　　　　　　　　　　　图3-8　水库公园

花园城市作为公共物品主要由政府投入，花园城市成功与否由政府财政预算决定。20世纪70年代政府公园部门的年度费用在1000多万新元，20世纪80年代提升到4000多万新元，20世纪90年代初期达到5000多万新元。很明显，花园城市建设与城市经济发展息息相关，没有强势的城市经济和政府的财政投入，也就没有优美的花园城市。

3. 第三期：绿化与休闲设施结合——绿色走廊

随着经济迅速发展，生活水平大大提高，花园城市建设开始强调如何对提高城市居民生活水平作贡献。作为国际大都市，新加坡吸引了大量国际人口。新加坡旨在将这个小岛城市打造成为全球城市，成为国际高端经济科技人才的工作和居住之地。考虑到海岛土地高度稀缺，绿化用地必须提高利用率，与生活休闲设施结合的绿化用地可能更合适。规划师发现块状绿地不如带状绿地利用率高，特别是居住区小块绿地不利于使用和管理，不如将各级绿地整合成绿色走廊更好（图3-9～图3-13）。绿色走廊有两大优点：一是带状网络分布比等级化不同绿地地块更均衡、更充分地接近使用者，带状有利于动态运动（跑步、步行、骑自行车等）；二是带状绿色网络有利于城市小动物（青蛙、鸟类）生存，有利于城市生态。

图3-9 绿色走廊规划　　　　　　　　　　　　　　图3-10 绿色网络

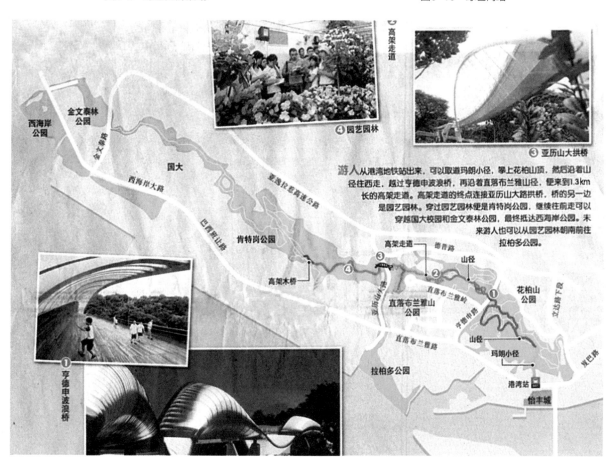

图3-11 绿道设计

图3-12　观赏人行高架桥穿越热带雨林　　　　　图3-13　生态区观赏人行高架桥

4．第四期：花园城市提升世界级城市的良好居住环境——绿道＋水道

进入21世纪后，新加坡已挤入世界全球城市行列，成为世界金融中心城市。规划师在探索如何进一步提升花园城市品质。因为是热带地区，瞬间降雨量大，所以新加坡有许多雨水排水道，水道容量很大，不下雨时水道基本无水。出于安全考虑，雨水排水道是个工程项目，无法有效为城市生活充分利用（图3-14、图3-15）。

后来通过生态风景设计师的设计，雨水排水道成功转型成为生态河道（图3-16、图3-17）。丰水时水位上升，河道拓宽；枯水时水位下降，河道缩窄，局部地区成为湿地。生态河道吸引了大量候鸟，也为花园城市增添了水的因素，可以说是新加坡花园城市2.0版。

图3-14　雨水排水道　　　　　　　　　　　图3-15　雨水排水道通过居住区

图3-16　设计的生态河道　　　　　　　　　　图3-17　湿地效果

榜鹅（Punggol）是新加坡最近建设的一个市镇。2007年，政府宣布"优质榜鹅21"开发计划，要以"水"与"绿"的生态环境，打造优质宜居市镇，吸引年轻家庭与乐于亲近绿水蓝天的人们到这里生活与休闲。2011年建成开放的榜鹅水道，这是新加坡标志性的濒水休闲景区（图3-18）。人工水道全长4.2km，穿过榜鹅市镇，西边连接榜鹅蓄水池，东边连接实龙岗（Serangoon）蓄水池。耗资2.25亿新元打造的榜鹅水道获得多个国际奖项：美国环境工程学会"卓越环境工程比赛"的"环境永续开发特等奖"；国际水协会"创意工程双年奖"的"全球卓越成就奖"；联合国环境规划署（UNEP）认可的LivCom"宜居社区国际奖"金奖；世界不动产联盟（FIABCI）的"世界最佳房地产奖"。

3.1.5 高密度花园城市评估标准

1. 绿化覆盖率

高密度城市不宜用公园绿化用地比例评估花园城市，用绿化覆盖率指标比较合适。新加坡花园绿化用地占总用地的9%，大约65km^2，绿化用地标准也不是很高。依靠路边的行道树和绿色走廊，大力提高绿化覆盖率指标，从1986年的35.7%提高到2007年的46.5%（图3-18、图3-19）。

图3-18　1986年绿化覆盖率35.7%

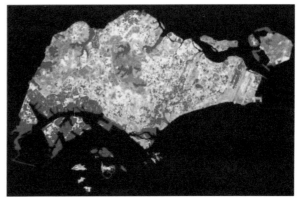

图3-19　2007年绿化覆盖率46.5%

2. 绿化容积率

绿化容积率＝绿化覆盖表面积总和/基地面积，强调高密度城市的垂直绿化（图3-20）。

3. 绿色景观指数

利用谷哥街景（google street view）测度街上行人视野角度所见街景的绿化覆盖比例，也是强调垂直绿化，新加坡在这方面表现不错（图3-21）。

3.1.6 花园城市的实施运营管理措施

1. 促进城市公共交通体系实施花园城市规划

实施花园城市战略是个系统工程，不能就花园城市论花园城市，必须在城市建设系统内综合考虑。尽管绿化良好，但是空气污染严重，城市还不能被称为花园城市。花园城市必须是绿化覆盖率尽可能高、环境污染尽可能低的城市。新加坡人口密度高的制约造成各种用地之间的高度竞争。随

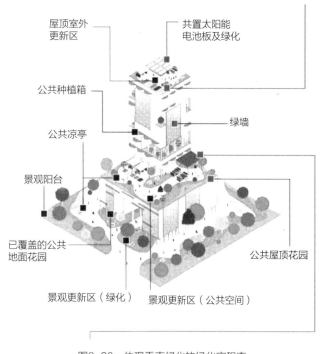

图3-20 体现垂直绿化的绿化容积率

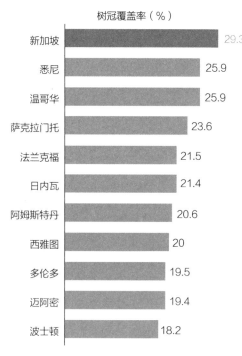

图3-21 新加坡的绿色景观指数

着经济发展，生活水平提高，购买力升高，机动车数目不可避免上升。据世界各国统计，私人汽车拥有量与人均收入成正比。新加坡道路用地比例在20世纪60年代是5%左右，20世纪80年代该比例上升至13%。随着机动车数量不断增长，道路用地比例仍在上升，城市用地之间的竞争愈加激烈，而竞争力最弱的是绿化用地（因为没有直接的经济产出）。

另一方面，城市环境最大的空气污染源是车辆排放出的废气。据统计，新加坡67%的空气污染是由车辆废气造成的。这个发展趋势对规划师提出了挑战：车辆数上升是市场推动经济发展的要求和结果；而车辆数上升会直接影响花园城市能否成功建立（绿化用地减少和空气污染加重）。公共交通是毫无疑问的选择。一方面，提供一个高效的公共交通体系；另一方面，制约私人汽车数量无限制增长，这两者之间有关联。高质量的公共交通以方便和廉价吸引乘客，乘客越多，公交公司收入越高，公交公司服务质量也越高，从而降低私人汽车拥有量。

反过来，私人汽车拥有量上升会减少公共交通的乘客量，公共交通经济效益因而下降，公交公司服务质量不可避免下降（如减少公交路线、降低车次频率），公交公司服务质量下降会驱使更多的乘客选择私人汽车。最终，公共交通崩溃，城市成为以私人汽车交通为主。这就是发生在美国城市的情形。如果不是因为政府补贴，大部分城市将无法维持为穷人服务的一个最低水平的公共交通。

规划的切入点是在提高公交服务水平的同时控制私人汽车交通需求，创造一个有利于公共交通体系的城市结构布局。早在1971年制定的新加坡城市概念规划中，以地铁站为中心，由高层高密度的居住小区、公共汽车网络及转换站所组成的新区组团被确定为城市发展的主要结构。尽管因为早期经济实力有限，总投资50亿新元的地铁在1986年才开始建设，但以地铁为骨干的城市结构早在1971年已确定。这个城市结构可以保证大约30%的居民在公交车站步行距离之内，从而在城市用地结构上确保高效的公交服务。

在控制私人汽车交通需求方面，政府更多地是采用经济手段而非行政手段进行管理。通过收费（拥车证拍卖和道路使用收费）抑制私人汽车交通需求。自1975年起首先在市中心地区对非公交车辆实行道路收费制，鼓励进入市中心地区的乘客转换公交。实施后，市中心地区交通流量降低了45%，空气污染指数下降了30%。目前已从人工收费转为自动电子收费。拥车证制度旨在控制车辆总数（目前每10人一辆车，2010年控制在每7人一辆车）。今后将对私人汽车的拥有控制转换成使用控制，即更广泛地利用道路使用收费。抑制私人汽车交通收费所得收入可用来发展完善公共交通体系。

1996年规划部门所提出的"世界级城市交通白皮书"描绘了新加坡交通体系今后发展的远景和机制。可以相信，这个建立在调节市场机制基础上的交通规划是可以实现一个符合人口高密度条件、以公共交通为主的世界一流交通体系，花园城市的目标不会被因经济发展而增长的交通流量和空气污染所损害。

2．基于市场机制的花园城市规划实施：城市建成区的改造

城市规划方案与实际城市建设中间隔了一道鸿沟——规划实施。之所以被称为鸿沟，是因为规划师至今对它知之甚少，大学规划教育也不把它列为重点内容之一。西方城市规划历史揭示了这么一个基本错误：城市规划方案的编制被认为纯粹是个技术问题。事实上，规划实施的过程远远超出技术的范畴。规划实施事关比技术更重要的政治、社会、经济等因素。西方规划师早就认识到"规划师规划城市，开发商建设城市"的道理，市场经济制度下市场力的强大，代表政府或社区的规划力难于在城市建设中完全统治市场而实施规划目标。规划的理念未必被开发的逻辑所接受，结果往往是规划成为挂在墙上的装饰，最终城市建设结果与规划理念相差甚远。

目前世界上大多数基本按照规划方案实施建设的城市都有一个共性，即规划和建设合一。规划与建设二位一体，在制度上保证城市建设服从城市规划。基本按照规划方案建设的城市有两种类型：①规划主导的同时又担当建设的角色；②建设主导的同时又担当规划的角色。第一种类型包括明清北京城、英国田园城市（莱奇沃斯、韦林）和英国新城、美国首都华盛敦、澳大利亚首都堪培拉、巴西首都巴西利亚、新加坡等。第二种类型包括美国新城、上海"新天地"地区、众多的商品房小区等。规划和建设紧密结合，前者是政府主导，后者是开发商主导。

规划与建设二位一体的机制使得规划得以完整地实施。但是，规划与建设紧密结合的机会是特殊的个案，不具有普遍性。在市场经济下，具有普遍意义的是规划与建设的分离。规划代表政府行为，建设体现市场行为。市场行为提供市场物品（商品房、商业办公等），关注利润；政府行为关心市场所不关心的领域，主要体现在公共物品（基础设施、绿地等）和社会物品（公共住房、学校、美术馆等）的提供。规划与建设分离已经成为国内城市规划建设领域的常态。改革开放后，城市建设主体力量已经从国家变为地方自筹资金。地方自筹资金则由地方政府、国营企业、集体企业和民营企业组成，银行贷款也成为一个重要的城建资金来源。不言而喻，市场经济已经成为城市规划的最大挑战。规划师必须应对日益市场化的城市建设，城市规划的经济概念和市场意识至关重要。城市规划通过管治市场机制达到规划目标是一个值得关注的学术和实践问题。

3．全球化经济发展的挑战：新加坡经济发展与花园城市规划的冲突

新加坡是世界上人口密度最高的城市之一。新加坡自然资源稀缺，人口众多，经济发展自然成为城市发展的首要目标。1971年城市战略规划确定建立开放经济和热带花园城市的发展目标，通过吸引外资发展制造业。随后30年的努力成功将新加坡从一个单纯的中转港口经济转型成为制造业—商业贸易结合的经济，制造业成为国民经济的主要支柱，基本解决了城市失业和住房短缺问题，市民安居乐业，城市运行顺利。但是随着中国和印度等发展中国家的进一步开放，制造业开始向劳动力成本更低的发展中国家迁移，国际经济形势发生巨大变化。1997年亚洲金融危机更凸显了东盟经济体的根本性弱点，以日本为领头的东亚和东南亚"大雁群飞行编队"[①]经济体被全球化后出现的新兴经济体"金砖五国"所代替，亚洲四小龙和四小虎的经济发展辉煌不再。新加坡若要维持领先的经济地位，不能再满足于"大雁群"中东南亚的中心城市地位，必须成为全球化的世界级城市，在新的世界经济格局中继续扮演重要角色。

于是，2001年城市战略规划重新调整了城市发展目标，将新加坡的东南亚中心城市定位提升至21世纪的世界级城市，融入全球化经济圈，而不再局限于东南亚。经济全球化浪潮下，市场竞争不再局限于本地、本区域，而是全球。一个城市不仅仅要能够生产产品，其所生产的产品还必须在全球市场上竞争赢得市场。创新变得越来越重要，人才和创意成为吸引的对象，而不再是以前单纯地以低生产成本吸引资本流入。全球化城市需要世界级人才，吸引人才成为当务之急。战略规划将城市人口目标提高至550万～650万人，在1991年人口目标基础上（400万）增加了40%～60%。增加人口对本来就高密度的城市/国家不利，交通和空间会更拥挤，诸如住房之类的生活成本也会因为人口增多而上升。但是因为全球化城市建设不能够单单依靠新加坡本地人口，注入新的人才资源是必要的无奈之举，城市人口总量上升如此之多是因为国家没有腹地安置被替代的本地人口。自1965年独立以来，新加坡城市规划的宏伟目标是建立一个经济发达和面向全球的热带花园城市。所谓花园城市，就是绿化覆盖率高、环境污染少的城市。人口高密度造成土地稀缺，人口增加需要新的建设用地安置，土地更稀缺的状况挤压绿地和空地，全球化城市建设威胁到花园城市的规划目标。

4. 人口增长压力下花园城市规划目标的实施：市场引导的存量居住用地高密度更新

新加坡人口密度高，土地稀缺，花园城市建设实属不易。21世纪初为适应全球化经济新形势，城市规划人口必须增加50%左右，对需要大量绿地、空地的花园城市规划目标提出了更严重的挑战。政府提出以下措施应对挑战：通过修改控制性详细规划提高存量居住用地容积率，以城市更新手段实现存量居住用地净密度的提高，称之为通过提高居住小区容积率的"整体改造"，以不新增居住用地的方法容纳新增加的50%人口，而城市绿地总量不减，从而维持花园城市的规划目标（图3-22）。

图3-22 从高密度向超高密度的新加坡公共住房转型

规划实施的难度在于存量居住用地属于私有产权土地，变动用地现状需要得到业主合作，而且"整体改造"所涉及的业主数量和利益相关方众多，形成共识并达成协议的难度很大。实施"整体改造"需要制度设计，通过对市场的机制管理达到规划的目标。"整体改造"涉及三个主要利益相关方：存量居

---

① 指日本是领头雁，其后跟着亚洲四小龙（韩国、中国台湾、中国香港、新加坡），再后是亚洲四小虎（印度尼西亚、马来西亚、泰国、菲律宾），最后是亚洲其他国家。

住用地上的住房业主集体、有意从事居住用地更新的开发商、提供基础设施的政府部门。政府从事公共设施的投入和基础设施容量的提升，使城市环境能够容纳更多的居住人口；在对未来住房市场供需以及住房价格估算的前提下，开发商根据新容积率的条件提出居住小区更新计划，对住房业主集体提出收购建议并承担开发风险；住房业主集体协议将他们所有的住房单元出售给开发商，称为"整体出售"，使开发商获得完整的居住用地地块，进入下一步用地更新改造。假如高密度更新在经济和财务上可行，开发商愿意从事更新开发，启动更新改造的关键在于"整体出售"（业主集体一致同意将他们的住房单元出售给开发商）。以往的实践证明，一个几十甚至上百户业主的居住楼盘为达成改造所需要的100%共识，不是因为个别业主反对而无法达成，就是因为"钉子户"要挟而使改造成本大幅度提高。中国台湾都市更新遭遇了不少这样的经历而寸步难行。为减少交易成本和促进更新，政府通过法案规定只要80%（如房屋建造已经超过10年）或90%（如房屋建造还少于10年）的业主同意，楼盘整体即可出售，避免"钉子户"现象和高交易成本。为争取至少80%或90%的业主同意，开发商的收购价格必须显著高于目前二手房市场的相应价格（不然业主没有必要参与"整体出售"，何况搬迁另购替代住房的成本也不小）。实证调查表明，"整体改造"项目的平均收购价格是同样二手房市场价格的150%，高出市场价50%构成"整体出售"的基本动力。

居住用地容积率提高（供给）和居住人口增加（需求）使得所涉居住用地价值升高，所增加的用地价值必须在利益相关方之间根据市场原则竞争分配。现状业主获得平均多出市场价50%的房产增值，开发商获得未来的开发利润，政府从增值"蛋糕"中分得一块"开发收费"。政府收取的"开发收费"用于扩展基础设施容量，以适应密度提高后城市社区的运行。"开发收费"和住房收购支出都由开发商支付，所以开发商是存量用地更新的关键角色。如果未来住房市场需求不乐观，或者现状业主要价太高，或者政府"开发收费"太高，"整体改造"都会胎死腹中，"整体改造"失败不利于城市的公共目标。

代表公共利益的"开发收费"是明确、透明、事先确定的要素。根据用地性质和区位，开发商得到"开发收费"的收费标准（新元/平方米增加建筑面积），然后根据新旧容积率之差算出增加建筑总面积，进而算出总费用。整个过程中交易成本几乎为零。根据所掌握的若干容积率改高的个案（居住用地、商业用地、工业用地改居住用地）揭示，收费标准与用地性质的级别和区位优劣成正比。政府相关部门每6个月根据市场房地产价格的波动，修改一次"开发收费"标准，体现对市场变化的及时反应，保证既公平又合理的土地升值分配[①]。开发商确定"开发收费"成本之后，才开始与业主集体协商议价，决定土地收购的价格。"整体改造"过程中只有收购地块阶段交易成本不确定，需要房产中介作为中间人在业主集体和开发商之间协调价格，常常因为价格谈不拢而功亏一篑，双方都追求收益极大化。

Stevens Road居住用地改造案例。Stevens Road居住用地原属低层花园住宅，1980年控制性详细规划规定容积率为1.036，建筑高度不超过两层。当时该小区有20多栋住房，20多户居民居住。

---

① 据说"开发收费"基本将因改变用地性质和使用密度的大部分土地升值归为政府，几乎是"涨价归公"的做法。因为历史遗留原因，马来西亚在新加坡拥有一条铁路线及其站点和沿线用地。后协议拆迁共同开发所属土地（马来西亚60%，新加坡40%），但是为其中三块土地是否需要支付"开发收费"争执不下。因所涉及的"开发收费"数目太大（据说是14.7亿新元），双方不惜上诉海牙国际仲裁法庭裁决。相关的土地市价大约是55亿新元，"开发收费"占地价的四分之一（http://www.straitstimes.com/singapore/transport/from-the-straits-times-archives-malayan-railway-land-in-singapore，2016/12/17查阅）。

1990年控制性详细规划修编，容积率提高至1.6，建筑高度控制提高至10层。随后的"整体出售"顺利完成。通过"整体改造"整合地块，20多个小地块集中成4个大地块，多栋高层公寓代替了20多栋低层独栋住房，建成250余套公寓单元，人口密度增加10多倍。这个存量用地改造大大地提高了土地利用的效率（大地块的利用率大于小地块的利用率），没有涉及增量土地，花园城市目标没有受到损害。

5. 总结

高密度城市存量土地改造通常涉及众多利益相关方，法制为唯一准绳，"整体出售"只需80%~90%同意而不是100%的共识有效打破了业主的垄断地位，遏制了业主过分的要价，或者少数业主挟持多数业主，阻扰改造。确实有业主因年岁较高不便或因珍惜多年居住的家园而不支持改造，但是少数人的私人利益必须服从多数人代表的公共利益。因为是法制社会，理性的社会和媒体从不渲染因为"整体改造"而使个别住户失去所不愿意出售的住房。无论是发达国家城市还是发展中国家城市，城市改造被既得利益业主群体把持而无法有效进行的事例并不鲜见^①。规划师作为专业人士，必须有能力提出规划实施的措施。城市规划必然涉及利益冲突，所以说城市规划是政治。规划师无需参与政治博弈，但是规划师必须参与城市建设中政治博弈的"游戏规则"制定。城市现状社区居民利益固然重要，但外来移民和年轻一代（非既得利益群体）的利益也同样重要，规划必须致力在既得利益群体诉求和外来移民和年轻一代利益要求之间取得平衡。中国作为发展中国家，还有大量的城乡移民，城市更新不能只考虑现状居民的利益。

规划作为建设实施的"游戏规则"必须具有刚性，过度灵活等于没有原则。控制性详细规划不能随时改变。规划的灵活性体现在控制性详细规划的制度性定期修编，反映市场变化。控制性详细规划修改过程与建设实施和开发商隔绝，没有即时交流。就像体育运动，比赛时不能当场改变比赛规则，运动员也不能与裁判员讨价还价，运动员个体不参与比赛规则的修改。管理城市建设实施的规划控制的刚性远比灵活性重要。

值得强调的是，"开发收费"标准的公布是事先的告知，而不是事后的讨价还价。制度经济学重视市场经济的交易，交易成本与生产成本一样重要，发展中国家的交易成本往往很高，导致经济发展效率很低。合同，也就是"游戏规则"（如容积率和开发收费标准修改），必须"事先"确定，而不能"事后"协商。"事先"和"事后"是制度经济学涉及合同的交易成本的重要概念。

涉及出让土地（业主具有完整产权）的城市更新在中国城市还未广泛展开，当务之急是建立相关的法治制度。目前甚至连出让土地使用权到期后的更新方法还未明确，更不用说如何处理出让土地使用权期限内的土地更新。相关的问题是出让土地存量改造中土地增值的归属，是完全归业主还是在政府与业主之间分配（开发收费）？对于将来高密度中国城市出让土地更新的存量规划，新加坡经验值得借鉴。规划战略固然极为重要，但没有实施制度辅佐的规划目标也是毫无用处的。规划作为"游戏规则"的法制化、控制性详细规划的刚性、规划安排和准则的"事先"公布^②是急需完善的制度安排。

---

① 香港和台北住房价格飞涨而使年轻人无能力购房，原因之一是城市土地被现状业主把持而无法进行有效的城市更新，致使住房供应不足而价格上升，进而引起政治动荡。

② 若干年前，广州因为安置一个垃圾焚烧厂而引起周围居民的游行抗议。如果垃圾焚烧厂的规划布局是先于周围居住区的土地出让和开发，"事先"告知可避免"事后"置入所引起的利益冲突。

3.1.7 新加坡花园城市建设实践总结

在花园城市实施路径方面：

（1）严明国策：新加坡长期坚持将"花园城市"建设作为基本国策，花园城市既要有总体城市结构保障，又要有符合现状制约（人多地少）的实际操作方式。

（2）严格规划：一个强势、高效、廉洁，但又懂经济社会管治的政府是新加坡花园城市成功的关键所在。花园城市规划实施按照法制的规划控制展开，而没有政府人治的操作。不仅制定了长达50年的长远规划，更在城市发展建设过程中严格落实了规划，真正做到了"一张蓝图干到底"的机制是基于法制的规划制度，而不是政府的人治。

（3）严厉法制：健全的法制规定，广泛而深刻的环保教育使全民树立良好的环保意识。

（4）合理发展：花园城市实施与改善城市经济发展和居民生活质量紧密关联，而不是面子工程、政绩工程。发达的城市经济和合理的产业结构是新加坡花园城市建设成果的重要前提，而且是个综合城市其他功能的工程，如一方面积极发展公共交通，另一方面积极遏制私人汽车交通。又结合对本地文化的了解，以道路使用收费逐渐代替拥车证制度，使政府的公共交通政策在政治上可持续。

（5）渐进发展：先花园城市，后向生态城市转型。生态城市的经济机会成本很高，需要有一个高度发展的城市经济支撑。

在整体生态环境建设方面：

（1）构建多层级的公园体系激活城市空间：规划每个新镇应有一个10ha的公园，居住区500m范围内应有一个1.5ha的公园，每千人应有0.8ha的绿地指标，并要求在住宅前均要有绿地。

（2）串联绿道网络打造多元主题：通过绿道网络将点、片状散布的大型公园绿地以网状形式串联起来；突出多元主题公园建设，并利用泄洪区域建设以生态为主题的雨洪公园，通过融入科技和生态节能，打造滨海湾公园等。

（3）构造"生态天桥"弥合生境：通过"生态天桥"的建设，将被道路割裂的生态区域连通起来，保证了生物自由迁徙的生态通道。

（4）建立多维立体的"翠绿都市和空中绿意"行动计划：通过容积率补偿、绿化屋顶津贴等政策，鼓励开发商在各类项目中利用地面公共花园、屋顶花园、天空廊道和垂直绿墙等多维度的垂直立体绿化，5年增加空中绿化约40ha（图3-23、图3-24）。

图3-23 新加坡植物园

图3-24 新加坡垂直绿化

3.2 厦门：国际知名花园城市、美丽中国典范

3.2.1 发展战略

厦门是我国东南沿海重要的国际港口城市（港口排名全球14）和滨海旅游城市，古称"鹭岛"，明中叶因私人海上贸易由军事据点演化为贸易重镇。改革开放后，成为中国最早批准的四个经济特区之一，2014年国务院设立自贸区（舟山2017年获批），经过40年的快速发展，成为国内具有极高美誉度的滨海花园城市，曾获"联合国人居奖"和2002年E类（特大城市类）国际花园城市第1名，是"中国十大宜居城市"、"中国最具幸福感城市"和"第九届金砖国家峰会举办地"。

厦门陆地面积1699.39km²（与舟山市域陆地面积相当），海域面积390多km²（舟山近2万km²），由厦门本岛、离岛鼓浪屿、西岸海沧半岛、北岸集美半岛、东岸翔安半岛、大小嶝岛、内陆同安、九龙江等组成，市域常住人口为401万人，其中户籍人口231.03万人；2017年厦门生产总值为4351.18亿元，按常住人口计算的人均CDP为109740元（舟山104811元）。其工业支柱产业为电子和机械产业，另外服务业GDP占比高达57.7%，外贸进出口额为5816亿元（舟山783.0亿元）。

3.2.2 花园城市实践发展

"城在海上，海在城中，青山碧海，红花白鹭"。厦门是一座风姿绰约的"海上花园"，拥有包括山海格局美、发展品质美、多元人文美、地域特色美、社会和谐美的五大美丽特质。

1．发展目标

在城市的未来发展上，厦门最新提出《美丽厦门战略规划》，以"建党100年（2021年）建成美丽中国典范城市；建国100年（2049年）建成展现中国梦的样板城市"为愿景，以"建设国际知名的花园城市，美丽中国的典范城市，两岸交流的窗口城市，闽南地区的中心城市和温馨包容的幸福城市"为总目标，坚持"区域协作的大海湾战略、跨岛发展的大山海战略、家园营造的大花园战略"三大城市战略，以"一岛一带双控多中心组团式海湾城市"为空间特征，着力构建城市发展大格局。其中总目标具体拆解为：

（1）国际层面：国际知名的花园城市

发展独特化的城市空间，美丽现代化的城市景观，国际化的城市社会，健康化的城市生活，多元化的城市文化。

（2）国内层面：美丽中国的典范城市

将厦门打造成为资源节约型的城市，环境友好型的城市，创新驱动型的城市，文化融合型的城市。

（3）对台层面：两岸交流的窗口城市

将厦门发展成为两岸经贸合作最紧密的区域，两岸文化交流最活跃的平台，两岸直接往来最便捷的通道，两岸同胞融合最温馨的家园，两岸之间交往最密切的基地。

（4）区域层面：闽南地区的中心城市

将厦门打造成为闽南地区生产服务中心，闽南地区公共服务中心，西南地区交通服务中心，闽南地区科技创新中心。

（5）城市层面：温馨包容的幸福城市

将厦门打造成为创业的家园、宜居的家园、平安的家园、文明的家园、多彩的家园。

2．实施行动

根据发展目标与战略，确立"十大行动"作为缔造"美丽厦门"的战略抓手，包括：

（1）产业升级行动

围绕主体功能拓展，优化产业布局，整合发展资源，强化创新驱动和绿色发展，壮大优势产业，加快产业转型升级，打造海峡西岸强大的先进制造业基地和最具竞争力的现代服务业集聚区。实施千亿元产业链（群）培育工程、主体功能和产业布局优化工程、创新驱动发展工程、绿色低碳发展工程、都市现代农业提升工程。

（2）机制创新行动

围绕建设"美丽厦门"目标，推动重点领域和关键环节先行先试，实现改革开放新突破，更好地发挥经济特区在改革开放中的"窗口""试验田"和"排头兵"作用。实施考核评价机制创新工程、行政运行机制创新工程、社会管理机制创新工程、开放机制创新工程。

（3）收入倍增行动

建立健全适应产业发展、城乡一体化的就业创业服务体系，拓展城乡居民增收渠道，完善社会保障体系，不断提高人民群众的收入和生活水平。实施就业创业工程、增收增效工程、社保提升工程。

（4）健康生活行动

以美好环境建设为载体，加快健全均衡发展、覆盖城乡的基本公共服务体系，切实解决好群众关切的热点难点问题，努力构建市民健康的生活方式和美好的生活环境。实施城市安全工程、教育均衡工程、医疗康体工程、住房安居工程、便捷交通工程。

（5）邻里和美行动

探索建立政府主导和群众自治有机结合的社区管理体制机制，强化社区自治功能，提升社区服务水平，促进居民融入融合，打造温馨包容的和美村居。实施社区管理提升工程、社区服务优化工程、社区活动拓展工程、美丽村居创建工程。

（6）智慧名城行动

以建设全国首批"三网融合"试点城市和国家信息消费示范城市为契机，大力加快数字家庭及其应用示范产业基地建设，努力打造智慧城市。实施数字家庭工程、信息基础设施完善工程、智慧产业发展工程。

（7）生态优美行动

围绕建设国际知名的花园城市目标，着力提升生态环境，把厦门建设成为生态文明高度发展的典范城市。实施生态功能区建设工程、生态廊道建设工程、绿道慢行建设工程、蓝色海洋建设工程。

（8）文化提升行动

发扬闽南特色文化等优势，大力提升市民的道德和文明素质，不断丰富群众的精神和文化生活，加快推动文化事业全面繁荣和文化产业快速发展，促进多元文化融合发展。实施城乡居民精神塑造工程、文化活动拓展工程、文化实力提升工程、文明创建深化工程。

（9）同胞融合行动

围绕建设两岸交流的窗口城市，深化两岸经济、文化、科技等各领域的交流合作，建设两岸经贸合作最紧密区域、两岸交流交往最活跃平台、两岸直接往来最便捷通道、两岸同胞融合最温馨家园。实施两岸经贸合作大平台建设工程、两岸交流交往大舞台建设工程、两岸直接往来大枢纽建设工程、两岸温馨包容大家园建设工程。

（10）党建保障行动

坚持党要管党、从严治党，通过持之以恒地加强党的自身建设，不断改进作风、提升效能，夯实基层基础，建设一支素质优良、作风过硬的党员队伍、干部队伍和人才队伍。实施固本强基工程、队伍提升工程、人才特区工程。

3. 实施成效

厦门市于2002年获得"国际花园城市"E组决赛第一名，荣获"国际花园城市"称号，向世人展示了厦门——海上花园城市的独特魅力和迷人风采。在争取国家花园城市过程中，厦门着手创新景观改善、遗产管理、环保实践、公众参与、未来规划五个方面的新突破，确立了包括"鼓浪屿、小白鹭民间舞团、厦金航线、'9·8'投洽会、厦门国际马拉松、厦门爱乐乐团、陈嘉庚、环岛路、厦门大学、温馨厦门"的十大城市名片。

3.2.3 经验借鉴

同为中国沿海独具特色的现代化国际性港口和海岛花园城市，厦门近几年在环境保护和文化传承、对外开放和会展经济、创新创业和人才政策三个方面的城市经验尤为值得舟山打造高品质海上花园城借鉴（表3-2）。

厦门城市现代化设施建设一览表   表3-2

设施类别	设施内容
文化艺术类馆（28处）	鼓浪屿钢琴博物馆、厦门奥林匹克博物馆、华侨博物院、郑成功纪念馆、厦门市博物馆、厦门大学人类学博物馆等，每万人拥有文化艺术馆0.07个
高校教育设施（4所）	厦门大学、厦门理工学院、华侨大学（厦门校区）、集美大学
各类城市公园	市区共150余个开放型公园，每万人拥有开放型公园0.37个
休闲娱乐设施	鼓浪屿、南普陀寺、厦门环岛路、同安影视城、北辰山、金光湖、胡里山炮台、天竺山森林公园、五缘湾湿地公园、野山谷生态乐园、观音山海滨旅游休闲区、厦门园博苑、厦门方特梦幻王国、厦门桥梁博物馆、海沧野生动物园
重要节庆赛事	厦门国际马拉松赛、世界铁人三项赛、世界沙滩排球巡回赛厦门公开赛、2017年UIM世界XCAT摩托艇锦标赛首届中国赛区联赛厦门分站赛、欧洲篮球中国赛（厦门站）、2017亚洲高尔夫球锦标赛、2017中国汽车漂移锦标赛年度总决赛、2017大唐地产中国拳王赛、海峡两岸龙舟赛、厦鼓横渡活动
主要交通设施	对外交通：厦门高崎机场、厦门翔安机场、厦门火车站、厦门火车北站、厦门港、5条高速公路（G15沈海高速公路、G76厦蓉高速公路、G2517厦沙高速公路、G15W3甬莞高速公路、G1501厦门绕城高速公路）、2条城际铁路。 对内交通：高速公路（S7621厦门南通道、S1515厦金联络线、S1516泉厦漳城市联盟路、S1523厦门进出岛快速路、S1532厦门机场路、S1581东渡疏港高速公路、S1591招银疏港高速公路等）、地铁1号线和2号线、厦门市快速公交系统（BRT）

1. 环境保护和文化传承方面

率先在全国确立海绵城市建设管理标准体系，地下综合管廊绩效评价全国第一，进一步强化城市在生态环境方面的全国领先性。经过9年申遗路，"鼓浪屿"被列入世界文化遗产名录，极大地提升了厦门的文化软实力和国际知名度（舟山也可以积极争取普陀山的申遗）。

2. 对外开放和会展经济方面

作为国家自由贸易试验区、21世纪海上丝绸之路的战略支点城市，厦门于2015年8月开出首条中欧（厦门）班列，实现了海上丝绸之路与陆上丝绸之路的无缝对接，国际贸易"单一窗口"被商务部评为自由贸易试验区最佳案例。2017年共举办展览215场、外来商务会议8000余场，获评"最佳会奖营销目的地"和"中国最美会议城市"，并进入"世界会展城市50强"。

3. 创新创业和人才政策方面

2016年厦门共认定众创空间165家，累计众创空间总面积34万m²，创业团队2250个，创业者12000人；共认定"双创"示范基地17个，面积近133万m²，人均拥有众创空间和双创基地面积0.42m²。全市共有13个科技企业孵化器，81个国家、省市级重点实验室，114个工程技术研究中心，获"中国十大创新城市"殊荣。2017年7月，厦门推出人才新政45条，突出对台经济交流和自贸区建设的人才导向，推进国际人才出入便利化等创新政策，为来自全球的人才提供广阔的天地。

此外，厦门还为舟山海上花园城的建设提供了"全域化、独特化、一体化、绿色化"的启示，城市发展应坚持规划引领全域理念，走集约发展之路，必须坚持彰显城市独特自然空间、文化和景观特色品牌；要以改善人居环境、统筹城乡发展为纲领，以绿色、开放、共享、宜居作为城市发展标杆。

3.3 珠海：全国新型花园城市典范

3.3.1 发展战略

珠海是我国著名的滨海城市，是珠三角中海洋面积最大、岛屿最多、海岸线最长的城市，素有"百岛之市"之称。是唯一一个以整体城市景观入选"中国旅游胜地四十佳"的城市。2013年中国城市可持续发展指数报告中珠海综合排名全国第一，2016年获评"国家生态园林城市""国家森林城市"称号，为全国新型花园城市典范。

珠海有"蓝天白云，绿树银湾，山海相拥，陆海相望，浪漫滨海，花园之城"的城市特质，创造集约高效的生产空间，宜居的生活空间，山清水秀的生态空间，秉承山水之灵气，建设生态之家园，生态文明示范是珠海的城市理想和价值追求。

珠海市陆域面积为1711km²，东与深圳、香港隔海相望，距香港66.7km，南与澳门陆地相连，北与中山市接壤，距广州市140km（图3-25）。1980年珠海成为中国最早批准的四个经济特区之一，得益于毗邻广州、香港、澳门的区位优势，经过近40年的快速发展，2017年珠海常住人口168万人（是舟山的1.44倍），地区生产总值（GDP）2564.73亿元（是舟山的2.1倍），人

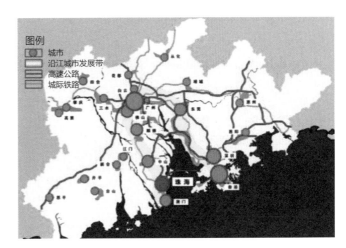

图3-25 珠海在珠三角地区的区域位置图

均GDP达14.91万元，排名全国第六；中国地级市全面小康指数排名第四。2016年，珠海完成外贸进出口总额2753.05亿元，是舟山的3.5倍。珠海市中心城区用地规划如图3-26所示。

总体来看，珠海是目前全国综合发展水平最高的城市之一。在城市的未来发展上，珠海最新的《珠海城市空间发展战略（珠海2030）》等规划明确珠海要"按照生态文明新特区、科学发展示范区和国际宜居城市标准，与港澳共建国际都会区，打造美丽中国城市样板"。

如果以各自在两大世界级城市群的区域关系（城市规模最小，但生态环境最好，发展潜力巨大，小块头大作用）作为比较，长三角的舟山（千岛之城）像极了珠三角的珠海（百岛之市）。近几年珠海在城市生态可持续（生态控制线区域面积不低于全市陆域面积的53%、中欧低碳综合试点城市、国家海绵城市试点）、世界宜居城市建设、现代海洋产业体系（海洋战略性新兴产业、海洋新能源等）、横琴自贸区等方面的创新举措尤为值得舟山打造海上花园城借鉴（表3-3）。

图3-26 珠海市中心城区用地规划图
资料来源：《珠海市城市总体规划（2001—2020年）》（2015年修订）。

珠海城市现代化设施建设一览表　　　　　　　　　　　　　表3-3

设施类别	设施内容
文化艺术类馆（10处）	珠海市博物馆、珠海市博物馆（新馆）城市规划展览馆、珠海图书馆等10处，每万人拥有文化艺术馆0.06个
高校教育设施（5所）	中山大学珠海校区、暨南大学珠海校区、北京师范大学珠海校区、遵义医学院珠海校区、珠海广播电视大学
各类城市公园	市区共90余个开放型公园，每万人拥有开放型公园0.56个
休闲娱乐设施	长隆主题公园、银坑海滩浴场、金海滩、南沙湾海滩、凤凰山、白莲洞、圆明新园、东澳岛（丽岛银滩）、唐家共乐园（鹅岭共乐）、珠海渔女（渔女香湾）、梅溪牌坊（梅溪寻芳）、农科中心（农科观奇）、飞沙滩（飞沙叠浪）、黄杨山景区（黄杨金台）、淇澳岛（淇澳访古）
重要节庆赛事	2016珠海WTA超级精英赛、2016年全国帆船锦标赛和2016环中国国际公路自行车赛（珠海站）
主要交通设施	对外交通：珠海机场、广珠城际轨道交通、广东西部沿海高速公路、S47江珠高速公路。对内交通：公路通车里程1325.37km

3.3.2　发展目标

珠海30多年来一直坚持"以生态文明示范为引领，确保环境优先，绿色发展，建设国际宜居城市"的战略，以建设海上花园城、构建"国际珠海、活力珠海、幸福珠海、生态珠海、智慧珠海、美丽珠海"为总目标，以"一条主轴（情侣路和珠海大道），两大板块（东、西），三区一城（香洲核心城区、横琴新区、西部中心城区），若干组团"为城市空间格局。

其中具体主控目标指标为：2020年，珠海市公交出行比例达到30%，其中轨道交通和中运量系统占30%；人均公园用地面积20m²，每500m半径内有5000m²绿地，绿地率达到50%，绿化覆盖率达到55%。50%新建建筑为绿色建筑。

3.3.3 规划理念

珠海特区从成立起就坚持生态可持续发展理念，提出"生态宜居"的规划理念，珠海赢得了国家园林和旅游城市的称号；1999年以城市建设方面的综合优势获得了联合国"国际改善居住环境最佳范例奖"。珠海规划的"生态间隔、多极组团式"的空间发展结构（图3-27），类似莱奇沃斯的规划空间结构；但是珠海规划并没有发展相关的规划理论，只是在规划城市空间结构时注重绿化的因素，是一个绿化良好的城市。

城市规划追求多个具有区域生产服务功能的组团，与中心城区共同构造全方位、多层次的区域发展极。以绿色山体、自然保护区、城市公园、风景旅游区、郊野森林公园、城市组团间的绿带为主构成花园城市的绿地。加强滨海、滨河带状绿地公园和城市道路两侧的立体绿化带，组成城市绿色通道；强化各类专用绿地和居住区绿化开敞空间为城市绿点。确保市民户外500m半径内就有一块5000m²以上的绿地，选择遮阴、抗风、保持水土、维护方便、节约用水的植物栽植；形成与海滨花园城市和旅游名城目标相适应的、复合式的、立体化的城市生态绿化系统和环境氛围。

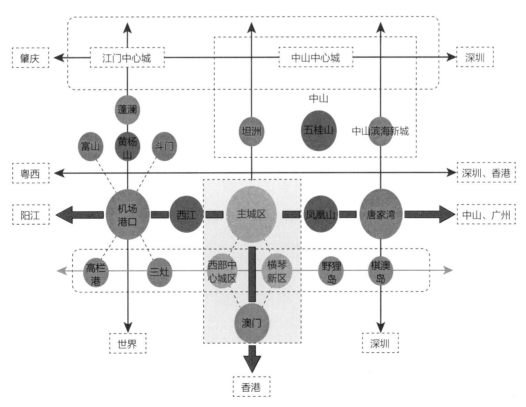

图3-27 城市组团结构

规划将城市绿地系统分为三个层次，即自然生态绿地、城市生态绿地和附属生态绿地。总体规划制定了城市绿地系统的总体目标和近远期目标。总体目标是以高起点、高标准建设具有亚热带海滨花园城市特色的生态绿地系统，创造具有海滨特色和田园风貌的山水城市。近期城市绿化覆盖率达到40%，人均公共绿地达到10m^2；至2020年，实现城市绿化覆盖率达到50%，人均公共绿地达到13m^2。

3.3.4 指标体系

2015年7月举行的宜居城市发展研讨会暨珠海国际宜居城市指标体系交流会发布了《珠海国际宜居城市指标体系》，其中包括七大领域、35条实施路径和70个具体指标。其中七大领域包括经济低碳创新、人文国际多元、服务优质共享、社会平安和谐、出行绿色通畅、生态安全持续、空间紧凑宜人，具体指标见表3-4。

珠海市建设国际宜居城市指标体系总表 表3-4

编号	指标类别	指标路径	指标名称	单位	2020年目标值	标杆值
1	生态安全持续	自然环境优质宜人	公众对城市环境保护满意率	%	≥90	100
2			PM2.5年均浓度	μg/m^3	≤30	20
3		生态用地严格保护	森林覆盖率	%	≥38.2	42
4			生态保护用地占国土面积比例	%	≥58.54	60
5		河湖水系自然洁净	水体岸线自然化率	%	≥93	100
6			水功能区水质达标率	%	≥90	100
7		废弃资源循环利用	生活垃圾资源化利用率	%	≥60	80
8			再生水回用率	%	≥35	50
9		城市建设绿色低碳	新建建筑中绿色建筑比例	%	100	100
10			雨水径流总量控制率	%	≥70	85
11	空间紧凑宜人	景观多元望山见水	步行10min可亲近自然的区域比例	%	≥85	90
12			城市景观风貌控制满意度	%	≥60	85
13		街区尺度舒适宜人	平均街区长度	m	≤250	200
14			人行道林荫路覆盖率	%	≥95	100
15		开敞空间疏密有致	公园绿地服务半径覆盖率	%	≥95	100
16			人均公园绿地面积	m^2	≥22	25
17		集约用地精明增长	人均建设用地面积	m^2	≤208	100
18			单位建设用地地区生产总值	万元/ha	≥452	900
19		公交引导混合开发	TOD模式周边开发率		≥2	3
20			平均通勤时间	min	≤30	25
21	出行绿色通畅	对外交通高速便捷	国际客运通航点	个	≥3	10
22			1h通勤圈可达城市数量	个	≥9	10
23		路网通达出行通畅	路网密度	km/km^2	≥4	5
24			工作日高峰时段公共交通平均车速	km/h	≥20	30

编号	指标类别	指标路径	指标名称	单位	2020 年目标值	标杆值
25	出行绿色通畅	公交优先低碳出行	公共交通占机动化出行比例	%	≥50	70
26			清洁能源公交比例	%	100	100
27		慢行系统互联互通	慢行交通线网密度	km/km²	≥3	4
28			零碳出行率	%	≥50	60
29		多元出行无缝对接	公交站点300m服务半径覆盖率	%	≥55	70
30			公交站自行车租赁点衔接率	%	≥75	100
31	服务优质共享	终身教育全面覆盖	十二年免费教育覆盖率	%	≥90	100
32			从业人员继续教育年参与率	%	≥80	90
33		医疗服务质优面广	每千人口执业（助理）医师数	人	≥3	3.5
34			每万人口全科医生数	人	≥3	4
35		文体设施便捷可达	10min公共文体服务圈覆盖率	%	≥90	100
36			人均体育活动场地面积	m²	≥4.5	6
37		养老服务均衡覆盖	每百名老年人口拥有养老床位数	张	≥3.5	4.5
38			居家和社区养老服务覆盖率	%	100	100
39		智慧服务便民高效	公共场所免费无线网覆盖率	%	≥90	100
40			社会事务服务事项网上办理率	%	≥90	100
41	社会平安和谐	市民生活幸福平安	社会安全指数		≥87	90
42			居民幸福指数		≥80	85
43		安全应急体系健全	人均避难场所面积	m²	≥4	5
44			应急避难场所应急处置半径覆盖率	%	100	100
45		社会保障全面覆盖	无障碍设施满意度	%	≥85	90
46			"三险"综合覆盖率	%	100	100
47		住房保障广泛覆盖	住房保障覆盖率	%	≥40	40
48			住房价格收入比		≤12	10
49		公众参与志愿服务	政务环境满意度	%	≥85	100
50			注册志愿者人数占比	%	≥20	25
51	经济低碳创新	低碳发展绿色循环	可再生能源占一次能源消费比例	%	≥15	20
52			单位GDP能耗	t标煤/万元	≤0.38	0.35
53		区域经济特色发展	服务业增加值占GDP比重	%	≥47.4	60
54			高新技术产品产值占规模以上工业总产值比重	%	≥55	60
55		民营经济活力创新	民营经济增加值占GDP比重	%	≥45	55
56			R&D经费支出占GDP比重	%	≥3	4
57		就业机会充分保障	登记失业率	%	≤2	2
58			主要劳动人口受过高等教育比例	%	≥34	50
59		发展成果分配合理	城镇常住居民人均可支配收入	万元	≥5.66	7
60			全体居民人均可支配收入与人均GDP增速比		≥1.1	1.2

续表

编号	指标类别	指标路径	指标名称	单位	2020年目标值	标杆值
61	人文国际多元	世界知名旅游胜地	游客满意度	%	≥80	85
62			年接待外国游客人数	万人	≥518	700
63		国际往来广泛深入	国际友好城市数	个	≥15	27
64			常住外籍人员来源国家（地区）数	个	≥120	156
65		商务环境开放国际	世界500强企业落户数	个	≥50	100
66			外商直接投资占GDP比重	%	≥7.9	10
67		城市活动丰富多彩	国际性体育赛事、节庆活动、会议会展举办场次	次	≥21	40
68			每10万人文化艺术场、博物馆数	间	≥0.70	1
69		文化遗产保护传承	历史建筑保护率	%	100	100
70			文化及相关产业增加值占GDP比重	%	≥5.4	10

3.3.5　实施行动

珠海于近期实施《珠海建设国际宜居城市三年行动计划》，明确提出了"六大行动、24项任务、150个重点宜居建设项目"，围绕"国际珠海、活力珠海、生态珠海、美丽珠海、智慧珠海、幸福珠海"目标，提出六大行动，其核心包括：全面深化珠港澳合作，加快共建环珠江口宜居湾区，合作建设世界旅游休闲目的地，加快发展"三高一特"产业、提升城市创新创意发展能力，严格划定生态红线，加快推进城市更新，完善信息基础设施建设，构建城市综合信息平台，有序推进市民化进程，完善公共服务和民生保障体系，基本建成15min医疗卫生服务圈、15min体育健身圈，常住人口住房保障覆盖率达到35%。到2020年珠海将建成生态安全和谐、功能与国际接轨、空间集约高效、设施绿色低碳环保、生活和谐幸福的国际宜居花园城市。

3.3.6　总结

2013年和2014年，珠海连续两年中国宜居城市排名第一，2013年中国城市可持续发展指数报告综合排名第一，2016年珠海被评为国家生态城市，被誉为"新型花园城市""浪漫之城""联合国人居改善居住环境最佳范例奖"。

同为中国沿海独具特色的现代化花园城市，珠海近几年在城市建设方面的经验给舟山打造高品质海上花园城的启示包括：应坚持紧紧抓住规划统领龙头的规划引领方针，紧紧抓住生态环境基础的环境优先方针，紧紧抓住高端产业核心的高端产业方针，紧紧抓住现代交通重点的绿色交通方针，紧紧抓住城市管理难点的强化管理方针，紧紧抓住人文城市灵魂的人文精神方针，紧紧抓住城乡统筹环节的城乡统筹方针。

3.4　堪培拉：花园城市规划原则的澳大利亚实践

3.4.1　概况与城市定位

堪培拉位于澳大利亚山脉区的开阔谷地上，海拔760m。莫朗格洛河横贯市区；西流入马兰比吉河。原为牧羊地，1913年按规划始建，1927年联邦政府从墨尔本迁至此。全国政治中心。银行、饭店和公共服务业为主要经济部门。有铁路连接各大城市。有澳大利亚国立大学、堪培拉大学和国立图书馆。堪培拉的城市设计十分新颖，环形及放射状道路将行政、商业、住宅区有机地分开。

　　堪培拉是澳大利亚的首都。总人口36.8万人（2015年），在澳大利亚所有城市里排名第八。堪培拉是个年轻的城市，早在100多年前，这里还是澳大利亚阿尔卑斯山麓的一片不毛之地，直到1911年，联邦政府通过决议，在两个城市之间选一个风调雨顺、有山有水的地方建立新首都，堪培拉被规划为澳大利亚的新首都，成为政府、国会、各国大使馆的所在地，全国的政治中心。

3.4.2　城市设计原则

　　澳大利亚首都堪培拉是个新城（图3-28），集中体现了花园城市理念在澳大利亚的实践。规划理念借鉴霍华德的理论，格里芬提出了建造一座和自然融洽的城市构思：整个堪培拉市以国会山为中心，建造放射型的城市街道，每一街道指向组成澳大利亚的所有州区，高耸的国会大厦象征权力中心，又代表全国的心脏。在堪培拉的地图上，随处可以看见霍华德花园城市的元素：核心、放射线、同心圆、扇区等。整个城市以首都山上山峰为圆心，15km为半径，从北向东往南顺时针方向

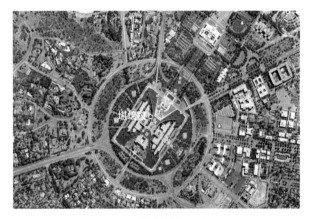

图3-28　堪培拉城市卫星图

的环城路为一个半圆弧线，再以南北两条宽阔的国道联邦大街与国王大街为边，构成一个扇形。

　　堪培拉的城市总体规划突出花园城市的几个原则，值得我们借鉴：市民参与城市管理，公园和就业靠近居住区；市民可以步行到公交站点，充分利用公共交通；公共绿地和公共交通体现了社会城市的原则——城市的公共性。除了大量城市绿地和郊区公园外，花园城市的城市设计重点放在人行道空间的规划控制方面，这体现了堪培拉花园城市的独特之处。强调住宅前花园与街道的关系，也就是花园城市公共空间与居住私人空间的联系和衔接，是堪培拉在城市设计方面对花园城市的主要贡献。

　　最重要的城市设计体现在街道设计的原则（图3-29～图3-34）：

　　（1）住宅花园必须在前面，即在街道与住宅之间，以此增强花园的街道特色；

　　（2）住宅进口与街道空间联系紧密；

　　（3）住宅能够观察街道，增强街道安全感，并鼓励居民与社区邻里的交往；

　　（4）不鼓励路边停车；

　　（5）行道树和路边绿化；

　　（6）住宅退后，避免沿街充满实体墙面；

　　（7）垃圾桶必须在后院。

3.4.3　规划建设

　　因为是新建政治首都，以公共部门为主，如政府、大学、机构及其雇员的住房，基本由政府投资和掌控，开发商参与度低，所以建设完全按照规划进行。

图3-29　住宅花园必须在前面

图3-30　住宅进口与街道空间联系紧密

图3-31　住宅能够观察街道

图3-32　行道树和路边绿化

图3-33　住宅退后，避免沿街充满实体墙面

图3-34　垃圾桶必须在后院

3.4.4　经验教训

　　堪培拉是霍华德花园城市的典型实践之一，为世界花园城市的建设提供了丰富的经验与教训。一方面堪培拉城市建设选址融入自然，设计了三条城市主轴线与中央水轴格里芬湖，是非常成功的城市规划设计案例，并最终建设成为了世界上园林化程度最高的城市之一。

堪培拉花园城市规划建设最有价值的启示包括：

远见卓识：花园城市是具有全球视野的科学发展趋势。

结构合理：可持续发展的城市须让自然具有历史、自然、文化的结构。

平衡发展：推动城乡平衡发展是花园城市的规划重点。

交通有序：花园城市交通体系的设计能很好地解决城市交通问题。

另一方面，堪培拉城市功能过于简单（政府部门＋大学），人口规模小，虽然是澳大利亚的花园城市，但城市吸引力有限。除了公共空间与私人空间衔接设计理念值得学习，堪培拉新城的政治首都功能使其显得特殊，而无法被广泛借鉴。

3.5 埃布斯弗利特：英国"新花园城市"

埃布斯弗利特位于泰晤士河畔（图3-35～图3-38），全英国第四大购物中心——蓝水购物中心和埃布斯弗利特国际车站之间，总面积1035ha。由于20世纪上半叶开采黏土和白垩，形成的白垩岩崖高达180英尺（约55m），景观伤痕累累。第二次世界大战之后，成为英国首个经济衰退区，有英格兰"资源最匮乏地区"之称。

图3-35 埃布斯弗利特区位交通图

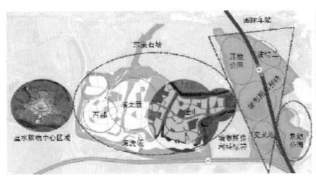

图3-36 埃布斯弗利特空间规划图

图3-37　埃布斯弗利特现状照片与规划图对比

图3-38　斯旺斯库姆半岛派拉蒙娱乐主题度假区区位与规划图

　　2011年结合花园城市和生态城市理念，英国提出建设新花园城市的构想，2014年埃布斯弗利特被规划为首座"新花园城市"。TCPA（Toun and Country Planning Association，城乡规划协会）定义新花园城市为："提升自然环境，供应优质住房，实现本地就业的美丽、健康、社区多元化的整体规划聚落"。强调发展可持续、食品和能源的本地化以及社区资源的公平分配。

　　埃布斯弗利特的"新花园城市"建设主要针对东采石场、国际车站、泉源公园以及一处绿带进行了空间与功能规划。具体生态措施如下：

　　（1）"适宜"的花园城市——既不让过多绿地影响出行和社区交流，也不让城市过度密集产生城市病。避免强调大马路、独栋住宅和大花园，导致城市产生失去中心、商业运营困难的郊区化倾向；避免建筑高层化、绿地大型化、交通密集化的空中花园倾向；避免过度强调大城市功能疏解的功能附属化倾向；选址要适宜，打造由系列社区组成的高度人本的社区典范。

　　（2）花园城市与生态城市的融合——融合英国生态城市的可持续发展理念，建立相应的生态标准，打造全新的系列乡村城市。一是优化自然环境；二是打造绿色居住区；三是设计与建设满足主管部门的可持续标准，通过减少出行时间，增加社区内"优质时间"（quality time）；四是将景观战略作为核心计划，实现30%的公共开放空间，全面提高区域视觉景象。

　　（3）交通便捷与低碳出行——新花园城市的首要目标是交通发达，精心规划主干路、BRT、高铁等基础交通条件。公共交通导向开发（PTOD）是新花园城市的典型标志之一，埃布斯弗利特开通至伦敦的快速铁路连接线，规划新公交快线网络，提供多种便捷、无耽搁的公共交通选择。鼓励低碳出行，国际车站设置通达城市各地的公交线，设置专门的自行车架（图3-39）。

（4）产城融合与有机增长——为振兴地方经济，埃布斯弗利特定位为全国重要商业中心。通过一流的住房、便捷的内外交通、自然化的环境，吸引大小公司进驻，提供就业岗位；打破高度分割的"单片"居住区带来的社区不平衡、公共与基础设施不平衡等弊端，建立自我完善与调

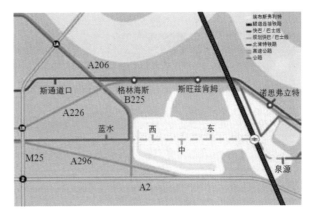

图3-39 埃布斯弗利特主要交通类型分布图

节的有机空间增长模式，城市景观与形态更多地呼应生活模式，规划若干个社区发展组团，增长遍布各组团。

（5）"地方感"营造与强化——新花园城市重视"地方感"营造，使居民产生归属感、价值感和社区感。一是强化优质环境作为区域特色；二是强化社区特色感，重视高质量康乐设施，社区归属感强；三是强化景观主题与特色；四是突出艺术和文化特色，通过独创的地标性艺术作品在英国文化版图上留下印记，实施"谷地文化计划"，营造凝聚力和独特文化景观。

3.6 火奴鲁鲁：太平洋上的世界明珠、全球宜居城市

作为世界上最受欢迎和最负盛名的海岛度假胜地，火奴鲁鲁（中国人称檀香山）以其优美的自然景观、多元的文化资源、现代化的城市风貌吸引着世界各地游人（图3-40）。与舟山作为中国唯一的群岛新区极为类似，火奴鲁鲁所在的夏威夷州（人口120万人，与舟山全市规模相当）也是美国唯一的群岛州，由太平洋中部的132个火山岛屿组成。

火奴鲁鲁是夏威夷州的首府和最大港口城市，位于北纬21°18′，西经157°49′，地处欧胡岛

图3-40 火奴鲁鲁城市风貌

（面积1574km²，人口约85万人，相当于舟山本岛）的东南部，市区面积217km²（相当于舟山新城的地位），人口41万人（2013年），2015年人均GDP高达6.7万美元，是世界上现代化水平最高的城市之一（图3-41～图3-43）。

火奴鲁鲁最早为波利尼西亚人居住地，18世纪末被英国库克船长发现，作为群岛内的唯一深水避风港（夏威夷语中Honolulu即意为"屏蔽之湾"），因其地处太平洋中北美与亚洲贸易中转枢纽地带（被称为"太平洋的十字路口"），港口规模不断壮大，城市（火奴鲁鲁）应运而生。19世纪末，火奴鲁鲁因其良好的港口条件和地理位置最终被美国合并，成为美军在太平洋地区的主要海空军事基地。

图3-41　火奴鲁鲁城市区位图

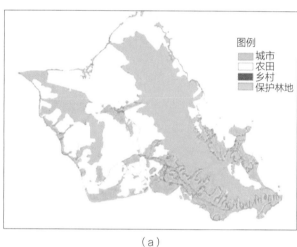

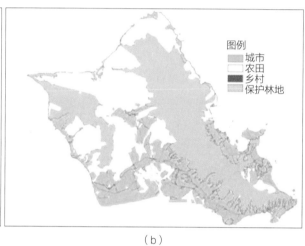

（a）　　　　　　　　　　　　　　　　　　　　　　（b）

图3-42　火奴鲁鲁1964年、2011年人口和国家土地利用面积变化对比图

（a）1964年；（b）2011年

资料来源：美国规划协会夏威夷分会，《Hawai'i State Land Use Districts-1964 to 2011》。

图3-43　火奴鲁鲁卫星影像图

旅游业、国防军事是火奴鲁鲁城市的主要产业。其中，旅游业为火奴鲁鲁的支柱产业（占生产总值的60%），2015年接待过夜游客超过800万人，人均每日消费364美元，是世界上旅游业最发达的城市之一。调查显示，80%的游客认为夏威夷的旅游服务远超其他城市。其次为国防军事产业（2012年联邦国防开支61亿美元），作为美军太平洋总部司令部的所在地，著名的珍珠港就位于城市西郊，全岛有7个大型军事基地，全市人口的15%为军事人员及其家属。

多元文化与异域风情是火奴鲁鲁城市的重要标志。在火奴鲁鲁处处洋溢着其独有的文化氛围，既是东西方文化的融合，也是传统文明和现代文明的汇集。夏威夷群岛多种族裔、多种文化的居民为此地创造出令人着迷的艺术、文化、食物、庆典及历史等多重面貌。旅游部门充分利用当地文化特色，开发了博物馆、艺术中心、个性艺术街区等产品，不仅把太平洋各个岛屿的风土人情融合在一起，而且有世界各地文化的缩影，不仅布满现代文明的气息，而且充满原始文化的芳香，独特的氛围令游人流连忘返。

对城市自然生态本底的保护极为重视。从20世纪60年代的欧胡岛总体规划中就提出"保护受到工业和生活垃圾影响的湿地"，20世纪70年代政府更是通过立法强调对海岛生态湿地的保护，目前岛内杜绝一切现代工业，200海里（370.4km）范围内禁止商业捕鱼，放弃了近海养殖业，港口不停靠大型运输船，与其他主要岛屿之间不通行大型游船。为推动整个城市的绿色化发展，火奴鲁鲁早在1967年便规划了一条长达26英里（约42km）的快速公交系统，到20世纪初的TOD规划、自行车专项规划和人行道规划（学习了哥本哈根的经验），基础设施规划的更新为城市生态化发展奠定了非常好的基础。

从城市依托的大生态格局来看，舟山本岛与火奴鲁鲁欧胡岛极为相似，均是中央绿心＋环状组团型的海岛城市空间结构，整个城市背靠国家森林公园、面向马马拉湾，城市沿海岸线带状发展，城中公园、沙滩、博物馆、艺术中心、剧院、体育馆、高尔夫球场等现代化设施密布。

通过在海岛原生态格局、海洋生态环境保护、绿色产业体系等方面的持续努力，使得火奴鲁鲁成为美国绿色宜居城市建设的绝佳范本。作为全球知名的旅游胜地和海上花园城市，火奴鲁鲁在海岛特色生态空间系统、海岛移民多元文化的传承弘扬、高品质海岛旅游产业、现代化城市公共设施等方面的举措均可借鉴应用于舟山海上花园城的打造。

夏威夷城市现代化设施建设情况如表3-5所示。

夏威夷城市现代化设施建设一览表　　　　　　　　　　　　　　　　表3-5

设施类别	设施内容
文化艺术类馆（14处）	布莱斯戴尔中心、夏威夷歌剧剧场、威基基贝壳剧场、夏威夷剧院、钻石头山剧院、玛诺亚山谷剧院、火奴鲁鲁艺术学术博物馆、现代美术馆、主教博物馆、夏威夷州立美术馆、夏威夷海上中心、波利尼西亚文化中心、东西方技术和文化交流中心、亚利桑那纪念馆，每万人拥有文化艺术馆0.31个
高校教育设施（4所）	夏威夷大学（21000名学生）、夏曼纳德大学（1130名学生）、夏威夷太平洋大学（8500名学生）、杨百翰大学夏威夷分校（2400名学生），拥有在校大学生3.3万人
各类城市公园	市区共70余个综合公园，每万人拥有开放型公园1.75个
主要休闲娱乐设施	威基基水族馆、丽丽乌库拉妮植物园、福斯特植物园、丽昂植物园、夏威夷海洋生物公园、火奴鲁鲁动物园、阿啰哈体育场、Les Murakami体育场、Stan Sheriff中心、布莱斯戴尔中心体育场、20余个高尔夫球场、威基基沙滩、恐龙湾沙滩

续表

设施类别	设施内容
城市节庆赛事	阿啰哈长途路跑、火奴鲁鲁马拉松大赛、火奴鲁鲁铁人三项竞赛等20余个节庆赛事（覆盖12个月）
主要交通设施	火奴鲁鲁国际机场、火奴鲁鲁港、洲际高速公路H-1、洲际高速公路H-201、帕里高速公路（61号州公路）、利凯利凯高速公路（63号州公路）、卡拉尼阿那欧里高速公路（72号州公路）、卡美哈梅哈高速公路（99号州公路），共6条高速公路

3.7 哥本哈根：全球宜居城市典范、"欧洲绿色之都"

打开任何一份全球宜居城市的榜单，都不会少了哥本哈根的名字。这个北欧最大的城市以人本城市的理念和卓越的城市设计为世人所熟知，并以绿色、低碳、智慧的城市发展模式引领全球城市发展变革。

哥本哈根是丹麦王国的首都、北欧最大的自贸港，也是丹麦的政治、经济、文化、交通中心。城市位于北纬55°40′34″，东经12°34′06″，地处丹麦西兰岛东部，与瑞典第三大城市玛尔摩隔厄勒海峡相望。市区面积97km²，人口67.6万人，大都市区面积约2800km²，人口199万人，2016年人均GDP达到7.2万美元（全球第五），是世界上富裕度和幸福指数最高的城市之一（图3-44~图3-46）。

哥本哈根始建于11世纪左右的小渔村，12世纪发展成为一个生机勃勃的贸易港口，15世纪初成为丹麦王国的首都。17、18世纪，迅速成为欧洲重要的海上贸易中心。第二次世界大战时，被德军占领的5年内工业有了较大的发展。第二次世界大战后，哥本哈根提出"指状城市"的发展构想，提出在轨道交通线路支撑的走廊地区连续开发建设城镇，并在"手指"间保留大型开放绿楔，形成生态化的都市区发展格局，有力地推动了城市的现代化进程。20世纪70年代以来，为应对工业化城市的普遍性问题，哥本哈根提出"以人为本"的城市变革理念，在全球率先推动"步行城

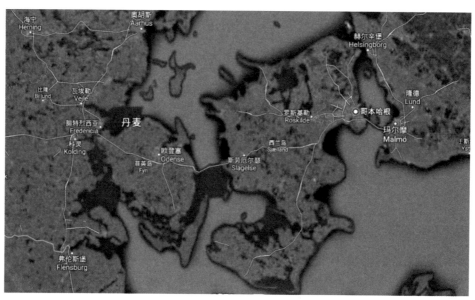

图3-44 哥本哈根在北欧地区的位置图

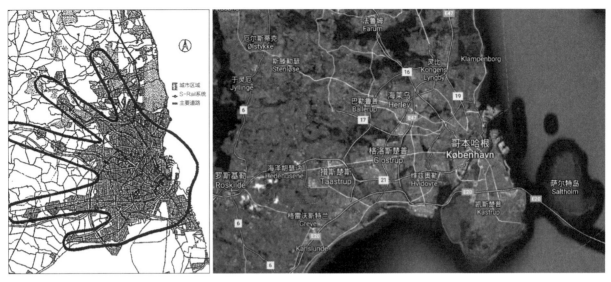

图3-45 哥本哈根"指状城市"构想图和卫星影像图

图3-46 哥本哈根城市风貌

市"和"自行车城市"计划，持续推动城市的人性化回归和宜居品质提升，使其逐步成为"欧洲绿色之都"。

哥本哈根在全球城市分类中被列为第三类世界级城市，在西欧地区获选为"设置企业总部的理想城市"第三名，仅次于巴黎和伦敦，是欧洲公认的五个最智慧城市之一。自2008年以来三度被英国生活方式杂志Monocle选为全球最适合居住的城市，在纽约《大都会杂志》（Metropolis Magazine）发布的2016世界最宜居城市排名中，哥本哈根在65个候选城市中拔得头名。如今有越来越多的城市，比如纽约、巴黎、新加坡、东京、墨尔本、维也纳等，都在模仿哥本哈根"以人为本"的城市经营理念。

哥本哈根拥有世界最低的人均碳足迹，超过50%的城市居民选择自行车出行，绿色交通出行占比达到87%（公交车和火车24%，步行13%），计划到2025年实现碳中和的宏伟目标。哥本哈根"以人为本"的城市建设突出了三个"优先"——优先发展绿色交通、优先发展步行休闲体系、优先建设智慧城市基础设施，舟山在打造海上花园城时可借鉴这些先进理念。

哥本哈根城市现代化设施建设情况如表3-6所示。

哥本哈根城市现代化设施建设一览表　　　　　　　　　　　　　　　　表3-6

设施类别	设施内容
文化艺术类馆（100处）	方舟现代美术馆、哥本哈根歌剧院、丹麦设计中心、丹麦设计博物馆、丹麦国家美术馆、路易斯安那现代美术馆、丹麦国家博物馆、新嘉士伯艺术博物馆、丹麦犹太人博物馆、Den Frie当代艺术中心、奥德罗普格美术馆、Hirschsprung Collection博物馆、托尔瓦森博物馆、哥本哈根乐器博物馆、安徒生博物馆、琥珀博物馆、邮政电信博物馆、丹麦建筑中心、露天博物馆等，共80余座博物馆、7个剧场、5个图书馆、1个画廊，每万人拥有文化艺术馆0.5个
高校教育设施（5所）	哥本哈根大学、哥本哈根商学院、皇家音乐学院、皇家美术学院、丹麦设计学院
各类城市公园	共460余个开放型公园，每万人拥有开放型公园2.31个
休闲娱乐设施	阿美琳堡王宫、安徒生墓园、旧股票交易中心、克里斯钦堡、哥本哈根动物园、菲特烈堡、吉菲昂喷泉、克隆堡宫、美人鱼雕像、新港、罗森堡宫、圆塔、玫瑰堡、哥本哈根市政厅、趣伏里公园、DR城
节庆赛事（12个）	狂欢节、哥本哈根三日设计节、哥本哈根时装周、仲夏节、哥本哈根啤酒节、哥本哈根失真节、爵士音乐节、哥本哈根同性恋节、烹饪节、圣诞节、哥本哈根冬季爵士乐节、哥本哈根马拉松大赛
交通设施	对外交通：哥本哈根国际机场（北欧最重要的空中交通枢纽）、哥本哈根港、哥本哈根中央车站。对内交通：7条S-train铁路线路，2条地铁线路，2条长途汽车线路，26条自行车高速路（规划）

3.8　墨尔本：全球最宜居城市、花园之州首府

位于澳大利亚东南部巴斯海峡北岸的墨尔本是"花园之州"维多利亚州的首府，被联合国人居署评为最适合人类居住的城市。墨尔本拥有良好的郊野森林、公园和花园景观资源，充满活力的海滨和水网系统，安静的社区、热闹的活动区及欣欣向荣的城市核心，是集金融、旅游、娱乐、体育、文化、艺术、生物医药及高端制造业等产业于一体的最适合居住、最受尊重的知识城市（图3-47、图3-48）。

图3-47　墨尔本城市风貌

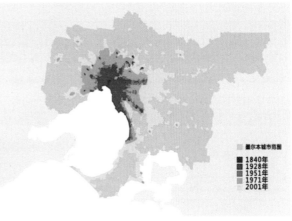

图3-48　墨尔本在澳大利亚的位置图、城市增长边界图
资源来源：墨尔本2030发展规划。

　　维多利亚式的建筑物、有轨电车、歌剧院、画廊、博物馆以及绿树成荫的花园、街道、滨海岸线构成了墨尔本市典雅的风格，吸引世界各地的人们来此学习、生活和工作，在城市设计、环境保护、宜居节能等方面具有先进的理念和成熟的经验。从2011年到2017年，墨尔本连续7年入围英国《经济学家》周刊全球最宜居城市之首。

　　墨尔本属于一线全球城市，是澳大利亚第二大城市。2016年市辖区人口为464.2万人，面积8831km²，地区生产总值为3216亿美元，人均GDP高达69280.5美元。金融服务业为墨尔本最重要的产业，约占经济总产值的12%；专业服务产业占9%；医疗保健与建筑产业占7%；制造业占6%。另外，与舟山极为相似的是，墨尔本是澳大利亚最大的港口城市，每年处理超过750亿澳元的贸易和39%的国家集装箱贸易（190万标箱/6440万t/全球42条航线）。

　　墨尔本是一个拥有全球233个国家和地区的移民、116种宗教信仰的移民城市。作为世界著名的国际化大都市，墨尔本以绚丽多彩的花园而闻名于世，城市的绿化面积高达40%。墨尔本还被称为"澳大利亚的文化时尚之都"，拥有墨尔本大学、莫纳什大学、墨尔本皇家理工大学等多家闻名遐迩的大学和大专院校；墨尔本还是南半球第一个主办过夏季奥运会的城市，一年一度的澳大利亚网球公开赛、F1赛车澳大利亚分站、墨尔本杯赛马等国际著名赛事都在墨尔本举行（表3-7）。另外，在服饰、艺术、音乐、电视制作、电影、舞蹈等潮流文化领域引领全澳，甚至在全球具备影响力。

　　在城市的未来发展上，墨尔本通过制定《"墨尔本2050"发展计划》（表3-8）来指导未来40～50年的发展，提出要创造充足的就业岗位和投资机会，提供更多的住房选择和提高居民的住房支付能力，形成联系更加紧密的大都市区交通网络，营造宜居的社区和良好的邻里交往空间，保护自然生态资源和环境，以保持墨尔本作为全球最宜居城市的地位。

墨尔本城市现代化设施建设一览表　　　　　　　　　　　表3-7

设施类别	设施内容
文化艺术类馆（67处）	维多利亚国立美术馆（65000件藏品）、维多利亚国家图书馆、墨尔本皇家展览馆、原住民艺术馆、弗林德斯巷画廊、澳华历史博物馆、约翰逊收藏博物馆等，每万人拥有文化艺术馆0.14个
高校教育设施（7所）	墨尔本大学、莫纳什大学、墨尔本皇家理工大学、斯威本科技大学、拉筹伯大学、维多利亚大学、迪肯大学

续表

设施类别	设施内容
各类城市公园	市区共760余个综合公园，每万人拥有开放型公园1.63个
休闲娱乐设施	唐人街、科林斯街、查斯顿购物中心、墨尔本皇家植物园、旧国会大厦、哥摩大宅、墨尔本旧监狱、大洋路、企鹅岛（菲力浦岛）、澳大利亚购物中心、维多利亚女王市场、维多利亚艺术中心市场、悉尼迈尔音乐碗、皇冠赌场
节庆赛事	澳大利亚网球公开赛、F1赛车澳大利亚分站、墨尔本杯赛马、第十六届夏季奥林匹克运动会、墨尔本时装节、英联邦运动会、世界游泳锦标赛、澳大利亚的澳式足球总决赛
交通设施	对外交通：墨尔本国际机场、阿瓦朗机场、埃森等机场、墨尔本港、贝尔格雷火车站、5条高速公路（M1、M8、M79、M31、M11）。 对内交通：墨尔本地铁、环城电车线路、V/Line火车、300条公共汽车线路

《"墨尔本2050"发展计划》主要内容　　　　　　　　　　　　表3-8

类别	内容
创造充足的就业岗位和投资机会	建立综合经济三角带。 构建新城市结构，沿现有、未来交通运输走廊，连接Hastings-Dandenong走廊与Hume走廊北部及Wyndham-Geelong走廊西南部，把扩展后的市中心、国家就业集群（六大就业集群区域）和州重点工业区连接起来。利用该经济带创造大量投资机会和工作岗位，以满足墨尔本城市人口增加至770万人的就业需求
创造充足的就业岗位和投资机会	增强就业用地竞争力。 （1）在墨尔本M80环形公路周边5个亚区布置工业用地，通过协商创新优惠政策推动工业集聚区发展，促进墨尔本外部区域产业发展，并提供就业岗位。（2）评估墨尔本就业集群、大都市活动中心和商业用地等分布情况，再与国家商业发展和创新部门、交通部门合作，明确各亚区活动中心将来的零售和就业需求来确定新活动中心的位置
	扩展市中心规模以保持竞争优势。 通过连接、管理和发展中心区周围高密度、多功能的区域，创造商业机遇，鼓励发展小规模企业和新兴企业，为扩张后的中心城市的发展提供支撑，以确保其能够成为澳大利亚最大的商业中心
提供更多的住房选择和提高居民的住房支付能力	增加靠近公共服务设施和公共交通设施的住房供应。 （1）确定靠近公共服务设施、公共交通设施的区域和工作集聚区为未来住房供应重点地区，通过实施多功能综合开发与高密度住房开发策略为中低收入家庭提供靠近就业岗位的住房，提高民众生活便捷度。 （2）考虑郊区、火车站、公共交通枢纽和公共交通走廊等附近地区是否满足规划期住房存量需求，并进行中等密度住房再开发
	增加保障性住房的供应。 保障性住房指住房费用（包括房贷、还款和租赁）不超过家庭平均收入30%的住房。规划在控制房价的同时确保各郊区提供价格多样的保障性住房，以满足不同收入家庭
形成联系更加紧密的大都市区交通网络	改善中心城区交通。 以发展公共交通来解决交通拥堵问题。建设一条东西向18km的高速公路连接墨尔本港口、黑斯廷斯港口和吉普斯兰；依托现有铁路系统建设地铁系统，提高有轨电车的行驶效率、容量和准点率，将有轨电车网络扩大至主要市区重建区；提升中心城区公交车服务能力；构建慢行网络，通过开展德尔滨溪小道连接工程、亚拉路改善工程，以及开展连接达克兰与CBD的吉姆斯戴尼桥的建设工程，提高中央次区域主要步行路线的安全性、舒适性及便捷性
	加强郊区运输网络建设。 完成对外城区和成长区公路干线的升级工作（包括对公路干线重建、扩建和对路口交汇处进行升级等工程），改善远郊区轨道及公交车网络（包括建设一条连接主要市区环线与东部高速公路的东北专线），提升火车、有轨电车及公交车等公共交通运输工具的服务水平，将13处平交路口改造为立交路口，在城郊开发公路系统等

类别	内容
形成联系更加紧密的大都市区交通网络	提高区域交通设施的连接性。 规划提出进一步加强港口、机场和州际铁路的连通性，升级Western Port公路到高速公路标准，连通黑斯廷斯港口，建设Melbourne Metro线路以连接Kensington和South Yarra，铺设铁路连接墨尔本机场和阿瓦隆机场等，提高与海港、机场的联系度
	坚持以公共交通为导向的发展方式。 将以公共交通为导向的发展方式作为应对人口增长和促进就业的主要方法，结合现有轨道网络，确立火车站附近未被充分利用的工业用地、城市重建地区及商业空间结构的规划的优先顺序
营造宜居的社区和良好的邻里交往空间	打造20min社区。 20min社区指步行20min即可到达商店、学校、公园、工作岗位和享受各种社区服务的地方。打造20min社区，依赖能够支持大范围地方服务设施的市场规模和集中度。通过改善咖啡厅、餐馆及商场等服务设施的可达性，建设小型的乡村购物街，提供更多的社区级服务，建造更多的商住楼和开敞空间，改善步行道和自行车道，提高公共空间的质量，创建充满活力的社区中心网络
	完善社会基础设施。 通过对健康和教育设施进行选址规划，以满足社区居民的服务需求。以医疗设施为例，为增加健康服务供给，增强服务提供方可信度，规划在同一区域靠近公共交通设施和社区基础设施的地方集中布置一系列公共、私营、非营利医疗及社区医疗服务机构，以减少居民在享受健康和社区服务时可能遇到的障碍。政府对位于良好区位且靠近相关服务设施的社区进行基础设施开发投资，并通过规划开发引导，吸引服务设施在增长区域社区和建成区域社区建设，为公共和私营投资提供指导
营造宜居的社区和良好的邻里交往空间	创造更多、更好的公共空间。 提高都市区域内公共场地城市设计标准，采取对重点场所进行营造的方式，为城市创造新一代基础设施，保证公共场地设计质量，制定覆盖全城的建设政策，建设墨尔本荫大道网络，投资重大文化和体育设施的建设以及支持文化事件的开展，增强墨尔本多元文化和极具创造性的形象，创造更多、更好的公共空间，从而促使社区与周边环境融合，提升设施的使用效率和地区的经济活力，丰富墨尔本市民的文化和社会生活
	保护文化遗产。 保存完好的传统建筑、独特的现代建筑和设计良好的城市空间是墨尔本宜居的基础。规划对城市文化遗产进行评估，制定遗产保护的措施，并通过城市设计和建筑设计，进行精细化管理，增强文化遗产的开发价值和经济效益
保护自然生态资源和环境	保护并恢复动物天然栖息地。 保护墨尔本长为8400km的河道和港湾系统中的有益生物，持续保护菲利普港湾、西港湾的海岸线及海域，加大对公园、河道、路旁草坪和湿地等的保护力度，恢复生物多样性
	完善水循环管理系统。 每年收集50亿m³的雨水，其中从新住宅收集的雨水约占30%，供城市本身使用。规划通过对水资源的管理及利用，提高城市的宜居性、保护河道和降低洪水泛滥的机率，并在墨尔本的各分区实施水循环整体管理规划，支持《墨尔本的水未来》计划的实施
	鼓励使用清洁能源。 鼓励使用清洁能源，积极推进能源项目，支持地方政府与私营企业合作，共同提高能源利用效率。例如，丹德农废热发电的区域能源项目，为住宅业主和住户生产低碳电力，并提供暖气及制冷服务
	有效处理和利用废弃物。 规划将废弃物管理及资源恢复设施布置在远离城市扩张区的区域，为建立新的废弃物管理设施作评估，减少垃圾填埋用地和居民用地之间的矛盾

从墨尔本打造全球最宜居城市的发展经验来看，墨尔本在都市经济和人文活力的营造、公平共享的住房保障（工作5年具备购房能力）、良好的教育医疗体系、健康活力社区打造（20min社区）、海绵城市和水资源综合利用（每年收集50亿m³雨水，新住宅雨水收集率30%）等方面尤其值得舟山海上花园城借鉴。

3.9 经验与启示

3.9.1 花园城市规划建设经验小结

（1）花园城市成功与否，首先是城市经济的活力和可持续性。莱奇沃斯花园城市的实践充分说明了这个挑战。城市经济不发达，没有活力，城市生活质量无法有效提高，尤其是人口高密度花园城市，没有高质量的经济水平，就没有高质量的花园城市。

（2）关注花园城市规划的实施机制，莱奇沃斯花园城市能够实施建成，完全是规划师、开发商两位一体的缘故。舟山必须加强规划管控城市开发的能力，确保花园城市规划的成功实施。

（3）宏观花园城市规划固然重要，微观城市空间设计策略也同样重要。澳大利亚坎培拉的规划实践充分体现了花园生态城市的空间特征，能够让城市居民体验。

（4）关注花园城市发展过程中因市场发展自发推动而出现的、规划未预料的城市功能，如德国海勒劳实例。这是市场经济的活力所在，成功的花园城市是规划与市场有机结合的产物，不能单单依赖规划。莱奇沃斯花园城市的缺陷是过于依赖规划，而忽视市场的参与。

（5）珠海花园城市在国内处于领先地位，这是有目共睹的，但是还有提升的空间。有待改善的方面是：①中国花园城市理论阐述；②花园城市不只是绿化和空间，还有公共交通和社会设施的配套服务；花园城市向生态城市提升发展。

3.9.2 城市结构：组团结构＋交通走廊＋绿色廊道网络

新加坡的实践证明，城市组团结构是个有效组织城市交通的结构，特别是针对人口密度高的城市。组团结构将城市交通分成居住区内的生活性交通和居住区外的生产性交通（包括就业出行的通勤交通），由此使得城市交通有序通畅，不必通过拓宽道路等措施解决交通不畅问题。以轨道交通串联居住组团形成大容量公共交通走廊，进一步完善有序的城市交通。绿色廊道网络有利于居民动态休闲活动，也有利于城市生态发展和多样化，以此提高舟山的生态环境质量。

国内城市还未见城市绿色廊道网络实践，舟山如能做成，必将是国内首创的海上花园生态城市。

3.9.3 紧凑城市：高层高密度建筑群

舟山人口密度高，城市没有低密度发展的选项，城市生态空间和绿化空间也有限。在城市毛密度高的情况下，只能通过进一步提高城市净密度的办法，挤出土地提供生态空间和绿化空间。所以高层高密度成为一个迫不得已的措施，提出人口高密度的花园生态城市模式。高层高密度建筑群布局需要谨慎规划，与之相关的配套设施（交通道路、停车场、基础设施容量等）也必须有个整体规划。

3.9.4　旧城空间改造：从低容积率＋高建筑密度转向高容积率＋低建筑密度

舟山旧城目前的特征是容积率不太高，而建筑密度很高（图3-49），与新加坡20世纪60年代的旧城空间特征相似（如图3-50、图3-51）。旧城空间改造提升不可避免需要提高容积率，同时必须降低建筑密度，如同新加坡经过30年逐步改造后所达到的城市结构和肌理（图3-52～图3-55）。必须强调的是高容积率并不是我们特意追求的城市发展模式，而是因为人口密度高的自然禀赋条件不利，为追求花园生态城市而不得不采用的空间发展战略。高容积率由人口密度决定，低建筑密度有利于花园生态城市建设。

将低容积率高建筑密度的旧城改造成高容积率低建筑密度的建成环境实施制度的安排见3.1.6节中"人口增长压力下花园城市规划目标的实施：市场引导的存量居住用地高密度更新"。

3.9.5　提高控制性详细规划的刚性，降低控制性详细规划操作时的灵活性

对于高密度城市，控制性详细规划灵活性的弊远大于利。没有刚性的控制性详细规划，海上花园生态城市的建成就没有保障。新加坡50年的发展经验证明了这一点。面对市场经济发展的不确定性，控制性详细规划的灵活性需很谨慎地、小范围运用在中心城区。高密度建成环境，牵一发而动

图3-49　舟山定海旧城区

图3-50　20世纪60年代新加坡旧城区

图3-51　20世纪90年代新加坡旧城区

图3-52　改造前的牛车水（新加坡，1960）

图3-53　改造后的牛车水（新加坡，2000）

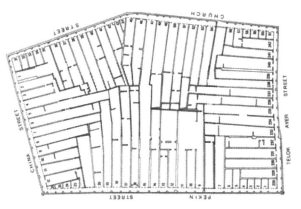

图3-54　改造前新加坡旧城区一街区

全身，一个局部擅自改动会引出可预见和不可预见的"外部性"问题，破坏与建成环境紧密关联的空间利益关系，给利益相关方带来损害。

3.9.6　基于花园城市发展生态城市

充分利用舟山的海洋和山体环境，请生态学家和景观规划师基于花园城市研究设计生态城市的方案，多多参考国际优秀规划设计实例，如新加坡绿道＋水道＋湿地的做法值得参考。

图3-55　旧街区改造后历史街区保护与高层建筑共存

第 4 章
海上花园城建设的目标体系

4.1 海上花园城建设的总体目标

立足中国新一轮改革开放和强国之路的特殊时空背景，借鉴国内外知名花园城市的发展经验，舟山海上花园城的建设不仅要打造滨海自然风光、独特文化底蕴、千岛魅力风情的理想人居环境，还要积极响应国家对舟山的战略使命，成为新一轮国家高水平开放的战略前沿和海洋经济创新发展的综合试验区，更要坚持人本导向，努力实现城市高度发达的物质文明、高效便捷的基础设施、高端品质的公共服务、高度和谐的生态文明。最终把舟山建成一个群岛型、国际化、高品质的海上花园城市。

（1）群岛型：是舟山海上花园城的独特生态本底和魅力空间格局

纵观全球知名的海上花园城市，唯有舟山拥有千岛资源，像一颗颗明珠散落在长江入海口和东海之滨，美轮美奂而无可复制的群岛型生态空间特征是舟山建设海上花园城市的绝妙生态本地和优美花园基因。在海上花园城的建设中，要充分彰显舟山独特的岛群地理特征，突出"海在城中、城在海中、一岛一风情、一岛一主题、一岛一特色"的海洋城市空间体系，形成"山海兼胜、人海和谐、百花绽放、千岛一体、独具特色"的群岛型海上花园城建设格局。

（2）国际化：是舟山海上花园城的重要战略使命和更高开放目标

海洋是开放的象征，海洋经济是开放经济，作为国家战略层面的海洋新区，开放带动战略是第一要务，更是海洋新区海纳百川、开放发展的必然要求。唯有国际化和全面开放才能最大程度发挥舟山独有的海上门户价值，实现城市的跨越式发展。国际化能力的打造是国家赋予舟山海洋新区的战略使命，舟山拥有全国乃至全世界最多的深水良港，是我国建设"沪甬舟"世界最大港口群和世界级贸易中心的核心支点，可以说，舟山建设国际化海上花园城具有得天独厚的区位条件和千载难逢的战略机遇。借助江海联运服务中心、自由贸易试验区、自由贸易港等一系列国家重大部署，加快国际化城市建设步伐，打造国际化的贸易、金融、产业、社区、基础设施等生产生活要素，营造国际化的营商和生活环境，完全有条件将舟山打造成为高水平开放、高人文交往度以及具有全球海洋产业话语权的国际化海上花园城。

（3）高品质：是舟山海上花园城的更美好生活品质和理想指归

城市让生活更美好，建设高品质海上花园城是人民对美好生活的美好期盼。唯有高品质才能吸引高端人才支撑高质量增长，才能形成具有国际影响力的产业功能体系，才能实现真正高水准的可持续发展。舟山拥有优质的海岛、海湾、海岸和洁净的空气、葱郁的植被、宜人的气候，建设高品质海上花园城具有得天独厚的基础条件和先天优势。坚持国际领先的标准、高起点打造现代化城市设施体系和人居环境体系，推动城市提档提质升级，全方位提升城市的经济品质、文化品质、社会品质和环境品质，舟山应该成为展现中国特色的"五宜"型（宜居、宜业、宜游、宜文、宜创）高品质海上花园城。

4.2 海上花园城各方面的子目标

以建设群岛型、国际化、高品质的海上花园城市为建设总目标，聚焦生态、社会、经济、人文、科技五大维度，进一步明确细分为"生态和谐的绿色城市、以人民为中心的共享城市、多元包容的开放城市、独具人文特色的和善城市、永续发展的智慧城市"五个舟山海上花园城建设的子目标。

（1）生态维度：生态和谐的绿色城市

优越的生态环境和绿色低碳的发展模式是舟山走向国际化和高品质的通行证和基本条件，是海上花园城建设的灵魂和核心竞争力所在。抱着对自然负责、对历史负责、对人民负责的敬畏之心，严守生态保障基线、环境质量安全底线、自然资源利用上限，坚持"在花园中建设城市"的基本方略，积极推进国家特色的海岛园林城市、海岛森林城市建设，打造国家海洋生态文明建设示范区，优先将舟山打造成为全国示范意义的海上绿洲和生态之城。

（2）社会维度：以人民为中心的共享城市

高共享度往往意味着高宜居度，是城市发展的重要竞争力表现。以人民为中心的共享城市是舟山基于中国新时代城市建设理论的创新实践，其融合了国内外有关幸福城市、人本城市、公平城市的基本思想。舟山海上花园城的建设就是要坚持以人为本、高共享度的基本方略，让城市的发展更具包容性，让全体市民和游客共同分享城市发展的获得感、成就感、归属感和自豪感。以满足人民不断增长的品质生活需求为中心，高标准推进城市的安全保障体系、美好生活体系、绿色交通体系和健康休闲体系的打造，把舟山建设成为人民福祉丰厚、社会和谐稳定、充满人文关怀的高宜居度城市。

（3）经济维度：多元包容的开放城市

多元化开放、包容性开放和创新性开放是舟山推动高品质海上花园城建设、提高国际竞争力、实现经济跨越式赶超的基本路径。抓住舟山从地区发展边缘末端转为新一轮国家高水平开放前沿和国家海上开放门户的机遇，积极融入国家"一带一路"、浙江大湾区，主动接轨上海、宁波都市圈，构筑汇通全球的经济网络，打造国际化开放门户功能，建立多元海洋经济体系，呈现包容性高质量增长的发展成果，加快把舟山建设成为多元包容的国际开放之城。

（4）人文维度：独具人文特色的和善城市

舟山是世界观音文化的重要发源地之一，而"和善"是观音文化的精髓，也反映了海纳百川、包容开放的海洋城市人文内涵。作为一个拥有深厚海洋文化和观音文化底蕴的海岛历史文化名城，在海上花园的构建中，舟山致力于营造一个独具人文特色的和善城市。和善是一个首创的、全新的概念，传承了中华民族的核心文化价值理念，是舟山城市文化软实力、城市人文魅力、高文明素养的独有表达，是舟山海上花园城建设在人文维度的创新之举和重要发展。

（5）科技维度：永续发展的智慧城市

未来城市的竞争本质上是科技和创新能力的竞争，而智慧化是占领未来科技竞争高地的必由之路，舟山海上花园城的发展不仅要靠开放更要靠创新来提供长久动力，使其能成为永续发展的智慧之城。作为全国唯一拥有2万km²海域面积的舟山，在海洋科技创新、海洋智慧经济等领域的发展大有可为。要以科技创新为引领，以产业创新为主导，以人才智力为支撑，全力推进创新大平台、大项目、大团队、大环境建设，让创新的活力竞相迸发，让创新的源泉充分涌流，把舟山打造成为全国重要的海洋科创中心城市、国际海洋创新人才集聚高地和海洋智慧技术应用示范区。

黛色参天，百里青山负郭；波光入户，千岛碧水映城。舟山拥有绿色生态发展的好底子。舟山加快推进"海上花园城市"建设，践行"绿水青山就是金山银山"的科学论断，走上了绿色发展、生态富民、科学跨越的新路子。

海上花园城市，充分体现了海洋和海岛特质、特色和特点，既具有城市高度发达的物质文明、高效便捷的基础设施、高端品质的公共服务、高度和谐的生态文明，又具有海岛优美的自然风光、独特的文化风情，是理想的生活家园、活力的创业乐园和美好的精神家园。

舟山是一个独特的群岛城市，提出建设海上花园城市，从世界城市发展规律、世界先进城市发展经验来看，既符合未来城市发展规律，又具有舟山具体本质特征，是一种正确的、科学的战略选择和实践必然。

建设海上花园城市，符合"以人民为中心，人民城市人民建，人民城市服务人民"的重要执政理念，它既是生态文明建设目标，又是具体经济目标、社会目标、环境目标和生活目标的有机统一。

建设海上花园城市，也符合舟山特点和时代特征。舟山天蓝、地绿、海阔、鸟多，环境优美，我们更有条件来践行习近平总书记"绿水青山就是金山银山"的思想，打造美丽中国的海上生动实践样板。

舟山建设海上花园城市不仅是一个规划体系、目标体系、建设体系、管理体系和政策体系，更是一个复杂的系统工程。有了目标，更要有坚定性、坚韧性、一往如前、勇立潮头，坚持人民城市人民建，人民城市为人民。对舟山，只有起点，没有终点；只有更好，没有最好；在推进和建设中不断完善和提升，为中国未来的城市永续发展提供一个鲜活的、符合生态文明新发展理念要求和绿色发展理念的实践样板。

第5章
海上花园城建设的指标体系

5.1 国内外相关指标体系研究进展

5.1.1 国外有关城市评价的指标体系研究

国外对城市评价指标体系研究较早，目前比较权威的指标体系主要由联合国相关组织、主要发达国家的全球知名高校和智库研究发布。主要包括：①1996年联合国人类住区规划署创建的全球城市指数数据库；②1997年联合国环境规划署（UNEP）推动的"国际花园城市"竞赛，是全球公认的"绿色奥斯卡"大赛，也是世界城市建设与社区管理领域的最高荣誉之一，以倡导生态、环保、宜居和可持续发展为主题，分别在"景观改善、遗产管理、公众参与、健康生活方式、环保实践、未来规划"6大方面对全球城市与社区的最佳宜居实践模式进行全面评估，目前我国共有厦门、深圳、广州、泉州等15个城市获得"国际花园城市"称号；③2000年美国耶鲁大学和哥伦比亚大学合作开发的环境可持续发展指标体系（包含5个主题、21个指标）；④2007年联合国可持续发展委员会修订的可持续指标体系（包含50个核心指标）；⑤2009年欧洲经济学人智库开发的欧洲绿色城市指数，该指标体系包含二氧化碳排放、能源、交通、建筑、空气、废物、水、土地使用和环境治理8个领域的30个定量指标；⑥2011年以来有关全球宜居城市的评价指标体系，主要由英国经济学人智库通过对全球140个城市进行的调查，根据治安、基础建设、医疗水平、文化与环境、教育5大领域的37项指标进行评估评选出来的结果。

以上国际指标体系中，对舟山海上花园城创新性建设指标体系的构建具有一定借鉴意义和对标价值的主要为"国际花园城市（社区）"竞赛、全球宜居城市评价体系和欧洲绿色城市指数。

5.1.2 国内有关城市评价的指标体系研究

目前国内比较重要的城市评价指标体系主要由国家各部委和权威研究机构发布。主要包括：住房和城乡建设部发布的《国家生态园林城市标准》（2016年修订）、《中国人居环境奖评价指标体系》（2016年修订）、《宜居城市科学评价标准》（2007年）、《生态城市指标体系构建与生态城市示范评价》（2011年）；环境保护部制定的《生态县、生态市、生态省建设指标（2007）》；国家林业局发布的《国家森林城市评价指标》（2007年）；国家发展改革委发布的《国家新型智慧城市评价指标》（2016年版）；中央文明委发布的《全国文明城市测评体系》（2017年版）；全国爱卫办发布的《国家卫生城市标准》（2014年修订）；中国科学院制定的《可持续发展指标体系》（2002年修订）和《低碳城市新标准体系》（2014年修订）。

在以上诸多评价指标体系中，尤以《国家生态园林城市标准》、《国家森林城市评价指标》、《宜居城市科学评价标准》、《中国人居环境奖评价指标体系》、《国家新型智慧城市评价指标》等国家标准指标体系对舟山海上花园城在生态、社会、科技等不同维度的指标体系构建具有借鉴作用。

1.《国家生态园林城市标准》

《国家生态园林城市标准》包含综合管理、绿地建设、建设管控、生态环境、市政设施、节能减排、社会保障、综合否定项8大类型与57项指标。生态园林城市是园林城市的高级层次，注重城市生态环境质量而非绿化指标，突出生态环保、低碳节约的发展理念。对于舟山海上花园城生态维度上的指标体系构建具有较大借鉴作用：①强调生态优先。从管理、建设、管控、环境设施等各方面都融入生态手段。②关注生态保护与修复。标准中强调城市整体生态空间网络的构建，提出海绵城市建设要求与城市生态空间保护策略，将破损山体修复、废弃地生态修复、城市水体修复等生态修复指标列入考核。③倡导绿色低碳发展模式。提出可再生能源的应用以及城市低碳经济的开发实践，提出绿色建筑与装配式建筑的占比要求，制定完善的步行与自行车交通系统等指标。

2.《国家森林城市评价指标》

森林是陆地上最大的储碳库和最经济的吸碳器，也是最重要的生态屏障、生态载体等。《国家森林城市评价指标》的考核内容侧重城市森林植被为主体的内容，包含综合指标、覆盖率、森林生态网络、森林健康、公共休闲、生态文化、乡村绿化7大板块总计29项考核指标。舟山是独具特色的海岛森林城市，在整个海上花园城的建设过程中，要积极争创国家森林城市，将森林作为海上花园城的最重要生态资源进行整体保护。

3.《宜居城市科学评价标准》

《宜居城市科学评价标准》主要包括社会文明度、经济富裕度、环境优美度、资源承载度、生活便利度、公共安全度6大维度15大类型81项评价指标。《宜居城市科学评价标准》"以人为主"的核心理念对舟山海上花园城指标体系创建具有借鉴作用：①以"人"为主设置指标。设置较多从人的角度考虑的人均指数、万人拥有量指数，例如人均公共绿地面积、人均可用淡水资源总量、人均城市用地面积、人均住房建筑面积以及每万人拥有公共图书馆、文化馆（群艺馆）、科技馆数量等。②考虑公众在环境中的体验感受。指标中融入大量抽样调查、现场考察指标与万人拥有指标，例如500m范围内拥有初中的社区比例、1000m范围内拥有免费开放体育设施的居住区比例、距离免费开放式公园500m的居住区比例等抽样调查，环保型公共厕所区域分布合理性等现场考察。

4.《中国人居环境奖评价指标体系》

中国人居环境奖是全国人居环境建设领域的最高荣誉奖项。体系包含基本指标体系、城市实践案例、相关条件三大部分，其中基本指标体系由居住环境、生态环境、社会和谐、公共安全、经济发展和资源节约6大类共计65项指标及1项综合否定项组成。

5.《国家新型智慧城市评价指标》

评价指标由惠民服务、精准治理、生态宜居、智能设施、信息资源、网络安全、改革创新以及市民体验8大一级指标和21项二级指标与54项二级指标分项组成，采取百分制。新型智慧城市评价指标的"新"理念尤其在科技层面对舟山海上花园城指标体系构建具有借鉴意义。

（1）强调信息互通

新型智慧城市打破信息"烟囱"，实现信息互联，例如多尺度地理信息覆盖度和更新情况等指标。

（2）提倡数据共享

实现跨行业大数据的真正融合和共享，例如公共信息资源社会开放率、政企合作对基础信息资源的开放情况等指标。

（3）构筑信息安全

构建城市信息安全体系，例如公共安全视频监控资源联网和共享程度指标。

（4）关注智慧生活

包含智慧环保、绿色节能、惠民的智慧设施服务等内容，例如公共汽（电）车来车信息实时预报率、政务服务一站式办理率等指标。

5.1.3 相关标杆城市的建设指标体系研究

基于舟山海洋城市特色与国家级新区要求，选取具有一定相似度和借鉴意义的国内外标杆城市作为参考，国外主要选取新加坡、火奴鲁鲁、哥本哈根等全球各大洲知名的滨海花园城市，国内主要选取城市体量相近且所处经济圈地位相似的珠海、城市建设水准和国际化开放度高的深圳、作为全国新一轮城市转型发展标杆区的雄安新区，以及北京、广州、上海等一线城市新一轮总体规划的建设指标体系作为指标借鉴参考。

1. 珠海市建设国际宜居城市指标体系

珠海在2015年发布了《珠海建设国际宜居城市指标体系》，包含经济低碳创新、人文国际多元、服务优质共享、社会平安和谐、出行绿色通畅、生态安全持续、空间紧凑宜人7大领域共计70个指标。该指标体系的主要特点为：

（1）强调生态永续

要求2020年零碳出行率达到50%，生态保护用地占国土面积比例达到58.54%，水体岸线自然化率达到93%，新建建筑中绿色建筑比例达到100%等。

（2）凸显珠海特色

立足国家标准与珠海实际，提出产业发展潜力、人口多元、社会包容度高、社会保障全覆盖、社会幸福感高等城市特色指标。

（3）紧密接轨国际

指标体系中有不少体现国际特色的指标，例如在领先创新方面提出与国际认可通行的测评体系接轨，人文国际多元化方面要求2020年世界500强企业落户数达到50家，国际往来方面要求国际友好城市数≥15个；文体活动丰富多彩要求2020年国际性体育赛事、节庆活动、会展举办场次达到21场。

（4）突出以人为本

要求文体设施便捷可达，例如2020年要求空间指标上步行10min可亲近自然区域的比例达到85%，人行道林荫路覆盖率达到95%，10min公共文体服务圈覆盖率达到90%等，出行指标上公众对公共交通服务的满意程度，生态指标上公众对环境质量的满意度，服务指标上每万人高级医师数、困难群众救助率等，均把市民切身感受放进去。

2．深圳可持续发展规划指标体系

深圳于2018年2月成为首批国家可持续发展议程创新示范区，主题是为超大城市的可持续发展提供"深圳模式"，2017年提出的深圳可持续发展规划主要指标体系包含创新智能、绿色生态、幸福宜居三大类共计38项指标。

《深圳市可持续发展规划（2017—2030年）》提出建设创新活力之城、绿色低碳之城、智慧便捷之城、普惠发展之城、开放共享之城五大重点任务，其中创新与智慧方面的指标对舟山海上花园城科技维度指标具有借鉴意义。规划进行体制、产业创新，打造优秀人才聚集高地，例如提出在2030年全社会研发支出占GDP比重达4.8%、万人专利拥有量100件、重大科技基础设施12个、新兴产业增加值占GDP比重达50%等指标。

3．河北雄安新区城市建设指标体系

河北雄安新区于2017年成立，规划建设以特定区域为起步区先行开发，起步区面积约100km²。《河北雄安新区规划纲要》在2018年发布全文，提出河北雄安新区建设指标包含创新智能、绿色生态、幸福宜居三大板块共计32项指标，雄安新区"生态绿色"的高品质生态环境理念对舟山海上花园城指标体系构建具有借鉴意义。

（1）坚持生态优先

雄安新区规划中优先保证生态空间，生态领域指标数量占比近半，例如蓝绿空间占比≥70%，这意味着新区开发强度低于30%，到2035年要求人均城市公园面积大于20m²，规划3km进森林、1km进林带、300m进公园、街道100%林荫化，森林覆盖率达到40%，起步区规划绿化覆盖率达到50%等突出的生态指标。

（2）注重智慧创新

雄安新区是数字城市与现实城市同步规划与建设，发展高端高新产业，注重源头的创新。例如提出R&D经费投入强度达到6.0与北京持平，基础研发经费占比18%，基础设施智慧化水平达到90%，数字经济占比达到80%，大数据管理贡献率达到90%等指标。

（3）高幸福宜居度

规划建设区人口密度设置小于1万人/km²为适宜安排，远低于北上广等一线城市，15min社区生活圈覆盖率达到100%，起步区公共交通站点服务半径小于300m，城市安全方面要求人均应急避难场所面积达到2～3m²等宜居指标。

4．上海城市建设指标体系

2018年上海发布了《上海市城市总体规划（2017—2035年）》，提出的指标体系包含睿智发展、创新之城、人文之城、生态之城四大类共计30项指标。在科技与文化方面对舟山海上花园城指标体系构建具有借鉴作用。

（1）关注城市创新

着力城市经济、设施等方面的创新，提出到2035年航空旅客中转率达到19%，年入境境外旅客总量达到1400万人，10万人以上新市镇轨道交通站点覆盖率达到95%，全社会研究预实验发展经费支出占比达到5.5%等指标。

（2）关注人文传承

提出到2035年每10万人拥有的博物馆、场馆、图书馆、美术馆数量及历史文化风貌区面积等指标。

5.2 指标体系构建方案一

5.2.1 指标体系框架的参照标准

（1）体现高生态度的城市建设标准值

基于《国际花园城市评选标准》《欧洲绿色城市指标体系》《中国人居环境奖评价指标体系》《国家生态园林城市标准》《国家森林城市评价指标》《国家卫生城市标准》等国内外标准的综合分析以及新加坡、珠海、深圳、广州、雄安新区等生态城市建设经验的梳理，体现城市高生态度的建设标准主要从空气质量、森林资源、水体水质、公园绿化、垃圾和再生水利用等方面进行考虑，从而形成涵盖非建成区自然本底条件、建成区绿色低碳水平、先进环保管理机制于一体的生态城市建设体系。

提及广泛的指标主要有：①空气质量优良天数占比，《中国低碳生态城市指标体系》要求达到85%以上，对标城市厦门达到97%；②城市森林覆盖率，《国家森林城市评价指标》要求达到35%以上，香港达到66%；③建成区绿化覆盖率，对标城市新加坡达到50%以上；④林荫道推广率，一般要求达到70%以上；⑤生活垃圾资源化利用率，在日本接近100%；⑥再生水利用率，要求达到30%以上。尤其是垃圾的资源化利用和再生水利用是下一阶段国内城市在生态环保方面的突破重点。

（2）体现高共享度的城市建设标准值

以联合国人居署《人居议程》指标、《全球城市指数》《中国人居环境奖评价指标体系》《宜居城市科学评价标准》等国内外标准以及墨尔本、哥本哈根、新加坡、珠海等高宜居指数的城市作为参考，体现高共享度的指标主要从城市安全度、生活便利度、公共服务设施均好度、交通友好度、健康休闲度等几个方面进行考虑，广泛采用的指标主要有：①人均应急避难场所面积指标，雄安新区计划达到2~3m²，珠海计划达到4m²；②社区生活圈覆盖率指标，墨尔本要求15~20min社区生活圈覆盖率达到100%；③500m范围内拥有小学的社区比例指标；④社区卫生服务机构步行15min范围覆盖率等指标，《宜居城市科学评价标准》均要求达到100%；⑤城市绿色交通出行比例指标，哥本哈根自行车出行比例达到63%、公交达到24%，珠海计划达到50%；⑥人均公共体育用地面积指标，夏威夷达到6m²；⑦骨干绿道长度指标，新加坡计划达到260km；⑧绿地、广场等公共空间5min步行可达覆盖率指标，上海计划达到90%等。

（3）体现高开放度的城市建设标准值

以《联合国可持续发展指标》《全球城市指数》《宜居城市科学评价标准》等国内外标准以及新加坡、上海、深圳等高度开放、经济发达城市作为参考依据，认为高开放度的指标主要有世界500强企业落户数（珠海要求达到50家）、外商直接投资额、进出口贸易额、年旅游人次、境外城市航线数量等。

（4）体现高人文度的城市建设标准值

以《中国人居环境奖评价指标体系》《宜居城市科学评价标准》等国内外标准以及上海、广州、北京等历史底蕴深厚的文化都市建设指标作为参考依据，其中体现高人文度的指标多从历史遗迹、文化设施及人文活动的角度进行考虑，普遍采用的指标主要有：①历史文化风貌保护区面积指标；②城市非物质文化遗产数量指标；③国际性体育赛事、节庆活动、会议会展举办场次指标，珠海要求达到21场/年；④每10万人拥有公共文化设施数量指标，珠海要求达到0.7个，上海要求达到3个；

⑤每10万人拥有博物馆、图书馆、演出场馆或画廊的数量指标，上海要求分别达到1.5个、4个、2.5个、6个；⑥每万人拥有公共图书馆、文化馆（群艺馆）、科技馆数量为0.3个；⑦国际友好城市数量指标；⑧人均公共文化服务设施建筑面积等体现高人文度的指标。

（5）体现高创新度的城市建设标准值

基于对《全球城市指数》《国家新型智慧城市评价指标》以及上海、深圳、珠海、青岛等沿海主要创新城市相关指标的借鉴，体现高创新度的指标主要从科技人才、科研基地、大数据与互联网智慧手段等方面考虑，主要指标为：①全社会研发支出占GDP比重指标，其中上海要求达到5.5%，雄安新区要求达到6%，深圳要求达到4.8%；②万人发明专利拥有量指标，深圳要求达到100件；③万人就业人口中研发人员数量指标，深圳要求达到210人；④大数据在城市治理和应急管理中贡献率指标，雄安新区要求≥90%等。

5.2.2 指标体系的框架结构及指标遴选

1. 海上花园城建设评价指标体系构建的基本思路

以我国新时代的新思想、新理念、新战略为统领，以"全球知名的海上花园城市和海洋中心城市"为愿景，以提升舟山国家新区的国际竞争力为宗旨，以"生态、共享、开放、文化、科技"的海上花园城为内涵，以客观指标统计与主观评价调查为手段，构建国际水准、中国经验、舟山特色的海上花园城建设评价指标体系，力求将"海上花园城"理念转化为共建共享海上花园城的实际行动，将建设"海上花园城"的长远目标转化为现实任务，让经济社会发展又好又快，让人民群众生活越过越好。

2. 海上花园城建设评价指标体系构建的基本原则

（1）坚持科学性与可行性相结合

构建海上花园城建设评价指标体系要准确把握"海上花园城"的理念内涵，按照"海上花园城"开放包容、生态人本的高宜居性发展理念来选择、创新、设置指标，在科学研究和充分论证的基础上，形成能准确地对海上花园城进行测量的评价指标体系；同时，要尽量考虑调查、测评、统计上的可行性，所选择的指标要便于量化，数据便于采集和计算。

（2）坚持整体性与代表性相结合

构建海上花园城建设评价指标体系要运用系统优化原则，以较少的指标，较全面、系统地反映海上花园城的总体情况，并兼顾区域发展、城乡发展；同时，海上花园城评价指标又不宜过多，要突出重点，把五个子目标的代表性指标选出来，使指标体系简明扼要，具有说服力。

（3）坚持引领性与可比性相结合

海上花园城建设评价指标体系要充分反映我国经济社会发展在新的历史阶段的特点和变化，尤其要体现"以人为本"和科学发展的理念，使其具有引领性；在选择海上花园城评价指标时，要有选择地采用国内通用的评价指标以及国际上普遍使用的指标，使测评结果具有可比性。

（4）坚持客观性与主观性相结合

海上花园城建设评价指标体系既要对在经济社会发展基础上的物质条件和各类服务的能力与水平进行测量与评价，用数据对海上花园城的客观状态进行理性的分析；也要考虑人民群众的感受和要求，对个人的幸福感、满意度等主观感受进行测量和评估。

3. 海上花园城建设评价指标体系构建的基本导向

（1）注重环境的"安全与健康"

严守生态安全底线，面向更高品质的人居环境，形成以安全与健康为核心价值导向的城市生态环境、生活环境、休闲环境和社会环境系统。

（2）注重空间的"特色与集约"

立足海洋城市环境脆弱和土地资源有限的现实性，引导形成海岛型的城市空间集约利用模式和城市特色形象。

（3）注重城市的"开放与创新"

积极融入全球新一轮贸易模式和海洋技术变革浪潮，引导形成更具开放度、创新力、共享力与智慧力的海洋城市可持续动力机制。

（4）注重设施的"便利与均等"

体现共建共享理念，形成覆盖全体市民的现代化高品质公共服务设施和基础设施网络体系。

（5）注重文化的"传承与融合"

推进海岛文化的保护利用与现代化发展，展现城市地域人文个性，形成海纳百川、开放包容的城市人文魅力。

（6）注重居民的"自由与活力"

尊重每个阶层、每个群体、每个人的发展需要，建立更加公平公正、民主自由的社会发展环境。

4. 海上花园城建设评价指标体系的基本框架

基于"生态和谐的绿色城市、以人民为中心的共享城市、多元包容的开放城市、独具人文特色的和善城市、永续发展的智慧城市"五个子目标，分别对应生态、社会、经济、人文、科技五大指标建构方向，形成建设评价指标体系构建的基本框架。通过国内外标准参考以及新加坡、哥本哈根、深圳、上海、珠海、雄安新区等国内外案例城市的借鉴，整体形成5大维度、16大领域、70项指标的舟山海上花园城创新性建设评价指标体系（表5-1）。

"生态"维度：突出城市在海洋生态保护和城市环保实践方面的竞争力塑造，由"优越的自然生态本底"、"绿色低碳的城市建成环境"、"先进的环保管理机制"3个领域的14个指标组成，占总指标数的20.0%。

"社会"维度：突出城市在理想宜居生活环境和高品质共享设施体系方面的竞争力塑造，由"高安全感城市""美好品质生活城市""步行+公交都市"和"健康休闲城市"4个领域的20个指标组成，占总指标数的28.6%。

"经济"维度：围绕舟山国家新区的核心使命，对接新一轮国家大开放战略，突出城市在全球海洋中心城市分工体系中的核心竞争力，由"包容性高质量增长""国际化开放门户""多元海洋经济体系"3个领域的14个指标组成，占总指标数的20.0%。

"人文"维度：突出城市在海洋文化和地域人文特色方面的竞争力塑造，由"高历史传承度""高人文交往度""高设施友好度"3个领域的11个指标组成，占总指标数的15.7%。

"科技"维度：围绕国家重要海洋科技创新试验区、海洋科技产业化孵化基地的历史使命，突出城市在内生动力塑造方面的竞争力，由"海洋科创中心城市""海洋创新人才基地""智慧管理示范城市"3个领域的11个指标组成，占总指标数的15.7%。

海上花园城建设评价指标体系的指标总表　　　　　表5-1

目标	领域	指标路径	序号	具体指标
生态和谐的绿色城市	优越的自然生态本底	生态格局系统优化	1	城市蓝绿空间占比（%）
		大气环境高质保持	2	全年空气质量优良天数占比（%）
		森林植被高密多样	3	城市森林覆盖率（%）
		海洋水质重点改善	4	近岸海域水质优良比例（%）
		海岛生态特色彰显	5	海岛永久自然生态岸线占比（%）
	绿色低碳的城市建成环境	城市绿化广泛覆盖	6	建成区绿化覆盖率（%）
			7	城市林荫路推广率（%）
		城市建设绿色环保	8	新建建筑中绿色建筑占比（%）
			9	建成区海绵城市达标覆盖率（%）
	先进的环保管理机制	生态修复持续推进	10	生态空间修复率（%）
		废弃资源再生利用	11	生活垃圾回收利用率（%）
			12	再生水利用率（%）
		城市清洁管理有序	13	街道清洁度（%）
		环境监督全民参与	14	生态环境质量公众满意度（分）
以人民为中心的共享城市	高安全感城市	安防设施系统健全	15	城市"天眼"设施覆盖密度（个/km²）
			16	人均应急避难场所面积（m²）
		食品检测高标保障	17	食品安全检测抽检合格率100%的农贸市场占比（%）
		危化控制降低隐患	18	危险化工类设施占比（%）
	美好品质生活城市	社区服务高度便民	19	15min社区生活圈覆盖率（%）
		通勤便捷职住平衡	20	居民工作平均单向通勤时间（min）
		城市住房保障有力	21	城市保障房占本市住宅总量比例（%）
	步行＋公交都市	慢行交通优先发展	22	非工业区支路网密度（km/km²）
			23	城市专用人行道、自行车道密度指数（km/km²）
		公交导向绿色出行	24	城市公共交通出行比例（%）
			25	公交站点300m服务半径覆盖率（%）
		跨海交通岛际通达	26	岛际联系便捷度（%）
	健康休闲城市	开放空间体系完善	27	万人拥有城市公园指数（个）
			28	骨干绿道长度（km）
		户外活动均好可达	29	400m²以上绿地、广场等公共空间5min步行可达覆盖率（%）
			30	步行15min通山达海的居住小区占比（%）
		街道交往活力重塑	31	建成区活力品质街道密度（km/km²）
		体育健身均衡普及	32	人均体育场地面积（m²）
		商业休闲品质高端	33	国际知名商业品牌指数（家/万人）
		旅游景区持续扩大	34	人均拥有3A及以上景区面积（m²）

续表

目标	领域	指标路径	序号	具体指标
多元包容的开放城市	包容性高质量增长	城市经济高质增长	35	人均GDP（万美元）
			36	城乡常住居民人均可支配收入（万元）
		社会财富均衡分布	37	城乡收入比
			38	基尼系数
	国际化开放门户	国际贸易领先发展	39	与"一带一路"沿线国家的贸易额年均增长率（%）
			40	海洋大宗商品贸易额占全国比重（%）
		国际营商环境优越	41	人均年实际利用外资规模（美元）
			42	世界500强企业落户数（家）
		国际联系便捷高效	43	境外客运航线数量（条）
	多元海洋经济体系	海洋经济地位凸显	44	海洋经济增加值占GDP比重（%）
		新兴产业加速集聚	45	海洋新兴产业增加值占GDP比重（%）
		海洋金融创新发展	46	海洋金融业增加值占GDP比重（%）
		海洋物流优势扩容	47	海洋物流指数（万t）
		海洋旅游品质提升	48	海洋旅游指数：年旅游收入、人均旅游消费水平（亿元、元）
独具人文特色的和善城市	高历史传承度	人文遗产地域传承	49	城市非物质文化遗产数量（项）
		历史风貌多元保护	50	万人拥有城市历史文化风貌保护区面积（ha）
		渔村文化特色彰显	51	市区特色海岛渔农村打造数量（个）
	高人文交往度	国际人文交往密切	52	国际友好城市数量（个）
			53	年境外游客接待量（万人次）
		城市活动丰富多彩	54	年国际、国家级体育赛事、节庆活动、会议会展数量（次）
		志愿服务参与积极	55	市民注册志愿者占常住人口比例值（%）
	高设施友好度	设施友好高度普及	56	公共场所无障碍设施普及率（%）
			57	公交双语率（%）
		文化设施高度共享	58	每10万人拥有公共文化设施数量（个）
		社区邻里高度和善	59	和善社区创建率（%）
永续发展的智慧城市	海洋科创中心城市	科技投入强力支持	60	全社会研究与试验发展经费支出占GDP比重（%）
			61	海洋科技基金规模（亿元）
		科技平台有效支撑	62	国省级海洋科技实验室数量（家）
			63	人均双创空间建筑面积（m²）
		科技成果不断涌现	64	海洋科技成果应用率（%）
			65	海洋科技专利占全国比例（%）
	海洋创新人才基地	科技人才创新聚集	66	每万人海洋科技类高端人才拥有量（人）
			67	每万名劳动人口中研发人员数（人）
	智慧管理示范城市	智慧城市前沿发展	68	5G网络覆盖率（%）
			69	是否建成海洋城市智慧大脑
		智慧服务便民高效	70	智慧景区占比（%）

5.2.3 典型与创新指标阐释

1．生态维度指标解析

（1）优越的自然生态本底

1）城市蓝绿空间占比（％）

指标释义：指城市生态景观中水系与绿地的占比，保证整个城市非建设区生态空间，发挥城市生态作用。高城市蓝绿空间占比对应着低城市开发强度，实现蓝绿空间高占比，有助于优化生态环境，是实现城市宜居梦、提高市民生活质量和提升城市形象的重要前提。

考核范围：本指标按照总体规划中确定的中心城区规划范围，包括舟山岛、五奎山岛、盘峙岛、摘箬山岛等定海南部诸岛、长峙岛、小干–马峙岛、鲁家峙岛、朱家尖岛、普陀山岛等岛屿，陆域面积约673km²作为蓝绿空间核算范围。

指标参考：①新加坡30％；②《河北雄安新区规划纲要》≥70％；③目前上海与深圳的蓝绿空间占比约为50％；④北京蓝绿空间占比约为54％。

指标现状：经测算舟山中心城区蓝绿空间占比约为81.5％。

指标赋值：建议在保证蓝绿空间占比70％的控制基础上，适当拓展城市发展空间，将目标赋值为2020年达到70％及以上，并在中远期保持。

2）全年空气质量优良天数占比（％）

指标释义：指AQI值≤100的天数在全年中的占比，是衡量城市空气质量情况的重要指标。AQI值指空气质量指数，包含六个等级的指数级别，其中AQI指数在100以内代表空气质量为优良状态，《空气环境质量标准》规定参评污染物包含SO_2、NO_2、PM_{10}、$PM_{2.5}$、O_3、CO六项。

指标参考：①新加坡在2012年为85％；②《国家生态园林城市标准》要求空气质量优良天数≥300d/年（82.2％）；③《中国低碳生态城市指标体系》要求≥85％；④《浙江舟山群岛新区（城市）总体规划（2012—2030年）》要求2020年空气质量优良天数占比≥98％；⑤2017年厦门达到97％，三亚达到96.4％，珠海达到87.1％。

指标现状：《舟山市2017年国民经济和社会发展统计公报》（下文简称"舟山统计公报"）2017年92.1％。

指标赋值：2020年达到95％及以上，2025年达到96％及以上，2035年达到98％及以上。

3）城市森林覆盖率（％）

指标释义：指城市森林面积占总面积的比例，反映了城市森林面积占有情况及森林资源的丰富程度。

指标参考：①新加坡城市森林和自然保护区占比为23％；②《国家森林城市评价指标》要求南方城市森林覆盖率达到35％以上；③《香港规划标准与准则》显示2017年香港森林覆盖率达66％；④《珠海建设国际宜居城市指标体系》要求珠海森林覆盖率2020年目标值38.2％，标杆值42％；⑤《河北雄安新区规划纲要》要求2035年雄安新区森林覆盖率达到40％；⑥2015年北京市41.6％，上海市15％；⑦《浙江舟山群岛新区（城市）总体规划（2012—2030年）》要求森林覆盖率达到50％。

指标现状：2009年舟山市域森林覆盖率为50.2％，经测算舟山中心城区森林覆盖率为47.6％。

指标赋值：2020年达到50％及以上，并在中远期保持。

4）近岸海域水质优良比例（%）

指标释义：指近岸海域范围内海水水质达到《海水水质标准》中一、二类海水水质标准的水域面积占总近岸海域面积的比例。

指标参考：①《2017中国生态环境状况公报》指出2017年一、二类海水水质比例年达到67.8%；②《舟山市"十二五"环境保护规划》中要求2015年舟山近岸海域优于二类海水水质面积比例达到15%以上；③《"十三五"生态环境保护规划》、《水污染防治行动计划》中要求2020年全国近岸海域水质优良（一、二类）比例达到70%左右。

指标现状：2017年舟山统计公报显示舟山近岸海域一类和二类海水水质比例为34.0%（图5-1）。

指标赋值：2020年≥40%，2025年≥50%，2035年≥70%。

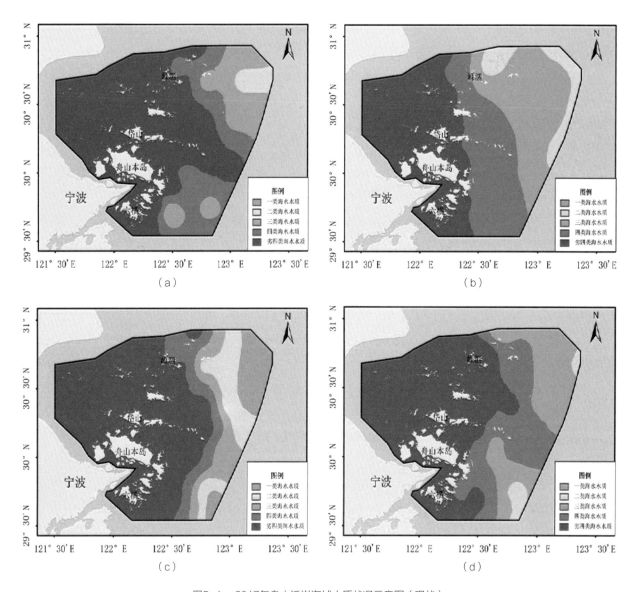

图5-1　2017年舟山近岸海域水质状况示意图（现状）

（a）春季；（b）夏季；（c）秋季；（d）冬季

资料来源：《2017年舟山市海洋环境公报》。

5）海岛永久自然生态岸线占比（%）

指标释义：指原生态自然风貌、永久保留、禁止破坏和开发的自然岸线长度占总岸线长度的比例。

指标参考：本指标属于舟山特色性指标，目前缺乏针对海岛岸线的指标参考，现有参考主要为城市水体岸线相关指标，例如：①《国家生态园林城市标准》要求水体岸线的自然化率应达到80%以上；②珠海市的水体岸线自然化率要求在2020年达到93%以上；③《浙江舟山群岛新区（城市）总体规划（2012—2030年）》明确自然岸线占比为57.6%。

指标现状：2012年舟山群岛、普陀山岛、朱家尖岛自然生态岸线占比为47.2%。

指标赋值：近中远期保持在45%及以上。

（2）绿色低碳的城市建成环境

一个生态和谐的绿色城市，应该拥有绿色低碳的建成环境，提倡绿色建筑、海绵城市理念，具有高绿化覆盖率与林荫路推广率，并充分考虑人与自然的亲近与融合。基于此，我们在这个领域提出建成区绿化覆盖率、城市林荫路推广率、新建建筑中绿色建筑占比、建成区海绵城市达标覆盖率四个指标。

1）建成区绿化覆盖率（%）

指标释义：指建成区所有植被的垂直投影面积占建成区总面积的比例，是城市园林绿化、生态化程度的重要指标。核算面积还包括屋顶绿化植物的垂直投影面积以及零星树木的垂直投影面积，另外，乔木树冠下的灌木和草本植物及灌木树冠下的草本植物垂直投影面积不能进行重复计算。

指标参考：①《国家生态园林城市标准》要求建成区绿化覆盖率≥45%；②《中国人居环境奖评价指标体系》要求≥40%；③《国家森林城市评价指标》要求≥35%；④新加坡绿化覆盖率为50%；⑤深圳2020年50%（现状45%）、2030年60%；⑥《浙江舟山群岛新区（城市）总体规划（2012—2030年）》要求舟山中心城区绿化覆盖率在2030年达到40%。

指标现状：《舟山日报》数据显示，2017年舟山建成区绿化覆盖率达到40.22%。

指标赋值：2020年达到45%及以上，2025年达到50%及以上，2035年保持在50%以上。

2）城市林荫路推广率（%）

指标释义：指建成区内达到林荫路标准的步行道、自行车道长度（km）占建成区内步行道、自行车道总长度的比例，是体现城市园林化、绿色生态性的重要指标。其中林荫路指绿化覆盖率达到90%以上的步行道、自行车道。

指标参考：①《中国人居环境奖评价指标体系》《国家园林城市标准》中均要求城市林荫路推广率达到70%；②《国家生态园林城市标准》85%；③新加坡林荫路覆盖率达95%；④珠海目标95%；⑤深圳目标95%；⑥苏州现状88.8%。

指标现状：舟山中心城区估算值为50%。

指标赋值：2020年达到70%及以上，2025年达到85%及以上，2035年达到95%及以上。

3）新建建筑中绿色建筑占比（%）

指标释义：指达到美国LEED CN评估体系中认证级标准的新建建筑。LEED CN指《美国绿色建筑评估体系》（简称LEED）中针对新建建筑提出的评估体系，LEED是目前全世界各类建筑环保评估、绿色建筑评估以及建筑可持续性评估标准中被认为是最完善、最有影响力的评估标准。

指标参考：①参考国际标准《美国绿色建筑评估体系》（LEED）中绿色建筑的建设要求；②《国

家生态园林城市标准》要求新建建筑中绿色建筑比例≥50%；③《中国低碳生态城市指标体系》中新建建筑的绿色建筑比例为100%，既有绿色建筑占比≥20%；④《河北雄安新区规划纲要》要求新建建筑100%为绿色建筑；⑤新加坡绿色建筑占比为20%，计划2030年达到80%；⑥《关于建设海上花园城市的指导意见》（舟委发〔2017〕10号）提出，至2020年舟山新建建筑中绿色建筑占比达到50%；⑦《舟山市绿色建筑专项规划》要求至2020年全市二星及以上绿色建筑占新建建筑的比例达到12%以上，2025年达到17%以上。

指标现状：暂无具体数据，尚未达到50%。

指标赋值：新建建筑中绿色建筑2020年达到50%及以上，2025年达到80%及以上，远期达到100%。

4）建成区海绵城市达标覆盖率（%）

指标释义：指建成区内达到海绵城市建设标准区域的面积占比，是反映一个城市生态体系完善、修复功能强大及具有城市弹性的重要指标。"海绵城市"是一种城市形态与技术体系，它聚焦于城市内部排水系统和雨水利用管理，并在雨洪管理、生态防洪、水质净化等多领域有所应用。海绵城市建设内容包含生态公园与绿地、低碳建筑与小区、水系整治和生态修复、污水治理、防洪排涝、透水铺装等。

指标参考：①新加坡城市海绵体面积占比50%以上；②《珠海市海绵城市专项规划（2015—2020）》数据显示珠海海绵城市建设达标率2020年达到20%，2030年达到80%；③嘉兴国家首批海绵城市试点要求2020年达到25%、2030年达到80%；④《关于建设海上花园城市的指导意见》（舟委发〔2017〕10号）提出到2020年舟山市中心城市建成区25%以上的面积达到海绵城市标准；⑤《舟山市新城海绵城市示范区控制性专项规划》计划达到3.19km²的海绵城市示范区。

指标现状：暂无数据，尚低于25%。

指标赋值：2020年达到25%及以上，2025年达到50%及以上，2035年达到80%及以上。

（3）先进的环保管理机制

一个生态和谐的绿色城市，还应该是拥有先进环保管理机制的城市，能够在保护生态资源的前提下对破损的山体、废弃地、破坏的水体、破坏的生态岸线、受污染的近岸海域等城市破损空间进行生态修复，能够利用创新的方式将生活垃圾回收利用，关注公众对城市生态环境的满意度等。因此，在管理机制领域下提出生态空间修复率、生活垃圾回收利用率、再生水利用率、街道清洁度以及生态环境质量公众满意度五项指标。

1）生态空间修复率（%）

指标释义：指山体、废弃地、海洋水系等生态修复空间面积占被破坏生态空间面积的比例。反映了一个城市的自我修复能力与管理机制的完善性。在舟山的生态空间修复尤其要注重对海洋水质修复的问题。破损山体修复率规划区内已修复山体面积/规划区内总破坏山体面积100%；废弃地生态修复率经修复达到标准的废弃地面积/规划区内废弃地总面积100%；海洋水系修复率修复的污染海水面积/总污染海水面积100%。

指标参考：《国家生态园林城市标准》中要求破损山体修复率等每年增长不少于10%，考虑到舟山现有生态空间统计的可操作性，本次指标体系将生态空间修复率作为考核指标。

指标现状：舟山市2017年完成破损山体修复17.44ha，治理废弃矿山15处以上。

工作路径：①完成对城市破损山体、废弃地、水系、污染海域、破坏岸线等生态空间现状的摸底和生态评估；②建立每年度的生态修复项目库，并制定实施长效生态保护与修复的工作计划；③控制每年的生态空间破坏面积只减不增。

指标赋值：2020年≥30%，2025年≥50%，2035年≥80%。

2）生活垃圾回收利用率（%）

指标释义：指回收再利用的生活垃圾量占总生活垃圾量的比例，体现城市的生态循环与可持续发展性。"生活垃圾"是指城市日常生活中产生的居民生活垃圾、商业垃圾、集贸市场垃圾、街道清扫垃圾、公共场所垃圾、厂矿生活垃圾、学校生活垃圾等。

指标参考：①《中国低碳生态城市指标体系》要求2020年达到50%，《国家生态园林城市标准》要求生活垃圾回收利用率≥35%；②国家发展和改革委员会、住房和城乡建设部2017年发布的《生活垃圾分类制度实施方案》要求在全国46个城市先行实施生活垃圾强制分类，2020年年底生活垃圾回收利用率达到35%以上；③新加坡2012年废物回收利用率为60%，并计划2030年提高至70%；④日本资源回收率在1990年仅5.3%，2012年达到20.4%，如今依靠完善的制度与公民高度的环保意识几乎能够做到100%的垃圾回收利用；⑤深圳2016年为55%；⑥《河北雄安新区规划纲要》计划2035年达到45%以上；⑦2015年上海生活垃圾回收利用率为38%；⑧《舟山市2018年城镇生活垃圾分类行动计划》中要求2018年舟山市全市镇城镇生活垃圾回收利用率达到30%以上。

指标现状：政府数据显示，2018年城镇生活垃圾回收利用率达到了30%以上，资源化利用率和无害化处置率达到了100%。

指标赋值：生活垃圾回收利用率2020年≥35%，2025年≥50%，2035年≥70%。其中垃圾处理模式以生态化的垃圾焚烧为主，约占90%；垃圾填埋为辅，约占10%，资源利用模式可以采用焚烧发电等。

3）再生水利用率（%）

指标释义：指城市污水再生利用的总量与污水处理总量的比率，是衡量城市环保机制完善性的重要指标。另外，污水经再生处理后用作景观用水、生态补水等也纳入再生水利用统计。再生水利用率＝再生水利用量/污水处理总量。

指标参考：①《国家生态园林城市标准》要求城市再生水利用率≥30%；②《中国低碳生态城市指标体系》要求南方沿海缺水城市达到15%～20%；③新加坡的海水淡化和再生水占城市用水需求的比例为25%；④北京2015年的再生水利用率为61%；⑤青岛市2017年再生水利用率达到35%以上；⑥珠海市计划2020年再生水利用率达到20%，本考核指标主要以缺水城市北京作为参考城市；⑦《浙江舟山群岛新区（城市）总体规划（2012—2030年）》要求2020年舟山群岛新区中水回用率达到20%，2030年达到40%。

指标现状：《舟山市水污染防治行动实施方案》显示2017年舟山市再生水利用率达到12%。

指标赋值：2020年达到20%及以上，2025年达到30%及以上，2035年达到50%及以上。

4）街道清洁度（%）

指标释义：指满足"五无"要求的街道长度占总街道长度的比例，是反映一个城市管理水平与公民意识的重要指标。确定在舟山建成区城市道路（街巷）和公共场所（窗口）做到"五无"——无垃圾、无杂物、无积泥、无积水、无污迹。

指标参考：2018年舟山市大力推进城乡环境综合整治行动，城市环境得到全面提升。

指标赋值：近中远期达到100%。

5）生态环境质量公众满意度（分）

指标释义：指公众对舟山生态环境的满意程度调查，其中调研对象包含建成区的外来游客及本地居民，每年由浙江省环保厅委托省统计局民生民意调查中心进行的生态环境质量公众满意度调查中的得分，调查包含认知度、生态环境、人居环境、环境污染整治成效、环保满意度、信心度等内容。

指标获取：该指标数据可从浙江省环保厅办公室每年度发布的《全省89个县、市、区生态环境质量公众满意度得分及排名情况》、《11个设区市生态环境质量公众满意度得分及排名情况》中获取。

指标参考：浙江省环保厅2016年度浙江省生态环境质量公众满意度调查显示全省平均得分为76.73分。

指标现状：2016年舟山市生态环境质量公众满意度得分为77.75分。

指标赋值：2020年≥85分，2025年≥90分，2035年保持在90分以上。

2．社会维度指标解析

（1）高安全感城市

城市安全是人民共享美好生活的基本保障，目前社会比较关心的安全保障主要包含交通安全、应急防灾、食品安全、社会安全四个方面，具体针对性指标有：城市"天眼"设施覆盖密度、人均应急避难场所面积、食品安全检测抽检合格率100%的农贸市场占比、危险化工类设施占比。

1）城市"天眼"设施覆盖密度（个/km²）

指标释义：指城市建成区范围内每平方千米内采集信息的安监摄像头个数。智慧天眼系统由前端高空高清摄像头、移动专网传输网络与智慧天眼综治管理平台三部分构成。

指标参考：根据2017年对城市安防市场的调研，全国摄像头覆盖密度最高的是深圳，有205个/km²；浙江省最高的是杭州，有130个/km²。

指标现状：通过百度全景地图数据测算，我们发现舟山中心城区城市建成区内"天眼"设施覆盖密度约为60个/km²。

指标赋值：2020年达到100个/km²及以上，并在中远期保持。

2）人均应急避难场所面积（m²）

指标释义：指在建成区范围内，每个常住人口占有避难场所面积。其中，应急避难场所是应对突发公共事件的一项灾民安置措施，是现代化大城市用于民众躲避火灾、爆炸、洪水、地震、疫情等重大突发公共事件的安全避难场所，一般利用城市开放空间进行设置，如公园、广场等。

指标参考：①《河北雄安新区规划纲要》明确至2035年雄安新区人均应急避难场所面积为2～3m²；②《北京城市总体规划（2016年—2035年）》要求北京人均应急避难场所面积2015年为0.78m²，至2035年达到2.1m²；③《珠海建设国际宜居城市指标体系》要求珠海人均应急避难场所面积2020年目标值为4m²以上，标杆值为5m²；④《舟山市应急避难场所专项规划（2011—2020年）》将全市分为11个防灾避难单元，设3处中心避难场所，布局固定避难场所63处，用地总面积304.25ha，服务总人口103.81万人，人均2.93m²。

指标现状：尚未达到2m^{2}要求。

指标赋值：2020年达到2～3m^2，并在中远期保持。

3）食品安全检测抽检合格率100%的农贸市场占比（%）

指标释义：安全食品农贸市场是指重点食品安全检测抽检合格率达到100%的农贸市场，食品抽检合格率是反映各类食品卫生安全程度，评价一个地区甚至整个国家食品卫生状况和发展水平的重要指标之一。

指标参考：特色指标，无参考指标。

指标现状：舟山市域菜场160个，其中城区32个（26个设有农贸市场免费检测室）。

指标赋值：2020年达到100%，并在中远期保持。

4）危险化工类设施占比（%）

指标释义：指中心城区内危险化工类设施用地与舟山中心城区面积的比值。其中，危险化工类设施指用于运输、装卸、储存具有易燃易爆、有毒有害和放射性等特性，且易造成人员伤亡和财产损毁而需要特别保护的危险化工品的设施。舟山的危险化工品主要包括天然气、煤炭、铁矿石、石油等及其衍生产品。

指标参考：特色指标，无参考指标

指标现状：舟山市域占比约为0.21%。

指标赋值：近中远期要求危险化工类设施数量不新增。

（2）美好品质生活城市

美好品质生活城市要具备便利的社区服务、优质的教育和医疗、良好的就业环境和人居环境，为此，我们以提高15min社区生活圈覆盖率、降低居民工作平均单向通勤时间、提高面向社会弱势群体的城市保障房比例，作为打造美好品质生活的核心路径。

1）15min社区生活圈覆盖率（%）

指标释义：建成区内15min（1km左右）步行可达生活圈面积占建成区总面积的比例。生活圈范围一般在3～5km^2，常住人口约5万人。15min社区生活圈是打造美好品质生活城市的基本单元，范围内配备居民日常生活必需的教育文化、商业网点、基本医疗、体育健身等社区级公共设施与公共活动空间，聚焦居民日常生活基本品质需求，提升居民生活的幸福指数。

指标参考：①《墨尔本2050规划》计划打造20min社区全覆盖；②《河北雄安新区规划纲要》明确至2035年雄安新区15min社区生活圈覆盖率达到100%；③《北京城市总体规划（2016年—2035年）》要求北京2015年15min社区生活圈覆盖率为80%，至2035年指标达到100%；④《舟山市定海区全民健身实施计划（2016—2020年）》要求舟山市定海区在2020年完成"步行15min健身圈"，人均公共运动场地面积达到2.5m^2；⑤《浙江舟山群岛新区（城市）总体规划（2012—2030年）》确定3万人拥有一个社区级以上文化设施，15min路程内拥有一个社区级以上文化设施。

指标现状：舟山中心城区"15min社区生活圈"覆盖率较低，约为66%。

指标赋值：2020年达到75%及以上，2025年达到80%，2035年保持在100%。

2）居民工作平均单向通勤时间（min）

指标释义：市区居民每天从家中去工作地点上班花费的平均交通时间。

指标参考：①国际上单程通勤时间数据显示，澳大利亚墨尔本、堪培拉分别为29.5min和

17.4min；日本东京为29min；美国芝加哥、纽约、洛杉矶分别为32.4min、29.5min、28.9min；英国伦敦、曼彻斯特分别为42min、44.5min；加拿大多伦多、温哥华分别为34min、30min；②根据《中国大城市道路交通发展研究报告之三》2015年全国36个大城市平均通勤时间为39.1min，最长为上海57.6min，最短为拉萨26.8min；③《珠海建设国际宜居城市指标体系》2020年目标值低于30min，标杆值为25min。

指标现状：舟山市平均通勤距离为10.9km，平均通勤时间为26.5min。

指标赋值：2020年≤25min，2025—2035年≤20min。

3）城市保障房占本市住宅总量比例（％）

指标释义：用享受保障性住房的家庭户数作为分子，用城镇常住家庭户数作为分母计算出来的百分比。

指标参考：①《全国城镇住房发展规划（2011—2015年）》要求"十二五"期末达到20％；②《2017年珠海市政府工作报告》保障性住房覆盖率达到24.2％，政府实物配租各类保障家庭人均居住面积达到18m²；③《舟山市城镇住房保障"十三五"规划》要求2020年城镇住房保障受益覆盖面达到25％；④《浙江舟山群岛新区（城市）总体规划（2012—2030年）》要求在2020年达到10％及以上，2030年达到20％及以上。

指标现状：《舟山市城镇住房保障"十三五"规划》显示2015年舟山住房保障受益覆盖面达到21.7％，舟山市住建（规划）局数据统计至2017年4月达到25％。

指标赋值：2020年达到28％，2025年达到32％，2030年达到40％及以上。

（3）步行＋公交都市

1）非工业区支路网密度（km/km²）

指标释义：指城市建成区中非工业区（居民生活区和城市公共活动区）支路总长度与该区域总面积的比值。城市新开发的居住区和公共活动区域存在开发面积过大、支路网偏少、城市生活界面较为封闭而缺乏活力等问题，需要通过控制支路网的方式，增加城市公共界面，增强居民生活交往度，提升城市整体的共享度与开放性。

指标参考：①轨道上的城市东京支路网密度为20.41km/km²；②德国首都柏林支路网密度为8.52km/km²，日本新潟支路网密度为12.64km/km²；③根据《城市道路交通设施设计规范》GB 50688—2011，我国支路网密度为3～4km/km²；④《关于建设海上花园城市的指导意见》（舟委发［2017］10号）提出到2020年总路网密度达到8km/km²。

指标现状：通过卫星影像数据测量计算，舟山中心城区建成区的支路网密度约为3.2km/km²。

指标赋值：2020年达到4km/km²，2025年达到5km/km²，2035年达到8km/km²及以上。

2）城市专用人行道、自行车道密度指数（km/km²）

指标释义：在建成区内，城市专用人行道、自行车道长度占建成区面积的比例。反映城市对步行、自行车的友好度。

指标参考：①哥本哈根自行车道密度为5.08km/km²；②《珠海建设国际宜居城市指标体系》慢行交通线网密度2020年目标值为3km/km²，标杆值为4km/km²。

指标现状：通过CAD实测，舟山中心城区建成区专用人行道、自行车道密度约为1.78km/km²。

指标赋值：2020年达到2km/km²，2025年达到2.5km/km²，2035年达到4km/km²。

3）城市公共交通出行比例（％）

指标释义：是指居民使用轨道交通、公交等出行方式的出行量占全部出行量的比例，以打造将公共交通出行作为主要方式的公交都市为目标。

指标参考：①《哥本哈根自行车交通发展策略》绿色出行率达87％，其中公交出行率为24％；②《国务院关于城市优先发展公共交通的指导意见》《"十三五"生态环境保护规划》要求大城市公共交通占机动化出行的60％；③《中国城市居民出行方式选择倾向调查报告》显示，城市居民选用公共交通出行的比例为56％；④《河北雄安新区规划纲要》明确至2035年雄安新区起步区绿色交通出行比例为80％以上；⑤《珠海建设国际宜居城市指标体系》公共交通占机动车出行比例2020年目标值为50％，标杆值为70％；⑥《浙江舟山群岛新区（城市）总体规划（2012—2030年）》居民出行公交分担率达35％。

指标现状：2017年舟山行政乡村公交通车率为100％，城市公交分担率为18％。

指标赋值：2020年达到30％及以上，2025年达到40％及以上，2035年达到60％及以上。

4）公交站点300m服务半径覆盖率（％）

指标释义：在建成区内，以公交站点为圆心，用300m的步行距离为半径作圆，计算其覆盖面积占建成区面积的比例。

指标参考：①《河北雄安新区规划纲要》起步区2035年公共交通站点服务半径最高300m；②《珠海建设国际宜居城市指标体系》公交站点300m服务半径覆盖率2020年目标值为55％，标杆值为70％；③《浙江舟山群岛新区公路水路交通运输"十三五"发展规划》要求至2020年主城区公交站点300m服务半径覆盖率达到80％左右，城市公交出行分担率达到25％；④《舟山市城市综合交通规划（2007—2020年）》规划建设用地范围内公交线网的路网覆盖率保持在80％左右，线网密度依照3.5km/km^{2}标准控制。全市公交车站300m服务面积占城市用地的比例不小于75％，其中老城区内公交车站300m服务面积占城市用地的比例不小于95％。

指标现状：2017年舟山中心城区公交站点300m服务半径覆盖率约为74.3％。

指标赋值：2020年达到80％及以上，2025年达到100％并在远期保持。

5）岛际联系便捷度（％）

指标释义：指在正常天气情况下，舟山中心城区范围内舟山本岛与周边岛屿（50人以上住人岛）间采用最便捷交通方式进行交通联系的时间少于30min的岛屿占比。

指标参考：特色指标，无参考指标。

指标现状：通过卫星遥感数据测算，舟山中心城区范围内舟山本岛与周边长白岛、大猫岛、盘峙岛等50人以上住人岛的岛际联系便捷度约为55％。

指标赋值：2020年达到60％及以上，2025年达到70％及以上，2035年达到90％及以上。

（4）健康休闲城市

舟山海岛特色鲜明，生态环境优良，旅游基础较好，适宜打造健康休闲城市。而健康休闲城市的打造应该从健体设施、休闲空间、旅游配套三方面着手提升。反映健体设施共享性——人均体育场地面积，反映休闲空间共享性——建成区活力品质街道密度、骨干绿道长度、400m^{2}以上绿地/广场等公共空间5min步行可达覆盖率，反映旅游配套共享性——国际知名商业品牌指数、人均拥有3A及以上景区面积。

1）万人拥有城市公园指数（个）

指标释义：指每万人拥有的城市公园个数，其中"城市公园"指面积在3000m²以上的能提供休息、游览、观赏、锻炼、交往等功能的公园。

指标参考：目前普遍采用"万人拥有城市综合公园指数"作为考核指标。如：①《国家生态园林城市标准》中万人拥有城市综合公园指数≥0.06个；②新加坡万人拥有城市公园指数为0.6个；③火奴鲁鲁为1.75个；④哥本哈根为2.31个；⑤珠海为0.56个。

指标现状：现状建成区万人拥有城市公园指数为0.4个。

指标赋值：2020年达到0.6个及以上，2025年达到0.8个及以上，2035年达到1.0个及以上。

2）骨干绿道长度（km）

指标释义：指以海河、山体等自然要素为依托和基础，串联城乡游憩、休闲等绿色开敞空间，以游憩与健身为主要目的兼具市民绿色出行和生物迁徙功能的滨海、滨河及山体沿线廊道的总长度。

指标参考：①新加坡规划要求2030年骨干绿道长度达到260km；②《上海市城市总体规划（2017—2035年）》要求2035年骨干绿道长度达到2000km；③《关于建设海上花园城市的指导意见》（舟委发［2017］10号）要求2020年确保城市建成区建设绿色步道200km以上。

指标现状：2017年舟山中心城区拥有健身步道约380km。

指标赋值：2020年达到300km及以上，2025年达到400km及以上，2035年达到500km及以上。

3）400m²以上绿地、广场等公共空间5min步行可达覆盖率（%）

指标释义：指建成区内公共开放空间（400m²以上的绿地和广场）5min步行覆盖面积占建成区总面积的比例。

指标参考：《上海市城市总体规划（2017—2035年）》要求上海至2035年400m²以上绿地、广场等公共开放空间5min步行可达覆盖率达到90%左右。

指标现状：借鉴《舟山市城市绿地系统规划》结合现场踏勘估算5min步行可达覆盖率约为65.01%。

指标赋值：2020年达到68%，2025年达到75%，2035年达到90%以上。

4）步行15min通山达海的居住小区占比（%）

指标释义：以小区门口为起点计算，满足步行15min（1km）到滨海、到山体边缘的居住小区个数占总小区个数的比例，反映舟山海岛空间通山达海的特色。

指标参考：特色指标，无参考指标。

指标现状：根据CAD实测，舟山中心城区步行15min通山达海的居住小区占比约为73%。

指标赋值：2020年达到75%，2025年达到80%，2035年达到90%及以上。

5）建成区活力品质街道密度（km/km²）

指标释义：每平方千米建成区范围内活力品质街道的长度。活力品质街道，在尺度上控制街道宽度在15~25m，一般不超过30m，一般依托城市中的主要支路和生活型次干路；在功能上是复合的，在满足基础性的交通需求上，能诱发其他社会活动，促进人们交往交流，形成交流场所，鼓励行人驻留；在界面形态方面，应当结合行道树、沿街建筑和围墙形成有序的空间界面；在空间环境方面，形成连续的街道界面，应当鼓励地面铺装、街道家具与其他环境设施设计艺术化，并在街道空间中设置公共艺术作品，通过挖掘当地的历史文化强化街道的人文属性。

指标参考：特色指标，暂无数据。

指标现状：通过CAD实测、百度街景、现场走访，舟山中心城区建成区活力品质街道密度约为1.35km/km^2。

指标赋值：2020年达到1.5km/km^2，2025年达到2km/km^2，2035年达到3km/km^2。

6）人均体育场地面积（m^2）

指标释义：指体育场、运动馆、体育公园等体育设施用地面积与建成区常住人口的比值，反映舟山体育设施建设水平。

指标参考：①夏威夷人均体育场地面积为6m^2；②《国务院关于加快发展体育产业促进体育消费的若干意见》要求2025年人均体育场地面积达到2m^2；③《珠海建设国际宜居城市指标体系》要求至2020年珠海人均体育活动面积大于4.5m^2，标杆为人均6m^2；④《浙江舟山群岛新区（城市）总体规划（2012—2030年）》要求人均体育用地达到0.7m^2。

指标现状：截至2016年年底舟山全市体育场地总用地面积为293.55万m^2，共有各类体育设施3118个，人均体育场地面积为2.53m^2，位列浙江省全省第一。

指标赋值：2020年达到4.0m^{2}及以上，2025年达到5.0m^{2}及以上，2035年达到6m^{2}及以上。

7）国际知名商业品牌指数（家/万人）

指标释义：每万人拥有国际一线、二线商业品牌的商家数量。目前市场上广泛认可的国际知名商业品牌约100家，以服装、化妆品、珠宝、手表、箱包皮具等类型为主，如Versace、Burberry、Chanel、Dior、Cartier、Tiffany、Gucci、PRADA、LV等品牌。

指标参考：《上海长宁国际城区指标》明确至2021年上海长宁国际知名时尚品牌店数量达到50家，约0.73家/万人。

指标现状：通过数据收集计算，发现舟山约为0.37家/万人。

指标赋值：2020年≥0.4家/万人，中期≥0.5家/万人，远期≥0.7家/万人。

8）人均拥有3A及以上景区面积（m^2）

指标释义：中心城区范围内人均拥有3A及以上景区的面积，属于特色指标。其中，3A及以上景区指通过国家标准《旅游景区质量等级的划分与评定》评审获得授牌的国家AAA、AAAA、AAAAA级旅游景区。

指标参考：据测算，杭州市区目前人均拥有3A及以上景区面积30m^2。

指标现状：舟山中心城区现状约为40m^2。

指标赋值：2020年达到42m^2，2025年达到45m^2，远期≥50m^2。

3．经济维度指标解析

（1）包容性高质量增长

1）人均GDP（万美元）

指标释义：将一个国家核算期内（通常是一年）实现的国内生产总值与这个国家的常住人口（或户籍人口）相比进行计算，得到人均国内生产总值，是衡量各国人民生活水平的一个标准。

指标参考：该指标主要参考各城市2017年统计公报。①新加坡2017年为5.77万美元；②珠海2017年为2.1万美元；③厦门2017年为1.63万美元。

指标现状：舟山2017年人均GDP为1.55万美元。

指标赋值：2020年达到2.0万美元及以上，2025年达到2.5万美元及以上，2035年达到3.5万美元及以上（相当于新加坡2006年人均GDP）。

2）城乡常住居民人均可支配收入（万元）

指标释义：可支配收入是指居民家庭全部现金收入中能用于安排家庭日常生活的那部分收入。它是家庭总收入扣除交纳的所得税、个人交纳的社会保障费以及调查户的记账补贴后的收入。其中城乡常住居民包含城镇常住居民、渔农村常住居民。

指标参考：该指标主要参考各城市统计公报。①上海2017年为58987元；②深圳2017年为52938元；③珠海2017年为44043元；④厦门2017年为46630元。

指标现状：2017年舟山全年全体常住居民人均可支配收入为45195元。

指标赋值：2020年达到6.5万元及以上，2025年达到8万元及以上，2035年达到10万元及以上。

3）城乡收入比

指标释义：城镇常住居民可支配收入与渔农村常住居民可支配收入的比值。城乡收入比是衡量城乡收入差距的一个重要指标。

指标参考：该指标主要参考各城市统计公报。①全国2017年为2.7∶1；②浙江省2017年为2.05∶1；③厦门2017年为2.44∶1；④珠海2017年为1.99∶1；⑤杭州2017年为1.85∶1。

指标现状：2017年舟山城乡收入比为1.71∶1。

指标赋值：近中远期达到1.5∶1及以内。

4）基尼系数

指标释义：在全部居民收入中，用于进行不平均分配的那部分收入所占的比例。基尼系数的实际数值只能介于0～1之间，基尼系数越小收入分配越平均，基尼系数越大收入分配越不平均。国际上通常把0.4作为贫富差距的警戒线，大于这一数值容易出现社会动荡。

指标参考：《宜居城市科学评价标准》中，基尼系数大于0.3且小于0.4代表社会和谐度最高，小于0.3，得一半分。

指标现状：2006—2010年，舟山市基尼系数分别为0.44、0.41、0.44、0.42、0.46，预估近年舟山市基尼系数在0.4～0.5之间。

指标赋值：近中远期达到0.3～0.4。

（2）国际化开放门户

1）与"一带一路"沿线国家的贸易额年均增长率（%）

指标释义：指"一带一路"发展战略沿线国家与舟山的贸易额年增长率。反映在"一带一路"中承担的角色影响力。

指标参考：①国家商务部统计发布，我国2016年为17.8%；②青岛2016年为11.2%；③厦门海关统计，厦门2016年为12.8%；④深圳2016年为19.3%；⑤《2017年上海市国民经济和社会发展统计公报》2016年为18.9%。

指标现状：2016年舟山与"一带一路"沿线国家（地区）的进出口贸易额年均增长率为11.3%。

指标赋值：2020年达到12%，2025年达到13%，2035年达到15%及以上。

2）海洋大宗商品贸易额占全国比重（%）

指标释义：指在舟山进行交易的大宗商品（原油、天然气、矿石等）贸易额占全国大宗商品贸易额的比例。反映舟山在国内海洋大宗商品贸易中的重要程度。

指标参考：上海2016年大宗商品交易所全年完成网上电子交易额5.74万亿元。

指标现状：根据舟山统计公报数据计算，2017年舟山大宗商品电子交易额占全国比重约8.4%（2.52万亿元）。

指标赋值：2020年达到10%，2025年达到12%，2035年达到20%。

3）人均年实际利用外资规模（美元）

指标释义：实际利用外资规模是指在和外商签订合同后，实际到达的外资款项与人口的比值。反映舟山的外资利用水平，也体现国际开放程度。

指标参考：该指标参考主要来源于各城市2018年政府工作报告。①珠海为1452.3美元；②厦门为3992.0美元；③青岛为832.0美元。

指标现状：舟山2017年为346.8美元。

指标赋值：2020年达到500美元及以上，2025年达到1000美元及以上，2035年达到1500美元及以上。

4）世界500强企业落户数（家）

指标释义：指500强企业在舟山有战略产业投资、提供部门岗位的家数。

指标参考：①《珠海建设国际宜居城市指标体系》2020年目标值为50家及以上，标杆值为100家；②《宁波日报》数据显示，宁波2018年达到58家。

指标现状：《舟山日报》相关信息显示，至2018年年底舟山有世界500强企业落户数15家（注册10家、签约5家）。

指标赋值：2020年达到20家及以上，2025年达到30家及以上，2035年达到50家及以上，标杆值为100家。

5）境外客运航线数量（条）

指标释义：指开通的国内外客运的邮轮航线和航空航线数量和。

指标参考：该指标主要通过网上查询的方式获取。①火奴鲁鲁73条（国际邮轮航线25条、国际航空航线48条）；②上海249条（国际邮轮航线125条、国际航空航线124条）；③三亚2017年30条（国际邮轮航线7条、国际航空航线23条）；④厦门2017年28条（国际邮轮航线4条、国际航空航线24条）。

指标现状：舟山政府网站数据显示截至2018年5月舟山总计开通国际海上航线15条，空中航线暂未开通。

指标赋值：2020年达到20条及以上，2025年达到30条及以上，2035年达到50条及以上。

（3）多元海洋经济体系

1）海洋经济增加值占GDP比重（%）

指标释义：指一定时期内，舟山海洋经济生产总值占GDP的比重。海洋经济是开发利用海洋的各类海洋产业及相关经济活动的总和，主要包括海洋渔业、海洋交通运输业、海洋船舶工业、海盐业、海洋油气业、滨海旅游业等，另外还有一些正处于技术储备阶段的未来海洋产业，如海洋能利用、深海采矿业、海洋信息产业、海水综合利用等。

指标参考：相关参考主要来源于2017年各城市统计公报。①上海海洋经济总量8534亿元；②广州海洋经济总量15900亿元；③青岛海洋经济总量2090亿元；④厦门海洋经济总量2281亿元。

指标现状：2016年全年达到70.2%（总计2959亿元，增加862亿元），比重连续多年全国第一。

指标赋值：2020年达到75%及以上，2025年达到80%及以上，2035年达到85%及以上。

2）海洋新兴产业增加值占GDP比重（%）

指标释义：指一定时期内，舟山海洋新兴产业产值占GDP的比重。参考《全国海洋经济发展"十三五"规划》，海洋新兴产业主要指海洋高端装备制造业、海洋药物和生物制品业、海水利用业、海洋可再生能源业、海洋科技信息业等。

指标参考：《浙江海洋经济发展"822"行动计划（2013—2017）》要求全省海洋新兴产业增加值占海洋生产总值的35%，占总GDP的7%，即840亿元。

指标现状：经2017年舟山统计公报数据测算比重约为8.1%。

指标赋值：2020年达到25%及以上，2025年达到40%及以上，2035年达到60%及以上。

3）海洋金融业增加值占GDP比重（%）

指标释义：指一定时期内，舟山涉海金融服务业增加值占GDP的比重。参考《全国海洋经济发展"十三五"规划》，涉海金融服务业主要指：有条件的银行业金融机构为海洋实体经济提供融资服务。鼓励金融机构探索发展以海域使用权、海产品仓单等为抵（质）押担保的涉海融资产品。引进培育并规范发展若干涉海融资担保机构，发展航运保险业务，探索开展海洋环境责任险。壮大船舶、海洋工程装备融资租赁，探索发展海洋高端装备制造、海洋新能源、海洋节能环保等新兴融资租赁市场。

指标参考：该指标参考来源于各城市2018年政府工作报告、2017年统计公报等公开文件。①全国8.4%；②上海17.3%；③深圳14.9%；④杭州10%；⑤青岛6.7%。

指标现状：暂无统计。

指标赋值：2020年达到10%及以上，2025年达到15%及以上，2035年达到20%及以上。

4）海洋物流指数（万t）

指标释义：包括港口货物综合吞吐量增长量和江海联运量增长量。是反映港口生产经营活动成果的重要数量指标，港口吞吐量的流向构成、数量构成和物理分类构成是港口在国际、地区间水上交通链中的地位、作用和影响的最直接体现，也是衡量国家、地区、城市建设和发展的量化参考依据。其中，港口货物综合吞吐量指全年内经水运输出、输入舟山港区并经过装卸作业的货物总量，计量单位为吨；江海联运量指一年内通过舟山港进行江海联运的货物总量。

指标参考：《舟山江海联运服务中心总体方案》明确舟山到2020年江海联运量达到3.5亿t。

指标现状：根据2018年舟山市政府工作报告、2017年舟山统计公报数据，2017年海洋物流指数为6292万t（港口货物综合吞吐增量增长量3192万t，江海联运增量增长量3100万t）。

指标赋值：2020年达到7000万t，2025年达到8000万t，2035年达到10000万t及以上。

5）海洋旅游指数

指标释义：包括年旅游总收入（亿元）、人均旅游消费水平（元）。其中年旅游总收入指旅游者在旅游活动中消费广义旅游业范围内的全部物质产品和服务的支出；年人均旅游消费水平（万元）指一定时期内旅游者在目的地的旅游消费总额与旅游者人次之比。通过这个指标，人们可以了解旅游者在旅游目的地消费支出的变化情况。

指标参考：该指标参考主要来源于各城市2017年统计公报。①青岛旅游总收入1640.1亿元，人均旅游消费1860元；②厦门旅游总收入1168.52亿元，人均旅游消费1492.3元。

指标现状：2017年舟山启动创建国家全域旅游示范区，实现旅游总收入807.6亿元，人均旅游消费1464.8元。

指标赋值：2020年年旅游收入达到1200亿元及以上，人均旅游消费水平达到2000元及以上；2025年年旅游收入达到1800亿元及以上，人均旅游消费水平达到2500元及以上；2035年年旅游收入达到2500亿元及以上，人均旅游消费水平达到3000元及以上。

4．人文维度指标解析

（1）高历史传承度

所谓高历史传承度是指物质历史传承、特色历史传承和非物质历史传承，我们根据其特性，选取了万人拥有城市历史文化风貌保护区面积、市区特色海岛渔农村打造数量、城市非物质文化遗产数量三个指标进行支撑体现。

1）城市非物质文化遗产数量（项）

指标释义：城市非物质文化遗产包括以下方面：①口头传说和表述，包括历史人物故事和作为非物质文化遗产媒介的语言；②表演艺术；③社会风俗、礼仪、节庆；④有关自然界和宇宙的知识和实践；⑤传统的手工艺技能等。根据现有非物质文化遗产的保护法规和评价体制，本研究明确城市非物质文化遗产为省级及省级以上。

指标参考：①根据《国家级非物质文化遗产代表性项目名单》上海拥有国家级非物质文化遗产55项；②青岛共拥有非物质文化遗产名录项目59项，其中国家级12项、省级47项。

指标现状：2017年舟山共有非物质文化遗产代表性项目国家级5项、省级29项、市级62项，舟山城市非物质文化遗产数量为34项。

指标赋值：应保尽保。非物质文化遗产是能体现舟山地方特色和地域文化特点的重要载体，该体系要求对现状非物质文化遗产项目定期评估，并不断扩大保护规模。

2）万人拥有城市历史文化风貌保护区面积（ha）

指标释义：指经国家有关部门、省、市、县人民政府批准并公布的文物古迹比较集中，能较完整地反映某一历史时期的传统风貌和地方、民族特色，具有较高历史文化价值的街区、镇、村、建筑群等。

指标参考：《上海市城市总体规划（2017—2035年）》明确将上海建设成为更具人文底蕴和时尚魅力的国际文化大都市。成为城市治理完善、共建共治共享的幸福、健康、人文城市，确定2015年历史文化风貌保护区面积为41km²，至2035年定期评估、应保尽保，不断扩大保护规模。

指标现状：根据浙江省人民政府公布的数据显示，目前舟山城市历史文化风貌保护区面积约为2600ha，每万人拥有量为22.3ha，其中，中心城区面积约为730ha，每万人拥有量为8.25ha。

指标赋值：定期评估、应保尽保，不断扩大保护规模。

3）市区特色海岛渔农村打造数量（个）

指标释义：以自然、人文、休闲旅游为特色的精品海岛渔农村。

指标参考：舟山创新性特色指标，无参考指标。

指标现状：根据2018年浙江省人民政府公布的相关数据显示，中心城区约有16个。

指标赋值：2020年达到20个及以上，2025年达到30个及以上，2035年达到40个及以上。

（2）高人文交往度

1）国际友好城市数量（个）

指标释义：国际友好城市又称为姐妹城市（Twin Cities），兴起于第二次世界大战后的欧洲，指舟山拥有的与另一国相对应的城市（或省州、郡县），以维护世界和平、增进相互友谊、促进共同发展为目的，在签署正式友城协议后，双方城市积极开展在政治、经济、科技、教育、文化、卫生、体育、环境保护和青少年交流等各个领域的交流合作的正式、综合、长期友好关系或制度安排的城市。

指标参考：该指标参考主要来源于中国国际友好城市联合会官方网站，并结合各城市相关网站发布的最新资料获取2018年年底数据。①上海89个；②广州73个；③武汉109个；④珠海15个（《珠海建设国际宜居城市指标体系》标杆值为27个）；⑤厦门19个；⑥青岛25个。

指标现状：舟山拥有12个国际友好城市，包括里士满市（美国）、气仙沼市（日本）、江华郡（韩国）、谷城郡（韩国）、泗川市（韩国）、伊慕斯市（菲律宾）、提诺斯市（希腊）、莱夫卡达市（希腊）、拉斯佩齐亚省（意大利）、塞格萨德市（匈牙利）、杰拉尔顿市（澳大利亚）、维多利亚市（加拿大）。

指标赋值：2020年达到15个及以上，2025年达到20个及以上，2035年达到30个及以上。

2）年境外游客接待量（万人次）

指标释义：指当年度舟山接待的境外游客总数，是反映舟山旅游业发展的重要指标。

指标参考：该指标参考主要来源于各城市统计公报。①青岛144.4万人次；②珠海62.93万人次（《珠海建设国际宜居城市指标体系》2020年目标值为518万人次，远期标杆值为700万人次）。

指标现状：舟山统计公报显示舟山2017年接待国际游客34.4万人次。

指标赋值：2020年达到50万人次，2025年达到70万人次，2035年达到100万人次。

3）年国际、国家级体育赛事、节庆活动、会议会展数量（次）

指标释义：指每年包括国际、国家级的大型体育赛事、节庆活动和会议会展次数。

指标参考：该指标参考主要来源于各城市统计公报。①厦门9场；②珠海17场（《珠海建设国际宜居城市指标体系》2020年目标值≥21次，标杆值为40次）；③杭州国际会议433场，大型体育赛事5个。

指标现状：依据舟山政府官方网站数据，舟山2017年国际、国家级体育赛事、节庆活动、会议会展数量为9次（国际级6次，国家级3次）。

指标赋值：2020年达到12次，2025年达到18次，2035年达到30次及以上。

4）市民注册志愿者占常住人口比例（%）

指标释义：志愿者是指"在自身条件许可的情况下，参加相关团体，在不谋求任何物质、金钱及相关利益回报的前提下，在非本职职责范围内，合理运用社会现有的资源，服务于社会公益事业，为帮助有一定需要的人士，开展力所能及的、切合实际的，具有一定专业性、技能性、长期性服务活动的人"。

指标参考：珠海2018年达到23.45%，《珠海建设国际宜居城市指标体系》确定标杆值为25%；北京2018年达到19.7%，《北京城市总体规划（2016年—2035年）》确定2035年标杆值为21%。

指标现状：浙江新闻网数据显示，截至2018年9月舟山约有23万名志愿者，按2018年舟山常住人口约为117.3万人计算，志愿者约占全市常住人口的19.60%。

指标赋值：2020年达到20%及以上，2025年达到25%及以上，2035年达到35%及以上。

（3）高设施友好度

根据高设施友好度，我们从弱势群体、国际友人、文化教育、本地社区四个角度选取了公共场所无障碍设施普及率、公交双语率、每10万人拥有公共文化设施数量、和善社区创建率四个指标进行支撑体现。

1）公共场所无障碍设施普及率（％）

指标释义：公共场所无障碍设施是指在政府、商城、图书馆、博物馆等公共场所，为保障残疾人、老年人、孕妇、儿童等社会成员通行安全和使用便利，在建设工程中配套建设的服务设施。包括无障碍通道（路）、电（楼）梯、平台、房间、洗手间（厕所）、席位、盲文标识和音响提示以及通信，在生活中更是有无障碍扶手、沐浴凳等设施。公共场所无障碍设施普及率计算方法为：配备完整无障碍设施的公共场所数量/公共场所数量。

指标参考：①《浙江舟山群岛新区（城市）总体规划（2012—2030年）》明确至2030年城市无障碍设施普及率达到100％；②2017年我国百城公共场所无障碍设施普及率仅40.6％。

指标现状：估算中心城区公共场所无障碍设施普及率在60％左右。

指标赋值：2020年达到70％，2025年达到80％，2035年达到100％。

2）公交双语率（％）

指标释义：指使用中文和英文双语语音报站的公交占舟山市公交总量的比例。其中，公交双语是指公交车内主要使用中文和英文两种语言进行文字标识和语音报站，用于方便和服务境外游客。

指标参考：上海长宁100％。

指标现状：目前仅有BRT快速公交设有公交中英文双语报站，普及率较低，未达到100％。

指标赋值：近中远期达到并保持100％。

3）每10万人拥有公共文化设施数量（个）

指标释义：公共文化设施是指一般由政府部门出资修建的公益性设施，为广大市民提供一个学习、交流的空间，让更多的文化学习爱好者参与进来。用于展示文化建设成果、开展群众文化活动，其建设直接关系到人民群众基本文化权益的实现和文化发展成果的共享程度。其中，本次确定的公共文化设施包括文化艺术场、博物馆、图书馆、剧院、美术馆、画廊等社区级以上文化设施。

指标参考：国际参考方面主要来源于网上查询，国内参考方面主要来源于各城市2017年统计公报。①新加坡2.1个；②夏威夷3.1个；③哥本哈根5个；④墨尔本1.4个；⑤上海0.92个；⑥珠海0.79个（《珠海建设国际宜居城市指标体系》确定2020年目标值≥0.7个，标杆值为1个）；⑦厦门0.67个。

指标现状：据统计2017年末每10万人拥有公共文化设施（社区级以上）为1.1个。

指标赋值：2020年达到1.2个及以上，2025年达到1.5个及以上，2035年达到2.2个及以上。

4）和善社区创建率（％）

指标释义：和善社区指达到《全国和谐社区建设示范社区评分表》95分以上的城市社区。该指标的创建工作由民政部门负责。计算方法：和善社区创建率＝和善社区数量/城市社区总数。

指标参考：特色指标，尚未达到50％的占比。

指标现状：据2014—2015年度舟山市和谐文明新社区公示，舟山申报14个新评社区，保留58个复评社区。

指标赋值：2020年达到50%及以上，2025年达到70%及以上，2035年达到90%及以上。

5．科技维度指标解析

（1）海洋科创中心城市

1）全社会研究与试验发展经费支出占GDP比重（%）

指标释义：指用于研究与试验发展（R&D）活动的经费占地区生产总值（GDP）的比重。研究与试验发展（R&D）活动指在科学技术领域，为增加知识总量以及运用这些知识去创造新的应用而进行的系统的创造性的活动，包括基础研究、应用研究、试验发展三类活动。

指标参考：该指标主要参考2016年各城市统计公报。①上海3.8%（2035年规划标杆值为5.5%）；②深圳4.1%（2030年标杆值为4.8%）；③厦门3.1%；④青岛2.84%；⑤珠海2.9%；⑥《河北雄安新区规划纲要》提出雄安新区2035年达到6%。

指标现状：根据舟山统计公报数据显示2016年为1.54%。

指标赋值：2020年达到2%及以上，2025年达到3%及以上，2035年达到5%及以上。

2）海洋科技基金规模（亿元）

指标释义：由舟山市级以上国资投资公司发起成立的省级海洋科技发展基金，用于支持舟山海洋科技创新产业的发展，开创"科研＋产业＋资本"的海洋经济发展模式，撬动海洋经济新格局。

指标参考：①青岛100亿元；②深圳500亿元；③浙江海洋港口发展产业基金一期100亿元。

指标现状：据浙江省财政厅资料显示，2016年舟山海洋科技基金累计投资金额5960万元。

指标赋值：2020年达到50亿元及以上，2025年达到100亿元及以上，2035年达到200亿元及以上。

3）国省级海洋科技实验室数量（家）

指标释义：指引进或建立国家级、省级的海洋科技实验室数量。反映舟山海洋科技发展的动力和水平。

指标参考：①截至2016年年底，青岛国家级创业孵化载体达到96家，总量居副省级城市首位；②根据《"创新舟山"建设三年（2017—2020年）行动计划》，至2020年，舟山的省级及以上重点实验室（工程技术研究中心）达到10家。

指标现状：根据浙江省科学技术厅发布的数据显示，截至2018年舟山仅拥有3家。

指标赋值：2020年≥10家，2025年≥20家，2035年达到50家及以上。

4）人均双创空间建筑面积（m²）

指标释义：城市双创空间的建筑面积总和与总人口的比值。双创空间指科技企业孵化器、众创空间、创业孵化基地、大学生创业园等。

指标参考：①截至2016年年底，青岛孵化器累计竣工面积1274万m²，投入使用面积882万m²，其中，青岛众创空间总面积为36.5万m²，青岛人均双创空间建筑面积为1.37m²；②根据《"创新舟山"建设三年（2017—2020年）行动计划》，到2020年，全市建成5个具有一定规模的科创园区、15个市级以上众创空间，创新创业承载面积超过50万m²，人均双创空间建筑面积为0.43m²。

指标现状：截至2017年，舟山全市提供创业场地近11万m²，人均双创空间建筑面积为0.09m²。

指标赋值：2020年达到0.43m²及以上，2025年达到1m²及以上，2035年达到2m²及以上。

5）海洋科技成果应用率（%）

指标释义：指已被应用的海洋科技成果数占通过验收（鉴定）的海洋科技成果数的百分比。凡符合下述条件之一者，其科技成果可视为已被应用的科技成果：①被决策者所采用；②被他人研究成果中所引用；③直接用于生产或生活，并取得好的效益。

指标参考：《国家海洋创新指数报告2016》通过专家评审，2015年全国海洋科技成果应用率为50.4%。

指标现状：2016年舟山发布技术成果和技术需求302项，达成竞拍科技成果17项，占比约5.6%。

指标赋值：2020年达到10%，2025年达到20%，2035年达到50%及以上。

6）海洋科技专利占全国比例（%）

指标释义：指一定时期内，舟山海洋科技类专利申请量占全国海洋科技类专利申请量的比例。

指标参考：①根据国家知识产权试点城市对舟山的要求，到试点期末（2020年）其绿色海洋类专利申请占总量的50%以上，测算2020年占全国海洋科技类专利的比例为17%；②青岛在2016年有689件海洋类专利申请量，占全国比重约13.25%。

指标现状：舟山市2017年申请专利3649件，授权专利1920件；其中，申请发明专利1778件，授权发明专利501件，由于暂无海洋类专利数据，暂时无法测算。

指标赋值：2020年达到17%及以上，2025年达到20%及以上，2035年达到30%及以上。

（2）海洋创新人才基地

1）每万人海洋科技类高端人才拥有量（人）

指标释义：指一定时期内，每万人中舟山引进的海洋科技类高端人才数量及本地院校、研究机构培养的海洋科技类高端人才的总数量。

指标参考：青岛作为海洋科技城，聚集了全国30%以上的海洋教学、科研机构，拥有全国50%的涉海科研人员、70%的涉海高级专家和院士，其中，包含19位院士、5000多名各类海洋专业技术人才，每万人海洋科技类高端人才拥有量为5人。

指标现状：2016年每万人拥有海洋科技类高端人才为1.7人。

指标赋值：2020年达到2人及以上，2025年达到4人及以上，2035年达到10人及以上。

2）每万名劳动人口中研发人员数（人）

指标释义：从事研发的人员占舟山总就业人口的比重，研发人员主要指在科研院校、研究机构、企业研发部门的人员，是衡量城市人才素质水平的主要指标。

指标参考：芬兰71人、日本53人、美国40人、中国5.7人。

指标现状：2017年舟山统计年鉴显示每万名劳动人口中研发人员数为4.68人。

指标赋值：2020年达到5人及以上，2025年达到10人及以上，2035年达到20人及以上。

（3）智慧管理示范城市

1）5G网络覆盖率（%）

指标背景：基于发展5G技术的全球战略共识及我国5G技术领跑者地位的背景，实现5G基站建设与网络全覆盖是舟山未来发展强有力的技术支撑与前沿方向。

指标释义：5G网络支持超高速率、超低时延、超大链接的应用场景，网络速率稳定维持在2Gbps以上，相当于4G网络的100倍，其中5G网络服务的公用移动通信基站由5G基站专门提供。

指标参考：2017年6月24日，中国首个5G基站在广州大学城正式开通。专家预测，2019年将是中国运营商5G发力的开端，2020年全面商用，到2021年中国三大运营商的5G网络可能覆盖全国，到2022年中国5G用户有望达到5.883亿人，渗透比例高达40%。

指标现状：2018年12月11日，中国电信在舟山人民路电信大楼成功开通了舟山市首个5G基站，暂无5G网络覆盖。

指标赋值：近期达到80%，中远期达到100%。

2）是否建成海洋城市智慧大脑

指标释义：指运用信息和通信技术手段感测、分析、整合海洋城市运行的各关键信息，从海洋环境、海洋城市、海洋运输等方面进行智慧应用。例如，海洋环境方面实现海洋气候、海水污染的智慧化监测与预测，海洋城市建设方面实现智慧交通、智慧出行、智慧居住等，海洋运输方面能实现智慧化管理。

指标参考：①上海市2018年11月推出"智联普陀城市大脑"；②杭州市2016年10月推出"城市大脑"智慧城市建设计划；③苏州市打造智慧信息管理中心，形成城市"智慧大脑"；④《舟山市智慧海洋建设实施方案（2018—2020年）》显示，舟山是国家智慧海洋总体建设方案中唯一有明确地域指向的示范区，到2020年基本建成国家智慧海洋示范区。

指标现状：舟山当前并未建成海洋城市智慧大脑。

指标赋值：近中远期逐步建成海洋城市智慧大脑。

3）智慧景区占比（%）

指标释义：指智慧景区占舟山全部景区的比例。反映旅游的智慧化管理水平。其中，智慧景区指应用信息网络及相关信息技术，构建管理、服务、营销、保护的智慧信息系统，提升景区智能化经营管理服务水平，满足游客不断提升的便利需求和智能体验的旅游景区。

指标参考：福建省于2017年年底发布了地方标准《智慧景区等级划分与评定》DB 35/T 1716—2017。

指标现状：参考福建省智慧景区评定标准，目前舟山全市智慧景区占比较低，暂无具体数据。

指标赋值：2020年达到100%。

5.3　指标体系构建方案二

5.3.1　指标体系框架的参照标准

（1）联合国可持续发展城市

世界领导人于2015年9月召开的联合国峰会上正式批准2030年全球可持续发展议程，联合国成员国将迎来一个历史性的机遇，共同通过一整套旨在消除贫困、保护地球、确保所有人共享繁荣的全球性目标。2030年全球可持续发展议程涵盖17个可持续发展目标以及169个子目标，其内容可以归结为五大类，即人、地球、繁荣、和平和合作伙伴，是一张旨在结束全球贫困、为所有人构建尊严生活且不让一个人被落下的路线图。

（2）城市综合竞争能力

区域综合竞争力主要是指一个地区在竞争发展过程中与其他地区相比较所具有的吸引、竞争、争夺、拥有、控制和转化资源，争夺、占领和控制市场以创造价值，为人民提供福利的能力。区域综合竞争力的分析是基于比较经济学的方法论。国家、区域和城市的综合竞争力有不同的指标体系，我国学者、瑞士国际管理发展学院、世界经济论坛都提出了城市综合竞争能力指标框架。其涵盖范围可总结为以下几个方面：经济实力、基础设施、科技实力、生活质量、对外经济能力等几大方面。

（3）五大发展理念

本研究贯彻创新、协调、绿色、开放、共享的发展理念，结合舟山实际，遴选若干指标，涵盖城市发展和人民生活两个大的维度。坚持创新发展，提高发展质量；坚持协调发展，形成平衡格局；坚持绿色发展，改善生态环境；坚持开放发展，实现合作共赢；坚持共享发展，增进人民福祉。舟山花园城市指标体系框架参照以上五大发展理念，争取在这五个方面达到国际先进水平。

5.3.2 指标体系的框架结构及指标遴选

为加快落实2017年5月出台的《关于建设海上花园城市的指导意见》（舟委发〔2017〕10号），本方案根据指导意见中三个总目标（美丽花园、美满家园、美好乐园）、五个建设目标（绿色城市、共享城市、开放城市、和善城市、智慧城市），依据人民日益增长的美好生活需要和不平衡不充分的发展之间的社会发展矛盾，从城市发展、人民生活两个维度出发，构建此指标体系框架。其框架结构如图5-2所示。

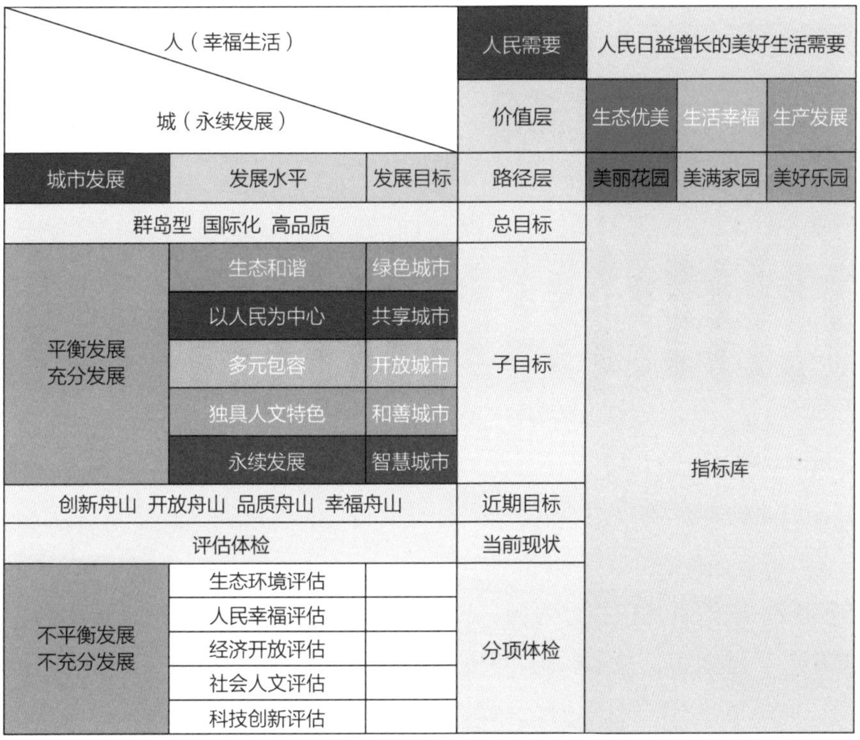

图5-2 舟山海上花园城指标体系框架结构图

根据指标选取原则，针对舟山的实际情况，依据指标体系框架结构，按照五大发展理念把指标体系分为目标层、价值层、指标层三大层次。初步从城市发展维度将指标体系分为5个目标、15个价值层、69个指标；从人民生活维度将指标体系分为3个目标层，每个目标层分别从指标库69个指标中选择相应的指标，构建不同指标评价模型。指标创新模型如图5-3、图5-4所示。

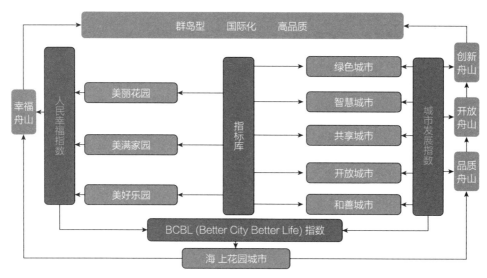

图5-3　舟山海上花园城指标创新模型图

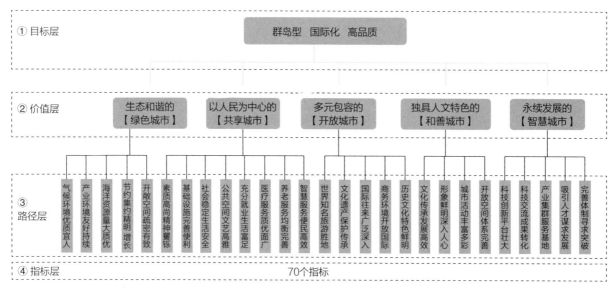

图5-4　舟山海上花园城指标体系框架图

舟山海上花园城指标体系目标层分为横、纵两个维度，即城市发展、人民生活。城市发展的目标分别是绿色城市、智慧城市、共享城市、开放城市、和善城市（图5-5）。这5个目标并不是传统的三个空间指向，而是包含着经济的、社会的、人文的属性。三生的统筹关系是相互依存的，也是此消彼长的关系。适当地集中和压缩生产空间，向土地要效益。模式是集中土地、适当的开发强度，产业上用高精尖转换原有的产业体系，实际上就是动能转换，腾笼换鸟，实现减量不减速。从人民生活发展目标分为美丽花园、美满家园、美好乐园3个目标层。优化生活，提高城市的活力、提高全体市民的幸福感。城市系统不论在空间上还是时间上，经济效益、社会效益之间都是相互关联的；扩大生态空间、提高生态效益、优化产业结构是构建舟山花园城市的战略支撑；只有实现三者之间相互转化和平衡，才是战略实施之要意。

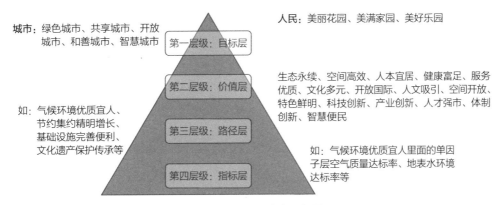

图5-5 指标体系框架层级图

价值层就是价值取向，未来一段时间内舟山的城市发展主要有15个价值取向。在城市发展方面主要表现为文化多元、服务优质、开放国际、人文吸引、特点鲜明、人才强市、科技创新、智慧便民8个价值层；在社会及空间上表现为健康富足、空间开放、体制创新3个价值层；在生态空间及环境保护方面主要表现为生态永续、人本宜居2个价值层。

路径层和指标层是控制层，达到上述目标和价值所需要采取或者控制的一些关联度较高的指标及由这些指标体现出来的战略路径。

5.3.3 典型与创新指标阐释

（1）公众对城市环境保护满意率：中远期≥90分

指标释义：指公众对舟山城市环境的满意程度调查，其中调研对象包含建成区的外来游客及本地居民，且被抽查的公众不少于城市人口的千分之一。对舟山城市环境保护满意（含基本满意）的人数占总调查人数的比例。另一种方式，该指标可以根据每年由浙江省环保厅委托省统计局民生民意调查中心进行的生态环境质量公众满意度调查中的得分，调查包含认知度、生态环境、人居环境、环境污染整治成效、环保满意度、信心度等内容，我们根据相应的分数，转换成相应的满意率。

指标参考：本考核指标参照《珠海建设国际宜居城市指标体系》的2020年90%。

指标获取：该指标数据可从省环保厅办公室每年度发布的《全省89个县、市、区生态环境质量公众满意度得分及排名情况》、《11个设区市生态环境质量公众满意度得分及排名情况》中获取。

指标现状：据浙江省环保厅公布的2016年度浙江省生态环境质量公众满意度调查结果显示，舟山市满意度得分为77.75分，高于全省76.73分的平均得分。

指标赋值：中远期≥90分。

（2）蓝绿水环境达标率（%）：中远期≥95%

指标释义：从水循环角度分析，全球总降水的65%通过植物根部的土壤储存的雨水，称为绿水；仅有35%的降水储存于河流、湖泊以及含水层中，称为蓝水。目前尚未对绿水的达标做深入研究，本指标体系绿水达标率指植物根部土壤水分达到《地表水环境质量标准》GB 3838—2002 I类标准的水量占取水总量的百分比；蓝水达标率指地表水水质达到《地表水环境质量标准》GB 3838—2002Ⅲ类和地下水水质达到《地下水质量标准》GB/T 14848—2017Ⅲ类的水量占取水总量的百分比；蓝绿水环境达标率＝0.5×蓝水环境达标率＋0.5×绿水环境达标率。

指标获取：绿水指标可以委托相关研究机构或高校进行定期监测；蓝水指标可以从浙江省生态环境厅网站（http://wms.zjemc.org.cn/wms/wmsflex/index.html?menuType＝2）中获取。

指标现状：舟山"十一五"集中式饮用水源水质达标率为100%；地表水环境功能区水质达标率平均保持在85%以上。

指标赋值：中远期≥95%。

（3）土地人口承载力指数（%）：中远期约80%

指标释义：土地人口承载力指数是指一定时期内，一个城市的常住人口与该地区土地资源人口承载力的百分比。土地人口承载力指数是考察一个城市是否超标、是否超负荷运转的重要指标。

指标参考：参照张红等人《基于修正系统动力学模型的海岛城市土地综合承载力及其趋势评价——以舟山市为例》一文中相关数据计算出2012年舟山土地人口承载力指数为84%。

指标现状：2012年舟山土地人口承载力指数为84%。

指标赋值：中远期维持在80%；具体多少为最佳，有待进一步测试。

（4）人均受教育年限（年）：中远期＞13.5年

指标释义：人均受教育年限指一定时期、一定区域某一人口群体接受学历教育（包括成人学历教育，不包括各种学历培训）的年数总和的平均数。按照现行学制为受教育年数计算人均受教育年限，即大专以上文化程度按16年计算，高中12年，初中9年，小学6年，文盲为0年。如按此系数计算6岁及6岁以上人口平均受教育年限，计算公式为：

人均受教育年限＝（不识字及少量字人数×0＋小学人数×6＋初中人数×9＋高中人数×12＋大专及大专以上人数×16)/抽样人口总数。

上述各类受教育人数也是抽样调查的结果，每年抽取比例都不同，不影响相对指标。

指标参考：①参照《北京市建设国际一流的和谐宜居之都评价指标体系》该项指标为13.5年；②《河北雄安新区规划纲要》该项指标为13.5年。

指标现状：暂无统计数据。

指标赋值：中远期＞13.5年。

（5）生态用地破碎度：中远期＜1.25

指标释义：生态用地破碎度表征生态景观被分割的破碎程度，反映景观空间结构的复杂性，在一定程度上反映了人类对景观的干扰程度。它是由于自然或人为干扰所导致的景观由单一、均质和连续的整体趋向于复杂、异质和不连续的斑块镶嵌体的过程，景观破碎化是生物多样性丧失的重要原因之一，它与自然资源保护密切相关。计算公式如下：

$$C_i = N_i / A_i$$

式中C_i为景观i的破碎度，N_i为景观i的斑块数，A_i为景观i的总面积。

指标参考：潘艺《海岛城市化时空格局演变及其陆岛联动的响应研究》一文中2013年舟山市生态用地平均破碎度为1.31，本目标设定为1.25。

指标获取：该指标数据可以从高分辨率遥感影像进行解译，利用景观分析软件获取相关指标。

指标现状：2013年舟山市生态用地平均破碎度为1.31。

指标赋值：中远期＜1.25。

（6）15min社区生活圈丰富度（%）：中远期≥95%

指标释义：标准15min社区生活圈配套设施指社区周边步行15min范围内包含的小学、幼儿园、社区卫生服务站、基层文化体育设施、商场和菜市场。15min社区生活圈丰富度指待估社区周边步行15min范围内包含的配套设施数量占标准15min社区生活圈配套设施数量的百分比。

指标参考：①武汉市打造15min社区生活圈，社区周边步行15min范围内有小学、幼儿园、社区卫生服务站、基层文化体育设施和菜市场；②《河北雄安新区规划纲要》明确至2035年雄安新区15min社区生活圈覆盖率达到100%；③《北京城市总体规划（2016年—2035年）》要求北京2015年15min社区生活圈覆盖率为80%，至2035年指标达到100%。

指标现状：暂无指标数据

指标赋值：中远期≥95%。

（7）恩格尔系数（%）：中远期＜28%

指标释义：恩格尔定律是根据经验数据提出的，它是在假定其他一切变量都是常数的前提下才适用的，因此在考察食物支出在收入中所占比例的变动问题时，还应当考虑城市化程度、食品加工、饮食业和食物本身结构变化等因素都会影响家庭的食物支出增加。只有达到相当高的平均食物消费水平时，收入的进一步增加才不会对食物支出发生重要的影响。恩格尔系数指食物支出总额占个人消费支出总额的比重。其计算公式为：

恩格尔系数＝食物支出金额/总支出金额×100%

个人消费支出包括个人购买商品和劳务两方面的支出，是衡量居民消费支出的重要指标。个人消费开支是衡量消费货品及服务价格变动的一个指标，包含实际及估算家庭开支，也包括耐用品、非耐用品及服务数据。

指标参考：参照《中国低碳生态城市指标体系》，该项指标2020年为≤30%。

指标现状：2017年舟山城镇居民恩格尔系数为30.8%，比上年下降0.3个百分点；渔农村居民恩格尔系数为33.5%，比上年下降0.5个百分点。

指标赋值：中远期＜28%。

（8）游客满意度（%）：中远期≥85%

指标释义：指本地居民或者外地游客在舟山消费、生活或服务时，自身所获得的满足程度，进而对舟山政府、企业或其产品与服务的一个总体评价。

指标参考：《珠海建设国际宜居城市指标体系》中该项指标的标杆值为85%。

指标现状：暂无统计数据。

指标赋值：中远期≥85%。

（9）人均应急避难场所面积（m^2）：中远期＞2.5m^2

指标释义：应急避难场所是指为应对突发事件，经规划、建设，具有应急避难生活服务设施，可供居民紧急疏散、临时生活的安全场所。人均应急避难场所面积指应急避难场所总面积除以总人口。

指标参考：①雄安新区规划该项指标在2～3m^2之间；②2011年昆明市人均应急避难场所面积为2.63m^2。

指标现状：暂无统计数据。

指标赋值：中远期＞2.5m^2。

表5-2为舟山海上花园城指标体系控制总表。

舟山海上花园城指标体系控制总表   表5-2

人／城		人民幸福	人民日益增长的美好生活需要	价值追求			指标层	单位	城市发展指数
				美丽花园	美满家园	美好乐园			
	目标层	价值层	路径层						
城市发展 平衡发展 充分发展	群岛型 国际化 高品质	生态和谐的绿色城市	气候环境优质宜人	√			公众对城市环境保护满意率	%	绿色城市指数
				√			森林覆盖率	%	
				√			全年空气质量优良天数比率	%	
							蓝绿水环境达标率	%	
				√			自然岸线占的比例	%	
							生态用地破碎度	—	
			产业环境友好持续		√		噪声达标率	%	
				√			单位GDP大气污染物排放量（$SO_2 \leq$ t/万元，$CO_2 \leq$ kg/万元）	kg	
				√			工业固体废弃物综合利用率	%	
			海洋资源量大质优	√			海域水质优良比例	%	
							渔业资源保护水平（高、中、低）	—	
							深水岸线的资源情况（高、中、低）	—	
				√		√	滨海旅游资源量大小（高、中、低）	—	
			节约集约精明增长				建设用地集约程度	—	
							岛际联系便捷度	%	
					√		清洁能源汽车比例	%	
							土地人口承载力指数	%	
			开敞空间疏密有致	√			人均绿地面积	m²	
					√		道路容积率指数		
		以人民为中心的共享城市	素质高尚精神矍铄		√		人均受教育年限	年	共享城市指数
					√		人类发展指数（HDI）	—	
			基础设施完善便利		√		无障碍设施覆盖率（新建、扩建、改建居住小区、居住建筑、公共建筑）	%	
					√		15min社区生活圈丰富度	%	
					√		市政管网普及率	%	
			社会稳定生活安全		√		城市"天眼"设施覆盖密度	个/km²	
			公共空间文艺高雅			√	刑事案件破案率	%	
				√			空间艺术性（优、中、差）	—	
			充分就业生活富足		√		城镇登记失业率	%	
					√		恩格尔系数	%	

续表

人\城	人民幸福	人民日益增长的美好生活需要	价值追求 美丽花园	美满家园	美好乐园	指标层	单位	城市发展指数
城市发展　平衡发展　充分发展	群岛型　国际化　高品质	以人民为中心的共享城市		√		每千人口执业（助理）医师数	人	共享城市指数
				√		每万人口全科医生数	人	
						每百名老年人拥有养老床位数	张	
					√	居家和社区养老服务覆盖率	%	
				√		公共场所免费无线网覆盖率	%	
				√		社会事务服务事项网上办理率	%	
		多元包容的开放城市				游客满意度	%	开放城市指数
						城市百度搜索指数日均值	次	
						年接待外国游客人数	万人	
				√		历史建筑保护率	%	
					√	知名特色海岛渔农村数量	个	
						国际友好城市数量	个	
						1h经济圈内城市数量	个	
					√	常住外籍人员来源国家（地区）数	个	
					√	世界500强企业落户数	家	
			√			外商直接投资占GDP比重	%	
		独具人文特色的和善城市			√	非物质文化遗产数量	项	和善城市指数
					√	每10万人博物馆数量	个	
				√		人均公共文化服务设施建筑面积	m²	
				√		人均商业设施面积	m²	
					√	地标性建筑数量	个	
						城市特色企业品牌数量	个	
						对周边城市辐射指数	个	
				√		城市独特美食数量	个	
				√		国际性体育赛事、节庆活动、会议会展举办场次	次	
					√	城市文化标识数量	个	
				√		400m²以上绿地、广场等公共空间5min步行可达覆盖率	%	
				√		每10万人拥有公共文化设施数量	个	
				√		城市公共共享开放空间的日均访问人数	万人	
			√	√		人均应急避难场所面积	m²	
		永续发展的智慧城市				科技进步贡献率	%	智慧城市指数
						基础设施智慧化水平	%	
						省级以上重点实验室	个	

续表

人\城		人民幸福	人民日益增长的美好生活需要	价值追求			指标层	单位	城市发展指数
				美丽花园	美满家园	美好乐园			
城市发展 平衡发展 充分发展	群岛型 国际化 高品质	永续发展的智慧城市	科技交流成果转化		√		智慧社区	%	智慧城市指数
							海洋科技发明专利成果转化率	%	
			产业集群服务基地				海洋科技专利占全国比例	%	
							新兴产业增加值占GDP比重	%	
							人均双创空间建筑面积	m^2	
			吸引人才谋求发展				全社会研究与试验发展经费支出占GDP比重	%	
							各类人才对人才引进政策的满意度	%	
			完善体制寻求突破				每万名劳动人口中研发人员数	人	

第6章
海上花园城建设的评价体系

6.1 指标体系相关评价方法概述

目前国内外常用的指标体系评价方法主要有以下四大类型。

第一类是专家评价类方法，主要有美国兰德公司创立的Delphi法（德尔菲法/专家调查法）、专家排序法、综合评分法等，适用于简单的定性方法，不受统计数据限制的评价。

第二类是数学类方法，主要有T. L. Saaty提出的AHP法即层次分析法、A. Charnes和W. W. Coope提出的DEA法即数据包络分析法、Hwang和Yoon提出的TOPSIS法即多目标决策分析法、二项系数法、模糊评价法、灰色综合评价法、综合指数法等，适用于多对象、多指标，定性与定量相结合的指标体系的评价与分析。

第三类是数理统计类方法，主要有Karl和Pearson提出的PCA法即主成分分析法、因子分析法、秩和比法、差最大化法、简单关联函数法等，适用于容易获取准确数据或有现成统计资料的指标排序与综合分析评价。

第四类是智能类方法，主要有人工神经网络评价方法，通过BP算法寻找客观规律，适用于较为复杂的系统评价。

其中，在城市建设指标体系的评价方面，国内外应用成熟且较为主流的方法是层次分析法、德尔菲法、熵值法等。如《宜居城市科学评价标准》以居民满意度调查为主结合层次分析法进行验证比对，《国家新型智慧城市评价指标》、国民幸福指数测算方法均采用层次分析法确定指标权重与赋值。

6.2 海上花园城指标评价模型的建立

6.2.1 评价方法的确定

舟山海上花园城指标体系具有递进层次多、指标数量丰富、逻辑结构清晰的特点，基于AHP法操作简便、层次与逻辑性强的优点以及在城市建设指标体系评价中的成熟应用，本次指标体系评价采用以层次分析法（AHP）为主，德尔菲法为辅的定性与定量、主观与客观结合的方法。AHP是目前应用较为成熟且常用的权重确定方法，它由美国运筹学家T.L.Saaty在20世纪70年代中期正式提出，把复杂目标进行多层次分解形成递阶式结构，并运用数学方法计算权重及排序，同时结合德尔菲法专家打分来加权处理数据，保证数据的权威性与客观性。

6.2.2 基于AHP法的评价指标权重计算

第一步，构建指标体系的层次结构模型。参照AHP法构建的目标层、准则层与指标层，本次指标体系构建确定了A、B、C、D四个层次，分别代表目标层、维度层、领域层和指标层。

第二步，结合德尔菲法专家打分构造判断矩阵。这一步需要构建判断矩阵，我们邀请了学者研究专家、规划实践专家、相关政府工作人员三类专家填写《舟山海上花园城创新性建设指标相对重要性专家打分表》，运用1~9比例标度法对两两指标的重要性进行对比赋值，构建指标重要程度对比的判断矩阵。本次总共构建了A–B、B–C、C–D三个层面总计22个判断矩阵。

第三步，进行单层次的权重排序及一致性检验。通过数学理论对获得的判断矩阵进行处理，得出同一层次各指标相对上层指标的权重值，接着运用$CR=CI/RI$数理公式进行判断矩阵的一致性检验，经测算22个判断矩阵均满足$CR<0.1$的要求，即两两指标重要程度比较数据没有冲突，满足一致性的要求，每一层次构建的判断矩阵是合理的。

第四步，进行综合层次的权重排序及一致性检验。检测完同一层次的指标权重及赋值的合理性后，还需要将所有指标放在一起进行一致性的比较，利用各层次权重乘积计算出每个指标针对总目标层的综合权重，并确定各个指标相对于目标层的权重一致性。经测算得到$CR_{总}<0.1$，满足一致性要求，因此经过AHP法构建的整个指标评分体系是合理的。

6.2.3 海上花园城评价模型的构建

根据6.2.2中利用AHP法获得的各维度层、领域层、指标层的单层次权重以及每个指标的综合权重，采用百分制给整个指标体系赋值为满分100分，得到每个指标的得分，并在评分标准中具体规定了达到近中远期目标所得的具体分值，见表6–1。

首先基于以人为本、生态优先的理念，其次需要开放包容的经济来提升城市实力，再通过和善的文化、智慧的科技打造城市特色，并结合指标数量作为指标体系赋值的依据，应用AHP法得到生态、社会、经济、人文、科技五大维度的权重为0.2303、0.2970、0.1667、0.1531和0.1529。以百分制进行赋值，16个领域的平均分值应为6.25分，其中高于平均值的领域包含优越的自然生态本底、先进的环保管理机制、步行＋公交都市、健康休闲城市、国际化开放门户、高人文交往度、海洋科创中心城市（表6–1）。

海上花园城评价指标赋值评分表　　　　　　　　　　　　　　　　　表6–1

目标	权重/赋值	领域	权重/赋值	具体指标	单层权重	综合权重	分数	评分标准（未达到近期标准的得分按60%算）
生态和谐的绿色城市	0.2303/23.03分	优越的自然生态本底	0.4720/10.87分	D1城市蓝绿空间占比（％）	0.0017	0.0190	1.90	<70%得1.14分，≥70%得满分
				D2全年空气质量优良天数占比（％）	0.0021	0.0232	2.32	90%~94.9%得1.40分，95%~97.9%得1.86分，≥98%得满分
				D3城市森林覆盖率（％）	0.0021	0.0232	2.32	<50%得1.40分，≥50%得满分

续表

目标	权重/赋值	领域	权重/赋值	具体指标	单层权重	综合权重	分数	评分标准（未达到近期标准的得分按60%算）
生态和谐的绿色城市	0.2303/23.03分	优越的自然生态本底	0.4720/10.87分	D4近岸海域水质优良比例（%）	0.0029	0.0311	3.11	<40%得1.86分，40%~49.9%得2.32分，50%~69.9%得2.78分，≥70%得满分
				D5海岛永久自然生态岸线占比（%）	0.1159	0.0122	1.22	<45%得0.73分，≥45%得满分
		绿色低碳的城市建成环境	0.2510/5.78分	D6建成区绿化覆盖率（%）	0.0043	0.0250	2.50	<45%得1.50分，45%~49.9%得2.00分，≥50%得满分
				D7城市林荫路推广率（%）	0.0025	0.0142	1.42	<70%得0.85分，70%~84.9%得1.04分，85%~94.9%得1.23分，≥95%得满分
				D8新建建筑中绿色建筑占比（%）	0.0013	0.0075	0.75	<80%得0.45分，80%~99.9%得0.53分，100%得满分
				D9建成区海绵城市达标覆盖率（%）	0.0019	0.0111	1.11	<25%得0.66分，25%~49.9%得0.81分，50%~79.9%得0.96分，≥80%得满分
		先进的环保管理机制	0.2770/6.38分	D10生态空间修复率（%）	0.0017	0.0107	1.07	<30%得0.64分，30%~49.9%得0.78分，50%~79.9%得0.92分，≥80%得满分
				D11生活垃圾回收利用率（%）	0.0027	0.0172	1.72	<35%得1.03分，35%~49.9%得1.26分，50%~69.9%得1.49分，≥70%得满分
				D12再生水利用率（%）	0.0022	0.0141	1.41	<20%得0.85分，20%~29.9%得1.03分，30%~49.9%得1.21分，≥50%得满分
				D13街道清洁度（%）	0.0016	0.0102	1.02	<100%得0.61分，100%得满分
				D14生态环境质量公众满意度（分）	0.0018	0.0116	1.16	<85分得0.70分，85~89分得0.93分，≥90分得满分
以人民为中心的共享城市	0.2970/29.70分	高安全感城市	0.1970/5.85分	D15城市"天眼"设施覆盖密度（个/km²）	0.2650	0.0155	1.55	<100个/km²得0.93分，≥100个/km²得满分
				D16人均应急避难场所面积（m²）	0.2188	0.0128	1.28	<2m²得0.77分，2~2.99m²得1.02分，≥3m²得满分
				D17食品安全检测抽检合格率100%的农贸市场占比（%）	0.2444	0.0143	1.43	<100%得0.72分，达到100%得满分
				D18危险化工类设施占比（%）	0.2718	0.0159	1.59	未新增得0.95分，逐年降低得满分
		美好品质生活城市	0.2040/6.06分	D19 15min社区生活圈覆盖率（%）	0.5941	0.0360	3.60	<75%得2.16分，75%~79.9%得2.64分，80%~89.9%得3.12分，达到100%得满分
				D20居民工作平均单向通勤时间（min）	0.2508	0.0152	1.52	>25min得0.91分，20.1~25min得1.21分，≤20min得满分

续表

目标	权重/赋值	领域	权重/赋值	具体指标	单层权重	综合权重	分数	评分标准（未达到近期标准的得分按60%算）
以人民为中心的共享城市	0.2970/29.70分	美好品质生活城市	0.2040/6.06分	D21城市保障房占本市住宅总量比例（%）	0.1551	0.0094	0.94	<28%得0.56分，28.1%~31.9%得0.68分，32%~39.9%得0.80分，≥40%得满分
		步行＋公交都市	0.2330/6.92分	D22非工业区支路网密度（km/km²）	0.2601	0.0180	1.80	<4km/km²得1.08分，4~4.9km/km²得1.32分，5~7.9km/km²得1.56分，≥8km/km²得满分
				D23城市专用人行道、自行车道密度指数（km/km²）	0.2688	0.0186	1.86	<2km/km²得1.12分，2~2.49km/km²得1.36分，2.5~3.99km/km²得1.60分，≥4km/km²得满分
				D24城市公共交通出行比例（%）	0.1980	0.0137	1.37	<30%得0.82分，30%~39.9%得1.00分，40%~59.9%得1.18分，≥60%得满分
				D25公交站点300m服务半径覆盖率（%）	0.1705	0.0118	1.18	<80%得0.71分，80%~99.9%得0.95分，达到100%得满分
				D26岛际联系便捷度（%）	0.1026	0.0071	0.71	<60%得0.42分，60%~69.9%得0.52分，70%~89.9%得0.62分，≥90%得满分
		健康休闲城市	0.3660/10.87分	D27万人拥有城市公园指数（个）	0.1527	0.0166	1.66	<0.6个得1.00分，0.6~0.7个得1.22分，0.8~0.9个得1.44分，≥1.0个得满分
				D28骨干绿道长度（km）	0.1132	0.0123	1.23	300km得0.74分，300~399km得1.07分，400~499km得1.40分，≥500km得满分
				D29 400m²以上绿地、广场等公共空间5min步行可达覆盖率（%）	0.1619	0.0176	1.76	<68%得1.06分，68%~74.9%得1.29分，75%~89.9%得1.52分，≥90%得满分
				D30步行15min通山达海的居住小区占比（%）	0.1628	0.0177	1.77	<75%得1.06分，75%~79.9%得1.29分，80%~89.9%得1.52分，≥90%得满分
				D31建成区活力品质街道密度（km/km²）	0.1408	0.0153	1.53	<1.5km/km²得0.92分，1.5~1.99km/km²得1.12分，2~2.99km/km²得1.32分，≥3km/km²得满分
				D32人均体育场地面积（m²）	0.1113	0.0121	1.21	<4m²得0.73分，4~4.99m²得0.89分，5~5.99m²得1.05分，≥6m²得满分
				D33国际知名商业品牌指数（家/万人）	0.0313	0.0034	0.34	<0.4家/万人得0.20分，0.4~0.49家/万人得0.25分，0.5~0.69家/万人得0.30分，≥0.7家/万人得满分
				D34人均拥有3A及以上景区面积（m²）	0.1260	0.0137	1.37	<42m²得0.82分，42~44.99m²得1.00分，45~49.99m²得1.18分，≥50m²得满分

续表

目标	权重/赋值	领域	权重/赋值	具体指标	单层权重	综合权重	分数	评分标准（未达到近期标准的得分按60%算）
多元包容的开放城市	0.1667/16.67分	包容性高质量增长	0.2448/4.08分	D35人均GDP（万美元）	0.2721	0.0111	1.11	＜2万美元得0.67分，2万~2.4万美元得0.82分，2.5万~3.4万美元得0.97分，≥3.5万美元得满分
				D36城乡常住居民人均可支配收入（万元）	0.2721	0.0111	1.11	＜6.5万元得0.67分，6.5万~7.9万元得0.82分，8万~9.9万元得0.97分，≥10万元得满分
				D37城乡收入比	0.2377	0.0097	0.97	≤1.5：1得满分，反之得0.58分
				D38基尼系数	0.2181	0.0089	0.89	0.3~0.4得满分，反之得0.53分
		国际化开放门户	0.3851/6.42分	D39与"一带一路"沿线国家的贸易额年均增长率（%）	0.2212	0.0142	1.42	＜12%得0.85分，12%~12.9%得1.04分，13%~14.9%得1.23分，≥15%得满分
				D40海洋大宗商品贸易额占全国比重（%）	0.3022	0.0194	1.94	＜10%得1.16分，10%~11.9%得1.42分，12%~19.9%得1.68分，≥20%得满分
				D41人均年实际利用外资规模（美元）	0.1885	0.0121	1.21	＜500美元得0.73分，500~999美元得0.89分，1000~1499美元得1.05分，≥1500美元得满分
				D42世界500强企业落户数（家）	0.0701	0.0045	0.45	＜15家得0.27分，15~29家得0.33分，30~49家得0.39分，≥50家得满分
				D43境外客运航线数量（条）	0.2181	0.014	1.40	＜20条得0.84分，20~29条得0.92分，30~49条得1.10分，≥50条得满分
		多元海洋经济体系	0.3701/6.17分	D44海洋经济增加值占GDP比重（%）	0.1977	0.0122	1.22	＜75%得0.61分，75%~79%得0.81分，80%~84%得1.01分，≥85%得满分
				D45海洋新兴产业增加值占GDP比重（%）	0.2334	0.0144	1.44	＜25%得0.86分，25%~39%得1.05分，40%~59%得1.24分，≥60%得满分
				D46海洋金融业增加值占GDP比重（%）	0.2123	0.0131	1.31	＜10%得0.66分，10%~14%得0.88分，15%~19%得1.10分，≥20%得满分
				D47海洋物流指数（万t）	0.1848	0.0114	1.14	＜7000万t得0.78分，7000~7999万t得0.9分，8000~9999万t得1.02分，≥10000万t得满分
				D48海洋旅游指数：年旅游收入、人均旅游消费水平（亿元、元）	0.1718	0.0106	1.06	＜1200亿元/2000元得0.64分，达到1200亿元/2000元得0.78分，达到2500亿元/3000元得0.92分，超过得满分

续表

目标	权重/赋值	领域	权重/赋值	具体指标	单层权重	综合权重	分数	评分标准（未达到近期标准的得分按60%算）
独具人文特色的和善城市	0.1531/15.31分	高历史传承度	0.2123/3.25分	D49城市非物质文化遗产数量（项）	0.2554	0.0083	0.83	原有非物质文化遗产不减少得0.50分，另外有增加项得满分
				D50万人拥有城市历史文化风貌保护区面积（ha）	0.2800	0.0091	0.91	原保护区面积不减少得0.55分，另外有增加得满分
				D51市区特色海岛渔农村打造数量（个）	0.4646	0.0151	1.51	＜16得0.91分，16~19得1.11分，30~39得1.31分，≥40得满分
		高人文交往度	0.4239/6.49分	D52国际友好城市数量（个）	0.3683	0.0239	2.39	＜15个得1.43分，15~19个得1.75分，20~29个得2.07分，≥30个得满分
				D53年境外游客接待量（万人次）	0.1418	0.0092	0.92	＜50万人次得0.55分，50~69万人次得0.67分，70~99万人次得0.79分，≥100万人次得满分
				D54年国际、国家级体育赛事、节庆活动、会议会展数量（次）	0.2157	0.0140	1.40	＜12次得0.84分，12~17次得1.02分，18~29次得1.20分，≥30次得满分
				D55市民注册志愿者占常住人口比例（%）	0.2743	0.0178	1.78	＜20%得1.07分，20%~24.9%得1.28分，25%~34.9%得1.52分，≥35%得满分
		高设施友好度	0.3638/5.57分	D56公共场所无障碍设施普及率（%）	0.2783	0.0155	1.55	＜70%得0.93分，70%~79.9%得1.13分，80%~99.9%得1.33分，达到100%得满分
				D57公交双语率（%）	0.1382	0.0077	0.77	达到100%得满分，反之得0.46分
				D58每10万人拥有公共文化设施数量（个）	0.4183	0.0233	2.33	＜1.1个得1.40分，1.1-1.49个得1.71分，1.5~2.19个得2.02分，≥2.2个得满分
				D59和善社区创建率（%）	0.1652	0.0092	0.92	＜50%得0.55分，50%~69%得0.67分，70%~89%得0.79分，≥90%得满分
永续发展的智慧城市	0.1529/15.29分	海洋科创中心城市	0.5926/9.06分	D60全社会研究与试验发展经费支出占GDP比重（%）	0.1413	0.0128	1.28	＜2%得0.77分，2%~2.9%得0.94分，3%~4.9%得1.11分，≥5%得满分
				D61海洋科技基金规模（亿元）	0.1865	0.0169	1.69	＜50亿元得1.01分，50~99亿元得1.24分，100~199亿元得1.47分，≥200亿元得满分
				D62国省级海洋科技实验室数量（家）	0.2318	0.0210	2.10	＜10家得1.26分，10~19家得1.54分，20~49家得1.82分，≥50家得满分
				D63人均双创空间建筑面积（m²）	0.1998	0.0181	1.81	＜0.43m²得1.09分，0.43~0.99m²得1.33分，1~1.99m²得1.57分，≥2m²得满分

续表

目标	权重/赋值	领域	权重/赋值	具体指标	单层权重	综合权重	分数	评分标准（未达到近期标准的得分按60%算）
永续发展的智慧城市	0.1529/15.29分	海洋科创中心城市	0.5926/9.06分	D64海洋科技成果应用率（%）	0.1336	0.0121	1.21	＜10%得0.73分，10%~19.9%得0.89分，20%~49.9%得1.05分，≥50%得满分
				D65海洋科技专利占全国比例（%）	0.1071	0.0097	0.97	＜17%得0.58分，17%~19%得0.71分，20%~29%得0.84分，≥30%得满分
		海洋创新人才基地	0.1916/2.93分	D66每万人海洋科技类高端人才拥有量（人）	0.6109	0.0179	1.79	＜2人得1.07分，2~3人得1.31分，4~9人得1.55分，≥10人得满分
				D67每万名劳动人口中研发人员数（人）	0.3891	0.0114	1.14	＜5人得0.57分，5~9人得0.76分，10~19人得0.95分，≥20人得满分
		智慧管理示范城市	0.2158/3.30分	D68 5G网络覆盖率（%）	0.2909	0.0096	0.96	达到100%得满分，反之不得分
				D69是否建成海洋城市智慧大脑	0.3030	0.0100	1.00	建成得满分，反之不得分
				D70智慧景区占比（%）	0.4061	0.0134	1.34	有智慧景区但100%得0.68分，达到100%得满分
总计	100	16个	—	—	—	1	100	—

6.3　海上花园城建设评价制度

海上花园城建设评价体系不仅要依靠现有政府职能部门的统计、评价、考核机制，而且应探索建立新的采集评价机制。应构建一套从指标测评数据的采集调查，到测评数据的综合分析评估，再到评价成果的发布交流等全过程的运作机制。

6.3.1　构建海上花园城评价的数据采集调查机制

指标测评数据的采集调查，是开展海上花园城评价工作的前提。海上花园城评价的数据采集调查，要根据评价指标的类型、内容不同，确定特定的调查对象，采用相应的调查方法，获取指标测评数据。

1. 明确调查对象，建立采集网络

（1）明确调查对象

调查对象以城市常住人口为主体，建立涵盖专家学者、党政界人士、普通市民、媒体记者、行业界人士、外来居民、外籍人士等不同领域、不同层次的调查对象网络，并吸收各地的专家学者、媒体记者、企业家代表、市民代表等参与。

（2）建立采集网络

充分利用现有各部门、各单位社会调查网络，重点建设若干个特殊领域、特殊群体的专题调查网络，如中小企业、外来务工人员调查专网。每个调查专网可由相关方面的管理者、投资者、劳动者、消费者组成，所有调查专网共同组成海上花园城社会调查网群，使调查对象能够真正反映海上花园城的现实状态和主流趋势。

2. 创新调查方式，组织专项调查

要根据不同的评价指标要求，采用不同的调查方式。

（1）入户调查

入户调查获得的信息量大，准确度高，是对较复杂问题进行民情民意调查的主要方式。根据调查项目按照一定的方法抽取调查对象，由调查员到被调查者的家中或工作单位进行访问，直接与被调查者接触。

（2）电话调查

电话调查程序简单，成本较低，是对简单问题进行调查的有效方式。现在计算机辅助电话访问得到越来越广泛的应用，可以对舟山信息化服务平台进行适当的功能拓展，为开展电话调查提供基础技术平台。

（3）网络调查

网络调查效率较高，成本低，是随着信息技术发展而兴起的新型调查方式。可以在海上花园城网站上，建设专门的民意调查网络平台。同时，也可以运用通信网络开发短信调查平台，运用数字电视网络开发交互数字电视调查平台，使更多的人能参与到网络调查中。

（4）媒体调查

在媒体对大众的影响日渐广泛和深刻的今天，媒体调查是一种常见的、高效率的调查方式。对于海上花园城调查而言，一般选择大众型媒体作为合作伙伴，就与大众生活密切相关的问题，在媒体上刊登调查问卷进行调查和数据采集。

6.3.2 构建海上花园城评价的综合分析机制

舟山海上花园城综合分析机制，是建立海上花园城评价指标体系的关键环节。要构建党政引导与社会运作相结合、理性评价与感性点评相结合、综合评价与专题评价相结合的海上花园城评价综合分析机制。

（1）建立舟山海上花园城年度综合评价机制

要依据《海上花园城评价体系》开展测评，了解和把握舟山海上花园城提升的进程，评价舟山城市发展的特点与趋势，针对问题提出对策与建议，形成《舟山海上花园城建设评价年度报告》。还可以开展专题性或阶段性海上花园城分析，为市委市政府制定发展政策提供决策参考。

（2）建立以海上花园城为主导的舟山区、县（市）综合考核机制

建议以《海上花园城建设指标体系》为依据，对区、县（市）海上花园城状况进行测评，并以其测评结果作为综合评价考核区、县（市）党委、政府工作业绩考核的重要依据。

（3）建立舟山海上花园城总点评机制

围绕"海上花园城"发展理念，依据《海上花园城建设指标体系》，结合海上花园城点评机制特点，形成"舟山海上花园城点评体系"。通过理论研讨、互动推荐、考察展示等多个活动环节，产生体现舟山海上花园城的年度人物、区块、活动、现象，将舟山海上花园城总点评活动打造成为宣传"海上花园城"城市品牌的标志性项目。

（4）建立海上花园城评价机制

条件成熟时，开展与国内其他城市的合作，建立海上花园城评价城市联盟，构建面向全球的海

上花园城评价运作网络，开展海上花园城评价，发布海上花园城评价报告。积极寻求与国际相关组织合作，联合开展国际海上花园城评价活动。

6.3.3 构建海上花园城评价分工与责任机制 [①]

在海上花园城创新型指标体系评价的过程中，需要制定考核评估机制，明确各部门的责任、分工、考核程序等内容，并将创建工作纳入年度考核内容中。

（1）生态维度指标

主要由市生态环境局牵头，市住房和城乡建设局、市自然资源和规划局等部门辅助进行生态本底、建成区绿化环境、城市环保机制领域的相关创建工作。

（2）社会维度指标

主要由市应急管理局、市市场监管局、市生态环境局、市人民防空办公室等负责对城市安全感相关指标的创建，市自然资源和规划局、市住房和城乡建设局、市交通运输局等负责对生活品质城市、步行公交都市、健康休闲城市等相关指标的创建。

（3）经济维度指标

经济维度的指标以海洋经济为主，反映舟山特色，主要由市发展和改革委员会、市统计局、市招商局、市自贸办、市港航和口岸管理局负责多元海洋经济、国际开放门户、包容性高质量增长领域的相关指标创建。

（4）人文维度指标

由市文化和广电旅游体育局负责历史传承、设施友好、人文交往领域的相关指标创建工作。

（5）科技维度指标

由市科学技术局、市经济和信息化局、海洋科学城建设管理局等部门进行海洋科创、海洋创新人才基地、智慧管理领域的相关指标创建工作。

6.3.4 构建海上花园城评价的发布交流机制

构建形式新颖、方式多样、立体呈现的发布交流机制，使海上花园城评价成为宣传推广"海上花园城"发展理念的有效载体，推动经济、文化、政治、社会建设的有效平台，发挥评价成果的最大效益。

（1）论坛发布

每年发起召开国际性的海上花园城评价高层论坛，邀请国内外权威研究机构和知名专家、相关城市代表、行业代表，围绕海上花园城的城市建设、产业发展、生态环境等议题开展研讨交流，发布年度评价报告。

（2）会议发布

通过召开舟山海上花园城总点评发布交流会形式，以点评交流、现场互动、媒体参与的方式，发布交流点评成果，展示"海上花园城"建设成就，推动城市品牌、行业品牌、企业品牌有机互动。

---

① 详细评价分工与责任制见附录2《舟山创建海上花园城市指标体系责任分工表》。

（3）报告发布

与国际知名的专业机构合作，每两年推出国际海上花园城评价年度报告，发布海上花园城评价成果。年度报告以论坛共同形成的《海上花园城评价体系》为依据，采用客观指标统计、主观指标调查问卷等形式，选择国际上若干个典型海上花园城进行综合分析和研究评估，并公布各海上花园城指数。

（4）媒体发布

联合专业媒体，全程跟踪报导海上花园城评价活动，以海上花园城评价成果发布为重点全方位、立体化发布海上花园城评价成果。

第7章
海上花园城建设的现状评估体系

本章主要应用海上花园城创新性建设指标体系对舟山市区进行评估，对指标体系和评价体系进行应用，总结现状存在的优势和不足，同时提出舟山建设绿色城市、共享城市、开放城市、和善城市、智慧城市相应的发展策略。

7.1 生态维度的评估——生态和谐的绿色城市

我们从自然生态本底、城市建成环境、环保管理机制3个领域共计14个指标对舟山群岛新区的现有生态条件进行评估，并提出相应的改善提升策略。

7.1.1 生态维度的现状评估

1. 自然生态本底评估

在自然生态本底领域，我们基于城市蓝绿空间占比、全年空气质量优良天数占比、城市森林覆盖率、近岸海域水质优良比例、海岛永久自然生态岸线占比5个指标对舟山的生态基底进行评估。

（1）城市蓝绿空间占比

经实际测算舟山中心城区蓝绿空间占比约为81.5%，远高于雄安新区（规划70%）、上海（50%）、北京（54%）的现状指标或规划目标。

（2）全年空气质量优良天数占比

2017年舟山统计公报显示舟山日空气质量（AQI）优良天数比例为92.1%，位于全国第三，仅次于厦门（97%）、三亚（96.4%）。

（3）城市森林覆盖率

经实际测算获得数据显示中心城区的城市森林覆盖率为47.6%，与新加坡（23%）、雄安新区（规划40%）、北京（41.6%）相比较高，与舟山群岛新区总体规划要求（2030年达到50%）、香港（66%）的城市森林覆盖率仍有较大差距。

（4）近岸海域水质优良比例

2017年舟山统计公报显示舟山市达到一、二类海水水质标准的海域面积占34.0%，与《"十三五"生态环境保护规划》《水污染防治行动计划》中要求全国近岸海域水质优良比例（一、二类海水水质）

在2020年达到70%的目标相距甚远。

（5）海岛永久自然生态岸线占比

舟山群岛新区总体规划现状数据显示，舟山中心城区现状自然生态岸线占比为47.2%，同时通过现场实地调研发现部分自然生态岸线城市化现象严重。

基于以上5个指标的评估分析，我们发现舟山在自然生态本底方面的优势明显，拥有优良的空气质量及广泛覆盖的森林植被，但仍存在近岸海域的海水水质整体较差、自然生态岸线破坏相对严重的问题。

2. 城市建成环境评估

在城市建成环境领域，我们基于建成区绿化覆盖率、城市林荫路推广率、新建建筑中绿色建筑占比、建成区海绵城市达标覆盖率4个指标对舟山的城市环境生态水平进行评估。

（1）建成区绿化覆盖率

《舟山市城市绿地系统规划（2010—2020年）》显示2010年舟山中心城区绿化覆盖率为40.22%，已达到《国家森林城市评价指标》的要求（35%），但与新加坡（50%）、深圳（45%）等知名生态城市尚有差距。

（2）城市林荫路推广率

经实地调研及卫星图测算，中心城区城市林荫路推广率约为50%，未达到《国家生态园林城市标准》的要求（85%），与国内、国际生态度高的苏州（88.8%）、新加坡（95%）差距明显。

（3）新建建筑中绿色建筑占比

根据相关部门访谈和现场调查走访，舟山当前新建建筑中绿色建筑占比较低，但缺少可靠的官方数据。《关于建设海上花园城市的指导意见》（舟委发〔2017〕10号）提出，至2020年舟山新建建筑中绿色建筑占比达到50%，满足《国家生态园林城市标准》的要求（50%），但与《中国低碳生态城市指标体系》的要求（100%，既有绿色建筑占比20%）、《河北雄安新区规划纲要》的要求（100%）、新加坡的要求（既有绿色建筑占比为20%，计划2030年达到80%）有较大差距。

（4）建成区海绵城市达标覆盖率

舟山当前的海绵城市建设正处于起步阶段，达标率较低，具体缺少官方可靠数据。《关于建设海上花园城市的指导意见》（舟委发〔2017〕10号）提出，至2020年舟山中心城市建成区25%以上的面积达到海绵城市标准，与国家首批海绵城市试点市嘉兴的要求（2020年25%）一致，但与国际目标城市新加坡（城市海绵体面积占比50%以上）差距明显。

我们发现舟山在城市建成环境方面有待大幅提升，仍存在四大问题亟待解决：①建成区绿化覆盖率相对较好，但城市绿地系统不完善；②城市道路林荫化率不足，在临城区域较为明显；③绿色建筑普及率不高；④海绵城市建设仍处于起步阶段，配套设施仍不完善。

3. 环保管理机制评估

在环保管理机制领域，我们基于生态空间修复率、生活垃圾回收利用率、再生水利用率、街道清洁度、生态环境质量公众满意度5个指标对舟山的城市环境进行评估。

（1）生态空间修复率

2018年舟山市政府工作报告显示舟山市2017年完成破损山体修复17.44ha，治理废弃矿山15处以上。但根据现场调研走访，舟山中心城区的中部山体仍存在多处大面积开挖情况，现状生态空间修复率较低。

（2）生活垃圾回收利用率

经过舟山市2018年城镇生活垃圾分类行动，目前城镇生活垃圾回收利用率达到了30%，资源化利用率和无害化处置率达到了100%，尚未达到《国家生态园林城市标准》的要求（35%）和《中国低碳生态城市指标体系》的要求（50%），与新加坡（2017年61%）、深圳（2016年55%）、上海（2015年38%）、雄安新区（规划2035年45%）等城市以及日本（现状100%）存在较大差距。

（3）再生水利用率

《舟山市水污染防治行动实施方案》显示2017年舟山市再生水利用率达到12%，暂未达到《国家生态园林城市标准》的要求（30%），与北京（2015年61%）、新加坡（25%）、青岛（2017年35%）等对标城市有明显差距。

（4）街道清洁度

舟山于2011年获评"国家卫生城市"，城市整体环卫水平较高，但由于舟山目前正处于老区改造、新区建设的城市化进程中，建设工程对城市街道清洁度存在暂时的影响，改造建设完成后的建成区城市道路、公共场所街道清洁度将会有较显著提升。另外，自2018年舟山市大力推进城乡环境综合整治行动以来取得了较明显的成效，城市道路、背街小巷、城市家具、户外广告、标志标识、市政设施等都得到了较大程度的提升。

（5）生态环境质量公众满意度

据浙江省环保厅公布的2016年度浙江省生态环境质量公众满意度调查结果显示，舟山市满意度得分为77.75分，高于全省76.73分的平均得分。

基于以上5个指标的评估分析，我们发现舟山在城市环保管理机制建设方面相对薄弱。应重点加强海洋生态空间修复、生活垃圾分类回收、再生水利用等方面的长效机制。

7.1.2 规划视角下的生态城市策略

根据前文生态维度各领域评估汇总，舟山的生态本底良好，但在城市生态化建设和环保管理机制构建方面，仍有很大的提升空间。因此，我们提出以下六大策略以加强海岛特色生态本底的保持、推进城市建成环境的生态化建设和环保管理机制的长效运行。

（1）策略一：强化环岛生态组团型海上花园城城市格局特色

为维护舟山城市优越的生态基底和良好的生态格局，重点保护本岛中部生态绿核，打通"山–城–海"自然绿廊，形成环岛生态组团型花园岛城格局。具体来讲，以黄杨尖、长岗山等山脉组成中央自然生境系统（水源涵养地/动植物栖息地），通过多条山海通廊渗透到五大花园城市组团（定海、临城、普陀、新港、工业园），串联中央绿核、城市组团以及周边海域，形成真正的国际海上花园名城。

（2）策略二：划定永久生态红线，保障城市大蓝绿空间

坚守生态底线思维，划定永久性蓝绿空间范围、永久性自然生态岸线范围等，确保在划定范围内的生态空间不进行任何破坏性开发与建设；划定近海海域生态修复示范区，实行"湾长制、滩长制"全面改善近岸海域环境状况。

（3）策略三：实行岸线分级管控，扩大生态化岸线比例

严控岸线利用模式，加强分级管控。以人工化程度为依据，将舟山市的海岸线分为四级管理。

其中一级为纯自然岸线，主要为自然生境保护功能，此类岸线禁止改变原有自然功能，保持现有岸线总量不减少；二级为半自然岸线，主要为生态维护及景观特色功能，此类岸线须严格控制改变原有自然功能，控制增量；三级为人工生态化岸线，主要为生活游憩功能，允许适度改变原有自然功能，建议生态化开发，提升绿化率，控制增量；四级为人工设施化岸线，主要为交通产业功能，此类岸线允许改变原有自然功能，严禁对海水环境和海洋功能产生不利影响，严格控制增量。

（4）策略四：完善公园和林荫路体系，打造海岛森林绿城

践行"在花园中建设城市"的生态理念，构建宏观的区域性生态骨架结构、中观的城市公园系统以及微观的社区、街道绿化体系，形成立体化的城市生态花园体系。主要通过两大手段实现：①提高城市绿化的广度，形成山体森林公园、城市大型公园、滨水带状公园、社区小型公园的绿地体系，提高万人拥有城市公园率；②提高城市绿化的厚度，主路、次干路全部林荫化，支路林荫率达到90%以上，重点提高次干路和支路行道树的3~5年成荫率。

（5）策略五：推动海绵城市和绿色建筑的系统建设

在海绵城市和绿色建筑系统建设方面主要采取以下三大手段：①城市海绵体从"凸"到"凹"，在构建城市生态骨架结构的基础上，推动城市公园、道路绿化、小区绿化模式的转型，由原有"凸"型不易蓄水绿化模式变为"凹"型更易蓄水排水模式，打造更加海绵化的城市蓝绿空间体系；②将海绵覆盖率指标融入控制性详细规划编制和修建性详细规划阶段，加大管控力度；③将绿色建筑作为花园城市建设的重要突破口，采用税收优惠、容积率奖励等政策，城市新建区全面推行屋顶绿化及立面绿化建筑、节能型建筑、装配式建筑，鼓励既有建筑的生态化改造。

（6）策略六：打造海岛城市环保机制创新示范区

构建符合海岛城市特色的现代化环保机制。主要从资源利用与生态修复两方面入手。资源利用方面，垃圾分类与资源利用可以学习日本模式，制定完善的垃圾分类管理制度，尝试实行垃圾处理收费制度、与超市合作提供相应购物券等创新方式鼓励公众实行垃圾分类与资源利用；以中水回用为主加强再生水利用的强度，以补充饮用水、生活用水及工业用水等需求，同时考虑海水淡化与海水回用技术。生态修复方面，加快海绵城市建设步伐；实现废弃地、废弃山体的复垦还林以提升城市的森林覆盖面积；在建设中提倡采用垂直绿化与屋顶绿化的方式，出台建筑绿色低碳化的鼓励政策等。

7.2 社会维度的评估——以人民为中心的共享城市

在社会维度，我们从高安全感城市、美好品质生活城市、步行＋公交都市、健康休闲城市4个领域共计20个指标对舟山中心城区进行了现状评估，并以"以人民为中心的共享城市"为目标，针对现状存在的问题提出相应策略。

7.2.1 现状城市建设的共享度评估

1. 高安全感城市的共享度评估

在高安全感城市领域的评估共涉及城市"天眼"设施覆盖密度、人均应急避难场所面积、食品安全检测抽检合格率100%的农贸市场占比、危险化工类设施占比4个指标，基于此我们进行了针对性评估。

（1）城市"天眼"设施覆盖密度

通过百度全景地图和现场走访测算，我们发现舟山中心城区建成区范围内"天眼"设施覆盖密度约为60个/km²，对比《2017年中国城市安防市场的调研》显示的杭州130个/km²、深圳205个/km²等，舟山投放密度还有待提高。

（2）人均应急避难场所面积

由于该指标缺乏详实可靠的官方统计数据，暂时无法进行定量比较，但尚未达到《舟山市应急避难场所专项规划（2011—2020年）》中全市人均2.93m²的要求，舟山需要逐步提升。

（3）食品安全检测抽检合格率100%的农贸市场占比

调查数据显示，舟山市域范围内有大小菜市场共计160个，其中城区32个中的26个设有农贸市场免费检测室，食品安全检测体系较为完善。但由于缺乏舟山相关部门官方发布的详实数据，暂时无法计算。

（4）危险化工类设施占比

舟山作为中国四大战略石油储备基地之一，城区周边建设了大量危险化工类设施，设施占地面积占中心城区总面积的0.7%，其中30%的设施位于城市滨海人口集聚区（主要为定海片区西部和北部以及临城片区甬东、新城大桥北、普西大桥北、小干岛等地）。

舟山是浙江省最安全的城市之一，但舟山还存在安全保障设施投放不足、居民生活区域建有危险化工类设施等问题，影响城市居民生活安全感受。

2．美好品质生活城市的共享度评估

基于美好品质生活城市领域涉及的15min社区生活圈覆盖率、居民工作平均单向通勤时间、城市保障房占本市住宅总量比例3个指标，我们通过卫星影像数据和地理测绘数据分析、百度等第三方大数据平台每年发布的关于全国主要城市通勤距离和通勤时间的排行数据分析、《舟山市"十三五"公共租赁住房发展规划》内容查阅以及现场实地踏勘访问等方式，进行了现状分析评估。

（1）15min社区生活圈覆盖率

舟山定海、普陀等建设较早的区域基础设施相对完善，部分区域已达到"15min社区生活圈"的初步要求，但从整体来看，舟山中心城区建成区内社区型公共服务设施体系尚不健全，分布较为杂乱，导致"15min社区生活圈"覆盖率较低（约为66%），对标《河北雄安新区规划纲要》和《北京城市总体规划（2016年—2035年）》2035年100%的要求，舟山还需加强"15min社区生活圈"建设。

（2）居民工作平均单向通勤时间

根据滴滴出行大数据平台显示，2017年舟山平均单向通勤时间为26.5min，优于全国大部分中心城市以及对标城市珠海32.9min和厦门36.7min。

（3）城市保障房占本市住宅总量比例

《舟山市城镇住房保障"十三五"规划》显示2015年舟山住房保障受益覆盖面达到21.7%，舟山市住建（规划）局统计至2017年4月的数据显示，舟山市城镇住房保障覆盖率已达到25%，提前完成了"十三五"目标，优于对标城市珠海（2017年24.2%），相对国际海上花园城建设目标，舟山还需进一步加强建设。

3．步行＋公交都市的共享度评估

步行＋公交都市领域的评估共涉及非工业区支路网密度、城市专用人行道/自行车道密度指数、城市公共交通出行比例、公交站点300m服务半径覆盖率、岛际联系便捷度5个指标，我们通过舟山市公交公司公交大数据研究、《全国城市公交覆盖率排行榜》等资料以及现场踏勘访问等方式，对步行＋公交都市进行现状评估。

（1）非工业区支路网密度

根据卫星遥感数据测量计算，舟山中心城区建成区的支路网密度约为3.2km/km²，满足我国国家标准3～4km/km²的要求，但相较于德国柏林8.52km/km²、日本新潟12.64km/km²等支路网建设较好的城市，舟山还有较大差距。

（2）城市专用人行道、自行车道密度指数

通过CAD实测，舟山中心城区建成区专用人行道、自行车道密度约为1.78km/km²，与对标城市哥本哈根5.08km/km²相比还有一定差距，需要加强城市专用人行道、自行车道建设，逐步达到国际花园城市水准。

（3）城市公共交通出行比例

根据2017年舟山市公交公司公交大数据，舟山城市公交分担率为18%，低于新华社报道的浙江省平均值（2016年年底为25.6%），且与对标城市哥本哈根24%相比还有一定差距。

（4）公交站点300m服务半径覆盖率

基于2017年舟山市公交公司公交大数据资料，舟山中心城区公交站点300m服务半径覆盖率情况较好（约为74.3%）。但对比《浙江舟山群岛新区公路水路交通运输"十三五"发展规划》2020年主城区300m覆盖率80%、《舟山市城市综合交通规划（2007—2020年）》全市300m服务范围75%（老城区95%）、《河北雄安新区规划纲要》起步区100%，暂未达到要求。

（5）岛际联系便捷度

舟山本岛已建成连接长峙岛、小干岛以及岙山岛的桥梁，通过卫星遥感数据测量计算，舟山中心城区范围内本岛与周边长白岛、大猫岛、盘峙岛等有人岛屿的岛际联系度约为55%，岛际联系度不足，还有一定的提升空间。

基于以上5个指标的评估分析，我们发现舟山是一个交通方便快捷的城市，但依然存在城市慢行系统不完善、公交出行率不高的问题。

4．健康休闲城市的共享度评估

健康休闲城市领域的评估共涉及万人拥有城市公园指数、骨干绿道长度、400m²以上绿地/广场等公共空间5min步行可达覆盖率、步行15min通山达海的居住小区占比、建成区活力品质街道密度、人均体育场地面积、国际知名商业品牌指数、人均拥有3A及以上景区面积8个指标。

（1）万人拥有城市公园指数

根据现场调查测算，舟山中心城区建成区万人拥有城市公园指数为0.4个，相较于对标城市珠海0.56个、新加坡0.6个、哥本哈根2.31个，舟山还有较大的提升空间。

（2）骨干绿道长度

根据卫星遥感数据测量，2017年舟山中心城区已建设健身步道约380km，其中沿海、沿河、沿山的骨干绿道约179km，对比国际对标城市新加坡骨干绿道260km，舟山还有一定差距。

（3）400m²以上绿地、广场等公共空间5min步行可达覆盖率

借鉴《舟山市城市绿地系统规划》结合现场踏勘发现，舟山中心城区建成区内400m²以上绿地、

广场等公共空间约为220个，5min步行可达覆盖率约为65.01%，覆盖比例较高，但还需逐步增加建设并合理布局。

（4）步行15min通山达海的居住小区占比

根据CAD实测，舟山中心城区现有住宅小区与周边环境形成独特的"山-城-海"自然地理格局，步行15min通山达海的居住小区占比约为73%，小区通山达海占比情况较好。

（5）建成区活力品质街道密度

通过CAD实测、百度街景以及现场走访，我们发现舟山中心城区建成区活力品质街道密度约为1.35km/km^2，其中普陀、定海区域活力品质街道密度较高但品质一般，临城区域街道品质较高但密度较低。

（6）人均体育场地面积

《舟山日报》数据显示，截至2016年年底舟山全市体育场地总用地面积为293.55万m^2，共有各类体育设施3118个，人均体育场地面积较高（2.53m^2），位列浙江省全省第一，但对标国际花园城市夏威夷（6m^2）还有一定差距。

（7）国际知名商业品牌指数

通过实际走访银泰、普陀天地、凯宏广场等大型购物商场，结合携程网数据统计，测算得到舟山国际知名商业品牌指数约为0.37家/万人，相较于《上海长宁国际城区指标》50家（约0.73家/万人），舟山还有一定差距。

（8）人均拥有3A及以上景区面积

相关数据显示，舟山中心城区内人均拥有3A及以上景区面积为40m^2，优于杭州市区（30m^2），需要在城市发展中继续保持并提高。

舟山是浙江范围内公认的生活休闲、环境较好的旅游城市，但还存在公园绿地体系不完善、公园品质和开放性有待提高、市民休闲健身绿道不足、街道活力水平和品质商业设施有待提升的问题。

7.2.2 策略规划研究视角的共享化策略

（1）策略一：夯实15min社区生活圈

完善"15min社区生活圈"体系，提升生活品质服务设施共享度。对接舟山市城市总体规划要求，设置"15min社区生活圈"作为控制性详细规划编制的区块划分依据，再以控制性详细规划行政管控的方式，提高"15min社区生活圈"打造的可操作性和落地性。

（2）策略二：建设最美步行公交都市

推动小街区、高密度路网建设。构建多元微小单元制式，将地块边界控制在200～300m之间，保证城市支路网密度，并将城市地块开发的大小纳入控制性详细规划管控，确保支路网高密度建设。

进行大公共交通走廊建设。促进岛际公交一体化建设，加强区域联系；优化公交体系，形成城市三级公交线路体系；提高公交线网密度和公交站点设施覆盖率，同时加强公交接驳设计。

加强慢道系统建设，形成沿河、沿海、沿山专用慢道体系；提升城市道路的慢行空间环境品质，缩小道路交叉口转弯半径、增加慢行空间林荫覆盖、实现机动车道绿化隔离。

（3）策略三：营造健康休闲活力空间

城市公园化。打造多元化的城市公园体系，建设山体森林公园、城市大型公园、滨水带状公园、社区小型公园等多类型公园；提高公园品质和适配多样性，建设休憩公园、体育公园、艺术公园、滨水公园等适合各年龄段多类型人群的主题化公园；通过步行网络提升，提高公园共享可达性。

城市街道化。加强城市街道主题化打造，形成商业型城市街道、社区型邻里街道和景观型休闲街道三大主题；提升街道活力品质，通过街道的休闲化提升城市商业氛围，营造国际知名商业品牌进驻的空间环境品质。

城市景区化。打造"点-线-面"结合的城市景区体系，增加都市型特色品质景点打造，促进多元绿道游线建设串联景点，构建多主题景点游线系统助推城市景区化建设。

7.3　经济维度的评估——多元包容的开放城市

7.3.1　城市经济开放度的现状及问题评估

在经济维度，我们对包容性高质量增长、国际化开放门户、多元海洋经济体系3个领域共计14个指标进行现状评估，通过访问舟山政府门户网站、舟山群岛新区统计信息网、舟山江海联运公共信息平台等相关官方网站，结合2017年舟山统计公报、《舟山统计年鉴2017》等相关统计文件进行现状评估。

1. 包容性高质量增长方面的评估

包容性高质量增长领域共涉及人均GDP、城乡常住居民人均可支配收入、城乡收入比、基尼系数4个指标的现状评估。

（1）人均GDP

2017年舟山统计公报数据显示，舟山2017年人均GDP为1.55万美元，高于全国（0.95万美元）、浙江省（1.36万美元）平均水平，低于对标城市厦门（1.63万美元）、珠海（2.1万美元），相当于新加坡1992年（1.61万美元）的发展水平。

（2）城乡常住居民人均可支配收入

2017年舟山统计公报数据显示，舟山2017年城乡常住居民人均可支配收入为45195元，高于全国（25974元）、浙江省（42046元），与对标城市珠海（44043元）、厦门（46630元）基本接近，但相较于上海（58987元）、深圳（52938元）等现代化大都市有一定差距。

（3）城乡收入比

根据2017年舟山统计公报中城镇常住居民人均可支配收入（52516元）、渔农村常住居民人均可支配收入（30791元）数据进行测算，得到舟山2017年城乡收入比为1.71：1，优于全国（2.7：1）、浙江省（2.05：1）、厦门（2.44：1）、珠海（1.99：1）的水平，反映出舟山城乡贫富差距较小，具有全国示范作用。

（4）基尼系数

由于近年舟山市未进行基尼系数的相关统计，本次现状主要参考浙江省发展和改革委员会官方网站《关于缩小舟山城乡居民收入差距的思考》中统计的舟山2006—2010年数据，分别为0.44、0.41、0.44、0.42、0.46，连续五年0.4以上，预估近年舟山基尼系数在0.4～0.5之间，与《宜居城市科学评价标准》0.3～0.4的要求仍有差距。

从外部看，舟山与新加坡等国际知名海上花园城市相比，在城市经济增长方面还需要进一步提升发展质量；从内部看，舟山城乡差距较小，但社会财富的均衡水平还有待提升。

2．国际化开放门户方面的评估

国际化开放门户领域共包含与"一带一路"沿线国家的贸易额年均增长率、海洋大宗商品贸易额占全国比重、人均年实际利用外资规模、世界500强企业落户数、境外客运航线数量5个指标的现状评估。

（1）与"一带一路"沿线国家的贸易额年均增长率

舟山近年来积极对接"一带一路"国家战略，建设江海联运服务中心，不断拓展延伸服务范围、领域和产业链。据2016年舟山检验检疫局不完全统计数据显示，舟山与东盟、欧盟、西亚、俄罗斯等"一带一路"沿线国家（地区）的进出口货物为3022批次，涉及货值63.8亿美元（同比增长11.3%），与2014年（40.7亿美元）相比增长较快，已成为舟山进出口贸易新增长点，但尚未达到我国（国家商务部统计发布数据为17.8%）的平均水平，与相似城市青岛（统计公报11.2%）接近，略低于厦门海关统计的增长率12.8%，相较于深圳（19.3%）、上海（18.9%）等国际开放港口城市有一定距离。

（2）海洋大宗商品贸易额占全国比重

近年来，舟山不断推进大宗商品贸易自由化发展，于2012年成立了中国（舟山）大宗商品交易中心，舟山统计公报数据显示，2016年大宗商品交易所全年完成网上电子交易额2.52万亿元（占全国2016年约30万亿元贸易额的比重约为8.4%），相较于2012年中国（舟山）大宗商品交易中心设立运营时0.15万亿元的年成交额，发展迅速，但与上海（2016年5.74万亿元）还有一定差距。

（3）人均年实际利用外资规模

根据2018年舟山市政府工作报告，舟山2017年实际利用外资4.05亿美元（人均346.8美元），与舟山2016年实际利用外资2.1亿美元（人均181.3美元）相比翻了一番，发展速度较快，但与对标城市厦门（3992美元）、珠海（1452.3美元）、青岛（832美元）仍有较大差距。

（4）世界500强企业落户数

《舟山日报》相关信息显示，截至2018年年底，世界500强企业落户数为15家（注册10家、签约5家），包括美国路易达孚公司（2011年合资成立路易达孚中奥能源有限公司）、美国波音公司（2016年波音737完工和交付中心落户舟山）、MAN（2018年在舟山设立中国唯一的售后服务车间）、ABB集团（2018年在舟山六横成立ABB涡轮增压舟山分公司）等。相较于相似对标城市珠海2020年50家的目标值（远期标杆值100家）、《宁波日报》发布的宁波2018年58家而言，还存在较大差距。

（5）境外客运航线数量

舟山现状境外客运航线总数较少，根据舟山政府网站数据统计，截至2018年5月舟山总计开通国际海上航线15条，明显少于厦门119条国际航线（2018年中国水运报统计，海84条，空35条），与国际目标城市火奴鲁鲁（73条）还有一定的差距。然而，近年来舟山在积极建设境外交通线路，国务院2018年《关于同意浙江舟山普陀山机场对外开放的批复》同意普陀山机场对外开放，即将扩建成为国际机场，计划开通直达港澳台的航线。

舟山在打造国际化开放门户方面占有举足轻重的地位，但目前舟山在国际贸易、营商环境、国际联系等方面整体开放化程度不足，尚未形成真正的开放城市经济体系。

3．多元海洋经济体系方面的评估

多元海洋经济体系领域主要包括海洋经济增加值占GDP比重、海洋新兴产业增加值占GDP比重、海洋金融业增加值占GDP比重、海洋物流指数、海洋旅游指数5个指标的现状评估。

（1）海洋经济增加值占GDP比重

近年来，舟山在海洋经济方面发展迅速，舟山群岛新区统计管理与核算处统计数据、舟山统计公报数据显示，舟山2016年海洋经济增加值占GDP比重达到70.2%（总计2959亿元，增加862亿元），相较于2012年585亿元的增加值（68.7%比重）增长迅速，比重连续多年全国第一，但海洋经济总量较低，略高于相似城市厦门（2017年2281亿元），低于青岛（2017年2909亿元），仅为2016年广州的15%（15900亿元），远低于2017年上海总量（8534亿元）。

（2）海洋新兴产业增加值占GDP比重

舟山市发展和改革委员会发布的《浙江省舟山市战略性新兴产业发展现状及下步工作建议》显示舟山2016年海洋战略性新兴产业产值为914亿元，其中海洋新兴产业增加值按10%～20%计算约为100亿元，占2016年舟山GDP（1228.51亿元）的比重约为8.1%，相较于舟山2012年（产值463.6亿元，占比5.4%）有较快增长，海洋新兴产业增加值占GDP比重目前尚无官方统计数据。

（3）海洋金融业增加值占GDP比重

海洋金融是海洋经济发展的有效支撑，目前舟山海洋金融业的发展还处于初级阶段，但近年来海洋金融实力在不断增强，2017年8月，7家金融机构分别与舟山市政府签署了合作框架协议，预计将投入350亿元支持舟山发展海洋特色产业、综合性金融服务业。海洋金融业增加值的相关数据暂无官方可靠统计数据，参考舟山统计公报中金融业的相关数据来看，在金融机构方面，2017年末全市有各类金融机构69家（银行业机构27家，保险业机构23家，证券业营业部9家，小额贷款公司10家）；在金融机构存贷款方面，2017年末全部金融机构本外币各项存款余额、贷款余额分别为2008.5亿元、1721.6亿元，金融机构融资总量余额3048.5亿元（比年初增加354.8亿元），与2016年（1915亿元、1521亿元、2692亿元）相比增长较快，接下来应进一步搭建专业的海洋金融研究与交流合作平台，加大力度支持海洋金融业的创新发展。

（4）海洋物流指数

舟山近年来的海洋港口物流量稳步增长，2015年舟山口岸进出口货运量增量达到1.07亿元，增长率领跑全国。根据2017年、2018年舟山市政府工作报告、统计公报数据计算得到2017年海洋物流指数约为6292万t（江海联运货运量增量约为3100万t，港口货物吞吐量增量约为3192万t），在全省处于较高水平，与宁波2017年8100万t水平还有一定差距。

（5）海洋旅游指数

舟山近几年在海洋旅游方面呈快速发展的态势，舟山统计公报数据显示，舟山2017年实现旅游总收入807.6亿元，人均旅游消费水平达到1464.8元，与舟山2012年（266.76亿元，962.7元）的水平相比发展迅速，但相较于青岛（1640.1亿元，1860元）、厦门（1168.52亿，1492.3元）等知名滨海旅游城市仍存在差距。

舟山拥有打造现代化海洋产业体系的优势区位与资源条件，但存在海洋经济比重大、总量较低的凸显问题；另外，海洋经济发展路径粗放且单一，海洋经济组成中主要为物流、旅游，在金融、其他海洋新兴产业等方面占比极少，尚未形成多元化、富有竞争力的海洋经济体系。

7.3.2 规划视角下的经济开放化策略

（1）策略一：提升海洋营商大环境，打造国际开放交流城市

积极推进与"一带一路"沿线国家的贸易合作以及与世界500强企业的业务合作，借助世界油商大会、世界浙商大会、浙江（舟山）航空发展大会等重大平台积极组织专题招商活动，推动引进国际外资企业入驻。加快建设港澳台、日韩等航空航线的建设，提升舟山的国际营商环境，创造国际开放新机遇。

（2）策略二：打造海洋经济大平台，承担国际海洋开放门户

舟山作为国家的自由贸易港、江海联运中心以及大宗商品储运中转加工交易中心，应积极拓展平台功能，打造集海洋金融、海洋创新、海洋商务、海洋教育、海洋文创、海洋旅游等功能于一体的海洋经济大平台，融入全球，承担国际海洋开放门户角色。

（3）策略三：打造海洋经济服务区，构建多元化产业功能区

舟山本岛是舟山市域人流、物流、信息流、资金流之间交流链接的主要集聚地，在现有临港制造业、服务产业进一步提升，积极引入各类海洋经济产业，以发展海洋信息产业、海洋现代服务业，同时延伸与海洋经济相关的上下游产业，打造现代化、完善的海洋经济服务区。

7.4 人文维度的评估——独具人文特色的和善之城

7.4.1 城市人文特色的现状及问题评估

在人文维度，我们对历史传承度、人文交往度、设施友好度3个领域共计11个指标进行现状评估。

1. 历史传承度方面的评估

历史传承度领域共涉及城市非物质文化遗产数量、万人拥有城市历史文化风貌保护区面积、市区特色海岛渔农村打造数量3个指标的现状评估。

（1）城市非物质文化遗产数量

在城市非物质文化遗产数量方面，根据舟山文明网统计显示，截至2017年1月舟山城市非物质文化遗产数量有43项（国家级5项，省级38项），高于相似城市珠海（2017年20项），低于青岛（59项）、上海（55项）。在每万人拥有城市非物质文化遗产数量方面，舟山优势显著，2017年约为0.37项，高于珠海（0.11项）、青岛（0.06项）、上海（0.023项）。

（2）万人拥有城市历史文化风貌保护区面积

舟山的城市历史文化风貌保护区总量不高，但人均拥有量较高。根据浙江省人民政府公布的浙江省历史文化名城名镇名村名录、舟山群岛新区网数据显示，舟山市历史文化风貌保护区面积约为2600ha，每万人拥有量约为22.3ha，其中，中心城区范围内的面积约为730ha，每万人拥有量约为8.25ha，每万人拥有量远高于上海（1.70ha）。从现状情况来看，舟山目前城市历史文化风貌保护区面积数量情况较好，但尚未得到充分的挖掘，下一步应加大对保护区的挖掘与保护力度。

（3）市区特色海岛渔农村打造数量

根据浙江省人民政府公布的浙江省历史文化名城名镇名村名录、舟山统计公报、舟山群岛新区网数据显示，截至2017年年底，舟山拥有国家级传统村落2个、省级历史文化名村2个、省级历史文

化村落保护利用重点村6个，已创建特色精品村28个，渔农家乐特色村37个。其中，中心城区现状特色海岛渔农村数量约有16个，下一步应依托舟山丰富的海岛渔农村资源，加大渔农村的深度挖掘与特色化打造。

在历史传承度方面，舟山拥有丰富的人文遗产，历史风貌与渔农村文化特色明显，但目前对历史风貌的管控程度较低，针对历史保护区的挖掘力度不足。

2．人文交往度方面的评估

人文交往度领域包含国际友好城市数量、年境外游客接待量、年国际/国家级体育赛事/节庆活动/会议会展数量、市民注册志愿者占常住人口比例4个指标的现状评估。

（1）国际友好城市数量

舟山政府官方网站显示截至2018年舟山国际友好城市数量为12个，低于相似对标城市珠海（15个）、厦门（19个）、青岛（25个），与上海（89个）、广州（73个）、武汉（109个）等知名国际交流城市差距较大。

（2）年境外游客接待量

舟山统计公报显示舟山2017年境外游客接待量为34.4万人次，近年通过举办大型国际赛事、国际会议加强了国际旅游交往，但年境外游客接待量水平仍低于青岛（144.4万人次）、珠海（62.93万人次）等国内知名的滨海旅游城市。

（3）年国际、国家级体育赛事、节庆活动、会议会展数量

依据舟山政府官方网站数据，舟山2017年国际、国家级体育赛事、节庆活动、会议会展数量指标达到9次（国际级6次，国家级3次），近年来发展迅速，接近相似对标城市厦门（国际、国内大型赛事9场）、珠海（大型体育赛事4场、会议会展13场），与杭州（2017年国际会议433场，大型体育赛事5场）等国内知名会议会展城市有差距，但正在逐步缩小。

（4）市民注册志愿者占常住人口比例

浙江新闻网数据显示，截至2018年9月舟山约有23万名志愿者，2018年舟山常住人口约为117.3万人，志愿者约占全市常住人口的19.6%，与北京（2018年19.7%）接近，相较于珠海（2018年23.45%）偏低。

在人文交往度方面，目前舟山国际人文交往越发频繁，但相较于珠海、厦门、青岛等相似对标城市，在国内外人文交往方面都还有较大差距，下一步应扩大舟山在社会人文方面的开放水平。

3．设施友好度方面的评估

设施友好度领域包括公共场所无障碍设施普及率、公交双语率、每10万人拥有公共文化设施数量、和善社区创建率4个指标的现状评估。

（1）公共场所无障碍设施普及率

根据相关部门统计结合现场勘查调研，发现中心城区的新建公共场所基本配套了无障碍设施，普及率较高，但在老旧公共场所无障碍设施还有待进一步增设，估算中心城区公共场所无障碍设施普及率在60%左右，高于全国平均水平（2017年40.6%），但还需增设相关配套设施。

（2）公交双语率

据了解，目前仅有BRT快速公交设有公交中英文双语报站，其他公交无中英文双语报站，双语公交线路较少，普及率较低。

（3）每10万人拥有公共文化设施数量

根据浙江省文化厅、舟山统计公报数据显示，截至2017年末舟山共有社区级以上公共文化设施10个（文化馆5个，公共图书馆5个），基于舟山市中心城区常住人口88.52万人测算得到每10万人拥有公共文化设施（社区级以上）为1.1个。高于珠海（2017年0.79个）、厦门（2017年0.67个）、上海（0.92个），与国际对标城市新加坡（2.1个）、夏威夷（3.1个）、哥本哈根（5个）、墨尔本（1.4个）还有一定的差距。

（4）和善社区创建率

该指标为创新性特色指标，暂无统计数据，类似于和谐社区的评价体系。根据2014—2015年度舟山市和谐文明新社区公示，舟山申报14个新评社区，保留58个复评社区。和善社区为创新性概念，暂无统计数据。

在设施友好度方面，舟山近年来对公共设施的投入力度较大，文化设施种类较为齐全，但仍然存在使用率较低，不能满足居民的日常需求的问题。

7.4.2 规划视角下的和善城市策略

（1）策略一：提高历史和善度，加大历史遗址的挖掘保护

在现有历史文化区保护基础上，一方面应重点加大区域内的岛屿军事遗址、历史码头设施区、景观村落等历史文化要素的系统保护，设置历史保护区；另一方面对文化、遗址进行保护性开发，如利用旧船厂码头打造工业遗址文化创意园，利用海岛村落特色打造文化民宿群、海岛民俗风情区等。

（2）策略二：提升国际和善度，打造国际人文交流区

多层次、全方位地加强国际人文交往水平。通过各类城市活动提高舟山的人文活跃度，如举办海洋科技盛会、海岛旅游盛会，设立全球性的人文交往公共平台和总部基地。中心城区重点打造国际人文交往区，设置海洋文化馆、国际海洋艺术中心、奥体公园、国际会议中心等重要的人文交往设施。

（3）策略三：提高设施和善度，打造现代化和善之城

以弘扬观音文化的和善内核作为舟山的城市精神，进一步提升城市设施和善度，重点做好以下三方面内容：①设施友好的高度普及，充分考虑城市各类成员，尤其是有无障碍设施需求的社会成员以及各国际友人的设施使用需求；②文化设施的高度共享，进一步加大力度建设图书馆、艺术馆、博物馆等公共文化设施，为市民提供学习交流场所；③社区邻里的高度和善，建立具有舟山特色的和善社区的评价体系，积极创建和善社区。

7.5 科技维度的评估——永续发展的智慧城市

7.5.1 科技智慧城市建设现状及问题评估

1. 海洋科创中心城市方面的评估

海洋科创中心城市领域包括全社会研究与试验发展经费支出占GDP比重、海洋科技基金规模、国省级海洋科技实验室数量、人均双创空间建筑面积、海洋科技成果应用率、海洋科技专利占全国比例6个指标的现状评估。

（1）全社会研究与试验发展经费支出占GDP比重

2017年舟山统计公报显示，舟山市2016年全社会研究与试验发展经费支出占GDP比重为1.54%，与相似对标城市珠海（2.9%）、青岛（2.84%）、厦门（3.1%）有较大差距，远低于上海（3.8%）、深圳（4.1%）等国内领先的科技中心城市。

（2）海洋科技基金规模

浙江省财政厅资料显示，2016年舟山实现舟山市科技创业投资基金、浙江舟山群岛新区海洋产业投资基金等基金的整合运作，2016年累计投资金额5960万元，相较于青岛（海洋基金100亿元）、深圳（海洋基金500亿元）尚处于落后状态，下一步应加大海洋科技投资力度，进一步设立省级海洋科技基金规模。

（3）国省级海洋科技实验室数量

目前舟山国省级海洋科技实验室数量较少，由浙江省科学技术厅发布的数据显示，舟山目前仅拥有3家，包括市疾病预防控制中心与浙江海洋学院联合申报的"海产品健康危害因素关键技术研究实验省级重点实验室"（2014年认定）、以浙江海洋大学为主要依托单位的"浙江省海洋大数据挖掘与应用重点实验室"（2016年认定）、以浙江大学海洋学院与浙江大学舟山海洋研究中心为依托单位的"浙江省海洋观测—成像试验区重点实验室"（2017年认定），与《"创新舟山"建设三年（2017—2020年）行动计划》中2020年10家国省级重点实验室的目标值还有一定距离。另一方面，在科创企业方面，舟山统计公报数据显示，2017年末舟山有高新技术企业101家，省级创新型试点、示范企业13家，省级科技型企业626家；在研发中心方面，有省级高新技术研发中心49家。舟山与海洋科技领先城市青岛（2017年拥有各级创业孵化器、众创空间320家，入驻企业1.3万家，其中，国家级创业孵化载体129家居副省级城市首位）有一定差距，下一步应加大海洋科创实验室、工程技术研究中心等科创平台的建设投入，积极创建国省级的海洋科创孵化基地。

（4）人均双创空间建筑面积

根据浙江省科学技术厅相关统计，截至2017年，舟山市拥有市级以上众创空间12家（省级7家、国家级1家），创业孵化面积近12万m^2，提供创业场地近11万m^2，人均双创空间建筑面积为0.09m^2（《"创新舟山"建设三年（2017—2020年）行动计划》2020年目标为0.43m^2），与珠海（2017年0.58m^2）、青岛（1.37m^2）差距较大。

（5）海洋科技成果应用率

2016年舟山市科学技术局工作总结报告显示，舟山市发布技术成果和技术需求302项，达成竞拍科技成果17项，占比约5.6%，远低于《国家海洋创新指数报告2016》统计的2015年全国海洋科技成果50.4%的应用率。

（6）海洋科技专利占全国比例

舟山统计公报数据显示，舟山2017年申请专利3649件，其中授权1920件，占全国（135.6万件）比例为0.27%，由于暂无海洋类专利数据，暂时无法测算。根据国家知识产权试点城市对舟山的要求，到试点期末（2020年）其绿色海洋类专利申请应占总量的50%以上，估算2020年占全国海洋科技类专利为17%，专利占全国比例远小于青岛（13.25%，2016年689件海洋类专利申请量）。

在海洋科创中心城市建设方面，舟山在海洋科创方面的投入较少，真正面向海洋产业的国际化科创平台与相应配套体系薄弱，在海洋科研创新平台建设方面不足。

2. 海洋创新人才基地方面的评估

海洋创新人才基地领域包括每万人海洋科技类高端人才拥有量、每万名劳动人口中研发人员数2个指标的现状评估。

（1）每万人海洋科技类高端人才拥有量

根据《舟山统计年鉴2017》测算，2016年每万人海洋科技类高端人才拥有量为1.7人，相较于海洋科技城市青岛5人的拥有量差距较大。目前，青岛聚集了全国30%以上的海洋教学、科研机构，拥有全国50%的涉海科研人员、70%的涉海高级专家和院士（19位院士、5000多名各类海洋专业技术人才）。未来舟山需要通过大力培育高校、研究院、海洋科技企业等弥补海洋科技人才的不足。

（2）每万名劳动人口中研发人员数

《舟山统计年鉴2017》数据显示，舟山市2016年研发机构人员有220人，城镇就业人口有46.99万人，每万名劳动人口中研发人员数为4.68人，低于全国5.7人的平均水平，相较于福建省科学技术厅统计的厦门16.3人有较大差距。

舟山在海洋科技人才培养方面进展较快，但现状基础较为薄弱，缺乏围绕海洋经济组建相关的人才梯队，尚未形成完整的创新人才培养体系。

3. 智慧管理示范城市方面的评估

智慧管理示范城市领域包括5G网络覆盖率、是否建成海洋城市智慧大脑、智慧景区占比3个指标的现状评估。

（1）5G网络覆盖率

2018年12月11日，中国电信在舟山人民路电信大楼成功开通了舟山市首个5G基站，至2019年1月舟山已完成5G网络规划建设和示范应用部分基础工作，预计2019年下半年有实质性应用启动，但目前尚未形成5G网络覆盖。据统计，截至2018年12月我国在珠海、青岛、舟山等18个城市开通了5G基站，舟山在5G基站建设方面领先国内大部分城市。

（2）是否建成海洋城市智慧大脑

目前在全国开展城市智慧大脑建设的城市较少，包括上海（2018年11月推出"智联普陀城市大脑"）、杭州（2016年10月推出"城市大脑"智慧城市建设计划）、苏州（打造智慧信息管理中心，形成城市"智慧大脑"）等城市。2017年年底评审通过的《舟山市智慧海洋建设实施方案（2018—2020年）》显示，舟山是国家智慧海洋总体建设方案中唯一有明确地域指向的示范区，到2020年基本建成国家智慧海洋示范区，目前舟山正在开展相关工作，虽然未建成海洋城市智慧大脑，但未来发展前景可期。

（3）智慧景区占比

目前全国智慧景区建设还处于初级阶段，以福建为代表的旅游大省进展较快，并于2017年年底发布了地方标准《智慧景区等级划分与评定》DB 35/T 1716—2017。舟山近几年不断推进智慧旅游建设，2011年与中国电信舟山分公司签署旅游战略合作协议，2012年被省旅游局列为"首批浙江省智慧旅游试点单位"，同年，舟山普陀区成为全国首个免费无线上网的城区。截至目前，舟山大部分景区实现WiFi全覆盖，但参考福建省智慧景区评定标准，目前舟山全市智慧景区占比较低，还处于建设的初级阶段。为推动国家级海洋旅游重点城市，提高旅游竞争力，未来应加大旅游景区的智慧化改造力度。

近年来舟山较为重视"海洋智慧"的发展，启动了一系列相关实施方案，在海洋智慧城市建设方面具有示范带动作用，但尚未形成完善的智慧城市管理和服务体系，智慧服务的普及度、普及面有待大幅提升。

7.5.2 规划视角下的科技智慧城市策略

（1）策略一：以人才为中心，打造全国重要的海洋科技人才特区

为弥补海洋科创人才总量、规模、质量不足的瓶颈问题，舟山下一步应以吸引人才为导向开展城市宜居环境建设，构建海洋科创人才引进机制，完善涵盖"住房、教育、科研平台、基金"等方面的顶级科技人才服务体系，增设创新人才发展平台，为海洋科创人才提供高质量、一站式的服务，将舟山打造成为海洋科创人才的政策特区与服务特区。

（2）策略二：构建海洋高新技术研发大平台

依托高校、研究机构、海洋科技企业，链接全球海洋科创资源，构建海洋高新技术研发大平台。重点：①在浙江大学南片规划海洋类科创园；②进一步打造舟山海洋科学城，成为高端海洋服务业集聚基地和海洋高新技术研发孵化基地；③创建海洋科技重点实验室，对标国际引领全国，创建浙江首个海洋智慧产业基金，培育国家级、省级、市级重点实验室与公共技术服务平台。

（3）策略三：加大海洋智慧城市建设力度

优先在全球建设海洋城市智慧大脑，应用大数据进行城市精细管理与应急处理，打造智慧城市管理系统；建立智慧交通系统，实现交通信息、道路运行、公共交通设施和交通服务资源的实时监控及动态管理；打造智慧海洋信息系统，实现对海洋航运的智慧化管理和对海洋灾害的科学预警。

7.6 海上花园城评价指标体系应用

基于7.1~7.5节中开展的现状评估获取的数据，应用于海上花园城指标体系赋值评分表（表7-1）中，得到目前舟山市现状得分为60.4分，仍处在海上花园城建设的基础阶段，未来仍有较大的发展空间与潜力。计划在近期（2020年）达到78分以上，中期（2025年）达到90分以上，远期（2035年）达到95分以上，建成具有较高国际水平的海上花园城。

海上花园城评价指标体系各发展阶段评分一览表　　　　　　　表7-1

序号	具体指标	分数	评分标准（未达到近期标准的得分按60%算）	现状数据	现状评分	近期评分	中期评分	远期评分
1	城市蓝绿空间占比（%）	1.90	<70%得1.14分，≥70%得满分	测算81.5%	1.90	1.90	1.90	1.90
2	全年空气质量优良天数占比（%）	2.32	90%~94.9%得1.40分，95%~97.9%得1.86分，≥98%得满分	92.1%	1.40	1.86	1.86	2.32
3	城市森林覆盖率（%）	2.32	<50%得1.40分，≥50%得满分	测算47.6%	1.40	2.32	2.32	2.32
4	近岸海域水质优良比例（%）	3.11	<40%得1.86分，40%~49.9%得2.32分，50%~69.9%得2.78分，≥70%得满分	34%	1.86	2.32	2.78	3.11

续表

序号	具体指标	分数	评分标准（未达到近期标准的得分按 60% 算）	现状数据	现状评分	近期评分	中期评分	远期评分
5	海岛永久自然生态岸线占比（%）	1.22	<45%得0.73分，≥45%得满分	47.2%	1.22	1.22	1.22	1.22
6	建成区绿化覆盖率（%）	2.50	<45%得1.50分，45%~49.9%得2.00分，≥50%得满分	40.22%	1.50	2.00	2.50	2.50
7	城市林荫路推广率（%）	1.42	<70%得0.85分，70%~84.9%得1.04分，85%~94.9%得1.23分，≥95%得满分	估算50%	0.85	1.04	1.23	1.42
8	新建建筑中绿色建筑占比（%）	0.75	<80%得0.45分，80%~99.9%得0.53分，100%得满分	暂未达到50%	0.45	0.53	0.75	0.75
9	建成区海绵城市达标覆盖率（%）	1.11	<25%得0.66分，25%~49.9%得0.81分，50%~79.9%得0.96分，≥80%得满分	暂未达到25%	0.66	0.81	0.96	1.11
10	生态空间修复率（%）	1.07	<30%得0.64分，30%~49.9%得0.78分，50%~79.9%得0.92分，≥80%得满分	暂未达到30%	0.64	0.78	0.92	1.07
11	生活垃圾回收利用率（%）	1.72	<35%得1.03分，35%~49.9%得1.26分，50%~69.9%得1.49分，≥70%得满分	30%	1.03	1.26	1.49	1.72
12	再生水利用率（%）	1.41	<20%得0.85分，20%~29.9%得1.03分，30%~49.9%得1.21分，≥50%得满分	12%	0.85	1.03	1.21	1.41
13	街道清洁度（%）	1.02	<100%得0.61分，100%得满分	已获评国家卫生城市，100%	1.02	1.02	1.02	1.02
14	生态环境质量公众满意度（分）	1.16	<85分得0.70分，85~89分得0.93分，≥90分得满分	77.75分	0.70	0.93	1.16	1.16
15	城市"天眼"设施覆盖密度（个/km²）	1.55	<100个/km²得0.93分，≥100个/km²得满分	估算60个/km²	0.93	1.55	1.55	1.55
16	人均应急避难场所面积（m²）	1.28	<2m²得0.77分，2~2.99m²得1.02分，≥3m²得满分	暂未达到2m²	0.77	1.28	1.28	1.28
17	食品安全检测抽检合格率100%的农贸市场占比（%）	1.43	<100%得0.72分，达到100%得满分	获评国家卫生城市，应100%	1.43	1.43	1.43	1.43
18	危险化工类设施占比（%）	1.59	未新增得0.95分，逐年降低得满分	测算占全市0.21%	0.95	0.95	1.59	1.59
19	15min社区生活圈覆盖率（%）	3.60	<75%得2.16分，75%~79.9%得2.64分，80%~99.9%得3.12分，达到100%得满分	估算66%	2.16	2.64	3.12	3.60
20	居民工作平均单向通勤时间（min）	1.52	>25min得0.91分，20.1~25min得1.21分，≤20min得满分	26.5min	0.91	1.21	1.52	1.52

续表

序号	具体指标	分数	评分标准（未达到近期标准的得分按60%算）	现状数据	现状评分	近期评分	中期评分	远期评分
21	城市保障房占本市住宅总量比例（%）	0.94	<28%得0.56分，28.1%~31.9%得0.68分，32%~39.9%得0.80分 ≥40%得满分	25%（2017年市域）	0.56	0.68	0.80	0.94
22	非工业区支路网密度（km/km²）	1.80	<4km/km²得1.08分，4~4.9km/km²得1.32分，5~7.9km/km²得1.56分，≥8km/km²得满分	估算3.2km/km²	1.08	1.32	1.56	1.80
23	城市专用人行道、自行车道密度指数（km/km²）	1.86	<2km/km²得1.12分，2~2.49km/km²得1.36分，2.5~3.99km/km²得1.60分，≥4km/km²得满分	估算1.78km/km²	1.12	1.36	1.60	1.86
24	城市公共交通出行比例（%）	1.37	<30%得0.82分，30%~39.9%得1.00分，40%~59.9%得1.18分，≥60%得满分	18%（2017年市域）	0.82	1.00	1.18	1.37
25	公交站点300m服务半径覆盖率（%）	1.18	<80%得0.71分，80%~99.9%得0.95分，达到100%得满分	74.3%（2017年市域）	0.71	0.95	1.18	1.18
26	岛际联系便捷度（%）	0.71	<60%得0.42分，60%~69.9%得0.52分，70%~89.9%得0.62分，≥90%得满分	测算55%	0.42	0.52	0.62	0.71
27	万人拥有城市公园指数（个）	1.66	<0.6个得1.00分，0.6~0.7个得1.22分，0.8~0.9个得1.44分，≥1.0个得满分	估算0.4个	1.00	1.22	1.44	1.66
28	骨干绿道长度（km）	1.23	<300km得0.74分，300~399km得1.07分，400~499km得1.40分，≥500km得满分	380km（2017年市域）	0.74	1.07	1.40	1.23
29	400m²以上绿地、广场等公共空间5min步行可达覆盖率（%）	1.76	<68%得1.06分，68%~74.9%得1.29分，75%~89.9%得1.52分，≥90%得满分	估算65.01%	1.06	1.29	1.52	1.76
30	步行15min通山达海的居住小区占比（%）	1.77	<75%得1.06分，75%~79.9%得1.29分，80%~89.9%得1.52分，≥90%得满分	测算73%	1.06	1.29	1.52	1.76
31	建成区活力品质街道密度（km/km²）	1.53	<1.5km/km²得0.92分，1.5~1.99km/km²得1.12分，2~2.99km/km²得1.32，≥3km/km²得满分	测算1.35km/km²	0.92	1.12	1.32	1.53
32	人均体育场地面积（m²）	1.21	<4m²得0.73分，4~4.99m²得0.89分，5~5.99m²得1.05分，≥6m²得满分	2.53m²（2016年市域）	0.73	0.89	1.05	1.21
33	国际知名商业品牌指数（家/万人）	0.34	<0.4家/万人得0.20分，0.4~0.49家/万人得0.25分，0.5~0.69家/万人得0.30分，≥0.7家/万人得满分	估算0.37家/万人	0.20	0.25	0.30	0.34
34	人均拥有3A及以上景区面积（m²）	1.37	<42m²得0.82分，42~44.99m²得1.00分，45~49.99m²得1.18分，≥50m²得满分	估算40m²	0.82	1.00	1.18	1.37
35	人均GDP（万美元）	1.11	<2万美元得0.67分，2~2.4万美元得0.82分，2.5~3.4万美元得0.97分，≥3.5万美元得满分	1.55万美元（2017年市域）	0.67	0.82	0.97	1.11

序号	具体指标	分数	评分标准（未达到近期标准的得分按60%算）	现状数据	现状评分	近期评分	中期评分	远期评分
36	城乡常住居民人均可支配收入（万元）	1.11	<6.5万元得0.67分，6.5～7.9万元得0.82分，8～9.9万元得0.97分，≥10万元得满分	4.5万元（2017年市域）	0.67	0.82	0.97	1.11
37	城乡收入比	0.97	≤1.5：1得满分，反之得0.58分	1.71：1（2017年市域）	0.58	0.97	0.97	0.97
38	基尼系数	0.89	0.3～0.4得满分，反之得0.53分	估算在0.4～0.5之间	0.53	0.89	0.89	0.89
39	与"一带一路"沿线国家的贸易额年均增长率（%）	1.42	<12%得0.85分，12%～12.9%得1.04分，13%～14.9%得1.23分，≥15%得满分	11.3%（2016年市域）	0.85	1.04	1.23	1.42
40	海洋大宗商品贸易额占全国比重（%）	1.94	<10%得1.16分，10%～11.9%得1.42分，12%～19.9%得1.68分，≥20%得满分	估算8.4%（2016年市域）	1.16	1.42	1.68	1.94
41	人均年实际利用外资规模（美元）	1.21	<500美元得0.73分，500～999美元得0.89分，1000～1499美元得1.05分，≥1500美元得满分	346.8美元（2017年市域）	0.73	0.89	1.05	1.21
42	世界500强企业落户数（家）	0.45	<15家得0.27分，15～29家得0.33分，30～49家得0.39分，≥50家得满分	15家（2018年市域）	0.27	0.33	0.39	0.45
43	境外客运航线数量（条）	1.40	<20条得0.84分，20～29条得0.92分，30～49条得1.10分，≥50条得满分	15条（2018年市域）	0.84	0.92	1.10	1.40
44	海洋经济增加值占GDP比重（%）	1.22	<75%得0.61分，75%～79%得0.81分，80%～84%得1.01分，≥85%得满分	70.2%（2016年市域）	0.61	0.81	1.01	1.22
45	海洋新兴产业增加值占GDP比重（%）	1.44	<25%得0.86分，25%～39%得1.05分，40%～59%得1.24分，≥60%得满分	估算8.1%（2017年市域）	0.86	1.05	1.24	1.44
46	海洋金融业增加值占GDP比重（%）	1.31	<10%得0.66分，10%～14%得0.88分，15%～19%得1.10分，≥20%得满分	暂无数据	0.66	0.88	1.10	1.31
47	海洋物流指数（万t）	1.14	<7000万t得0.78分，7000～7999万t得0.90分，8000～9999万t得1.02分，≥10000万t得满分	估算6292万t（2017年市域）	0.78	0.90	1.02	1.14
48	海洋旅游指数：年旅游收入、人均旅游消费水平（亿元、元）	1.06	<1200亿元/2000元得0.64分，达到1200亿元/2000元得0.78分，达到2500亿元/3000元得0.92分，超过得满分	807.6亿元；1464.8元（2017年市域）	0.64	0.78	0.92	1.06
49	城市非物质文化遗产数量（项）	0.83	原有非物质文化遗产不减少得0.50分，另外有增加项得满分	国家级5项；省级38项（2017年市域）	0.50	0.83	0.83	0.83
50	万人拥有城市历史文化风貌保护区面积（ha）	0.91	原保护区面积不减少得0.55分，另外有增加得满分	估算8.25ha	0.55	0.91	0.91	0.91

序号	具体指标	分数	评分标准（未达到近期标准的得分按60%算）	现状数据	现状评分	近期评分	中期评分	远期评分
51	市区特色海岛渔农村打造数量（个）	1.51	<16得0.91分，16~29得1.11分，30~39得1.31分，≥40得满分	估算16个（2018年）	0.91	1.11	1.31	1.51
52	国际友好城市数量（个）	2.39	<15个1.43分，15~19个得1.75分，20~29个得2.07分，≥30个得满分	12个（2018年市域）	1.43	1.75	2.07	2.39
53	年境外游客接待量（万人次）	0.92	<50万人次得0.55分，50~69万人次得0.67分，70~99万人次得0.79分，≥100万人次得满分	34.4万人次（2017年市域）	0.46	0.61	0.76	0.92
54	年国际、国家级体育赛事、节庆活动、会议会展数量（次）	1.40	<12次得0.84分，12~17次得1.02分，18~29次得1.20分，≥30次得满分	9次（2017年市域）	0.84	1.02	1.20	1.40
55	市民注册志愿者占常住人口比例（%）	1.78	<20%得1.07分，20%~24.9%得1.28分，25%~34.9%得1.52分，≥35%得满分	19.6%（2018年市域）	1.07	1.28	1.52	1.78
56	公共场所无障碍设施普及率（%）	1.55	<70%得0.93分，70%~79.9%得1.13分，80%~99.9%得1.33分，达到100%得满分	估算60%	0.93	1.13	1.33	1.55
57	公交双语率（%）	0.77	达到100%得满分，反之得0.46分	未达到100%	0.46	0.77	0.77	0.77
58	每10万人拥有公共文化设施数量（个）	2.33	<1.1个得1.40分，1.1~1.49个得1.71分，1.5~2.19个2.02分，≥2.2个得满分	1.1（2017年市域）	1.40	1.71	2.02	2.33
59	和善社区创建率（%）	0.92	<50%得0.55分，50%~69%得0.67分，70%~89%得0.79分，≥90%得满分	暂无数据，未达到50%	0.55	0.67	0.79	0.92
60	全社会研究与试验发展经费支出占GDP比重（%）	1.28	<2%得0.77分，2%~2.9%得0.94分，3%~4.9%得1.11分，≥5%得满分	舟山市1.54%（2016年市域）	0.77	0.94	1.11	1.28
61	海洋科技基金规模（亿元）	1.69	<50亿元得1.01分，50~99亿元得1.24分，100~199亿元得1.47分，≥200亿元得满分	5960万元（2016年市域）	1.01	1.24	1.47	1.69
62	国省级海洋科技实验室数量（家）	2.10	<10家得1.26分，10~19家得1.54分，20~49家得1.82分，≥50家得满分	3家（2018年市域）	1.26	1.54	1.82	2.10
63	人均双创空间建筑面积（m²）	1.81	<0.43m²得1.09分，0.43~0.99m²得1.33分，1~1.99m²得1.57分，≥2m²得满分	0.09m²（2017年市域）	1.09	1.33	1.57	1.81
64	海洋科技成果应用率（%）	1.21	<10%得0.73分，10%~19.9%得0.89分，20%~49.9%得1.05分，≥50%得满分	5.6%（2016年市域）	0.73	0.89	1.05	1.21
65	海洋科技专利占全国比例（%）	0.97	<17%得0.58分，17%~19%得0.71分，20%~29%得0.84分，≥30%得满分	暂无数据，未达到17%	0.58	0.71	0.84	0.97

续表

序号	具体指标	分数	评分标准（未达到近期标准的得分按60%算）	现状数据	现状评分	近期评分	中期评分	远期评分
66	每万人海洋科技类高端人才拥有量（人）	1.79	<2人 得1.07分，2～3人 得1.31分，4～9人得1.55分，≥10人得满分	1.7人（2016年市域）	0.90	1.20	1.50	1.79
67	每万名劳动人口中研发人员数（人）	1.14	<5人 得0.57分，5～9人 得0.76分，10～19人得0.95分，≥20人得满分	4.68人（2017年市域）	0.57	0.76	0.95	1.14
68	5G网络覆盖率（%）	0.96	达到100%得满分，反之不得分	未达到100%	0.00	0.96	0.96	0.96
69	是否建成海洋城市智慧大脑	1.00	建成得满分，反之不得分	未建成	0.00	1.00	1.00	1.00
70	智慧景区占比（%）	1.34	有智慧景区但<100%得0.68分，达到100%得满分	数量少，未达到100%	0.68	1.34	1.34	1.34
合计	70个指标	100	—	—	60.4	78.3	90.1	100.0

第 8 章
海上花园城建设指引

8.1 目标指引

党的十八大以来，以习近平同志为核心的党中央将生态文明建设纳入中国特色社会主义"五位一体"总体布局和"四个全面"战略布局，提出了一系列新思想、新理念、新战略，强调"绿水青山就是金山银山""保护生态环境就是保护生产力，改善生态环境就是发展生产力"。

党的十九大提出中国特色社会主义进入新时代，我国社会主要矛盾已经转化为人民日益增长的美好生活需要和不平衡不充分的发展之间的矛盾。在继续推动发展的基础上，着力解决好发展不平衡不充分问题，大力提升发展质量和效益，更好地满足人民在经济、政治、文化、社会、生态等方面日益增长的需要，更好地推动人的全面发展、社会的全面进步。

站在新的历史起点上，面对未来的挑战，舟山抓住历史机遇，发布了《中共舟山市委、舟山市人民政府关于建设海上花园城市的指导意见》，提出"加快推进我市群岛型、国际化、高品质海上花园城市建设"。为保证总目标的顺利实施，舟山紧扣"两个百年奋斗目标"，立足当前，着眼未来，明确了2020年、2035年、2050年三个阶段性目标。

到2020年，舟山建设群岛型、国际化、高品质的海上花园城市将取得重大进展，全方位提升经济、文化、社会、环境等品质，提升舟山市的国际知名度和美誉度，彰显群岛型、国际化、高品质的海上花园城市特色，推进品质舟山建设，实现全面建成小康社会。

到2035年，舟山初步实现群岛型、国际化、高品质的海上花园城市，基本建设成为生态和谐的绿色城市、以人民为中心的共享城市、多元包容的开放城市、独具人文特色的和善城市、永续发展的智慧城市，城市综合竞争力大幅度提升，融入长三角区域发展。

到2050年，舟山全面实现群岛型、国际化、高品质的海上花园城市，建成生态环境良好、经济文化发达、社会和谐稳定、更加具有国际影响力与竞争力的海上花园城市，成为全球建设海上绿洲和生态之城的典范。

为具体落实海上花园城的建设目标，舟山着眼于生态、社会、经济、人文、科技五大维度，分别提出行动计划，明确建设项目清单，通过统筹各个部门并将项目与各部门的年度考核相挂钩，保证建设项目顺利实施。

8.2 规划指引

8.2.1 浙江舟山群岛新区（城市）总体规划（2012—2030年）（2018年局部修改)

1．规划概况

《浙江舟山群岛新区（城市）总体规划（2012—2030年）》于2014年12月获省政府批复，是群岛新区规划、建设和管理的基本依据。《浙江舟山群岛新区（城市）总体规划（2012—2030年）》确定了新区"四岛一城"的建设目标，即国际物流枢纽岛、对外开放门户岛、海洋产业集聚岛、国际生态休闲岛和海上花园城。确定了"自由贸易港、海上花园城"的城市目标。在空间布局上，总体规划确定了新区"一体一圈五岛群"的总体布局，中心城区"一城三带"的空间结构（图8-1），其中，"一体"即舟山岛，是舟山群岛新区开发开放的主体区域，也是舟山海上花园城建设的核心区。

《浙江舟山群岛新区（城市）总体规划（2012—2030年）》（2018年局部修改）于2018年12月获批复，是在2014版的基础上对综合交通、城市建设用地布局两方面进行的局部修改（图8-2），2014版城市总体规划的强制性内容如定位目标、总体布局、城市性质、城市规模等都保持不变。

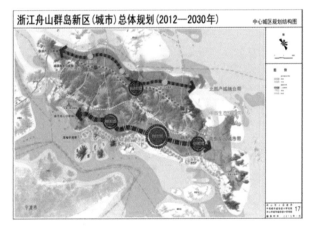

图8-1 中心城区规划结构图

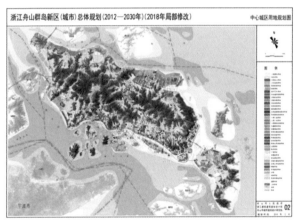

图8-2 中心城区用地规划图

2．规划指引

在城市目标"自由贸易港、海上花园城"的指引下，城市总体规划对如何建设海上花园城在各个方面提出了要求：

（1）在城市绿地与广场规划上，要求遵循生态化、花园化、人文化、系统化、网络化和全域化原则，完善城乡绿地系统，突显海上花园城市特色。构建全域覆盖的城乡绿地系统。在城市建设用地范围内，构建由综合公园、专类公园、城市绿地等构成的城市公园绿地体系（图8-3）。在非城市建设用地范围内，保护舟山岛中部生态绿色空间，建设郊野公园。

（2）在生态环境保护方面，要求保护海洋生态，加强长三角海洋环境保护的区域协作，建立区域性的污染排放申报许可及总量控制制度。实施产业分类指引，准入项目应达到生态环境保护要求。加强滨海湿地及附近海域的生物多样性保护和生态修复。加大舟山渔场保护力度。

（3）在岸线利用保护方面，要求优质优用、合理预留、集约利用、保护生态。划分港口工业岸线、城镇生活岸线、风景旅游岸线、自然生态岸线、渔业岸线、其他岸线。

（4）在自然与文化遗产保护方面，要求严格保护风景名胜区、自然保护区及森林公园。保护舟山省级历史文化名城，马岙、东沙省级历史文化名镇，里钓山、大鹏岛等省级历史文化名村，以及各级文物保护单位。重点保护舟山锣鼓、观音传说、渔民号子、传统木船制造技艺、渔民开洋节和谢洋节等非物质文化遗产（图8-4）。

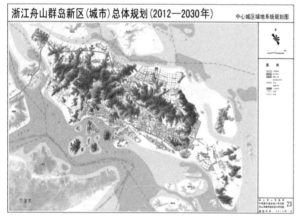

图8-3　中心城区绿地系统规划图

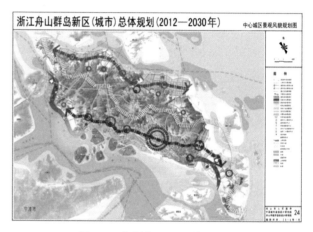

图8-4　中心城区景观风貌规划图

8.2.2　舟山市中心城区绿地系统专项规划（2015—2030年）

1．规划概况

《舟山市中心城区绿地系统专项规划（2015—2030年）》于2015年12月获批复。绿地专项规划是根据城市总体规划对城市绿地布局的总体要求进行的深化落实，可以指导城市的绿地建设，确保绿地建设和城市建设协调发展，更好地建设海上花园城。绿地专项规划确定了绿地的建设指标、类型、数量、规模和布局，是中心城区绿地建设的重要依据。

2．规划指引

绿地专项规划提出了规划目标：坚持生态优先原则，最大限度地发挥生态资源优势，通过绿地系统的合理布局（图8-5），建立良好的城市生态环境和优美的城市绿化景观，争取建设成为一个生态、安全、健康、美丽的海上花园城市。在中心城区范围内构筑城市绿地系统的生态框架，努力创建人与自然和谐共处的特色生态环境，建设适于市民居住活动的绿色人居环境，逐步实现城市绿地的"绿线管制"制度。

绿地专项规划明确了绿化建设指标：规划到2030年，全市森林覆盖率从现状的39.7%提高到45%，人均占有森林面积从107m^{2}提高到120m^{2}以上。中心城区绿地总量将达到5810.32ha，其中公园绿地2565.79ha，人均公园绿地面积21.38m^2。

中心城区绿地系统的规划结构为：利用"绿脊蓝脉"的资源环境优势，结合自然人文资源和现有绿化条件，构建"一脊四区三并轴、绿荫环绕花园城"的绿地布局结构（图8-6）。其中"一脊"指山体生态景观脊，"四区"指重点城市绿化区、一般城市绿化区、工业防护绿化区、滨海生态保护区，"三并轴"指横贯本岛的三条绿轴；绿荫环绕花园城包括九廊、多圈、多点，"九廊"指山城海

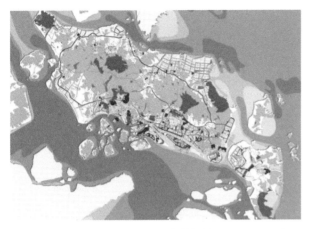 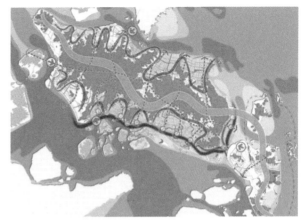

图8-5 中心城区绿地规划图　　　　　　　　图8-6 中心城区绿地布局结构规划图

生态廊，结合十条主干河道、连接中部山体的古驿道和重要人文景观点建立多条通山达海的景观通廊，"多圈"指城市组团圈层，"多点"指城市主要景观节点。

8.2.3 舟山群岛新区绿道专项规划

1. 规划概况

新区绿道作为媒介和路径，可以串联各个自然、文化资源节点，将旅游目的地由普陀山向西侧整个本岛区域延伸，将城市文明带向乡村，同时扩大舟山群岛新区影响力，实现"四岛一城"尤其是海上花园城的建设目标，将舟山的发展推向新的高潮。

专项规划明确了绿道的规划目标：依托舟山本岛及周边岛屿生态资源本底，契合本岛"一城三带"的城乡空间布局，串联城乡自然、人文景观，结合舟山"山、海、城"的自然格局特征以及"佛、渔"文化特色，发挥山海文化优势，在舟山本岛区域、舟山市区两个层面构筑城乡一体、山海相连、低碳节能、衔接方便的绿道网络系统，引导绿色出行，促进生态环境保护、提升城乡居民生活品质，带动旅游产业发展、建设宜居舟山。

2. 规划指引

根据自然及人文特色要素分析，舟山城乡绿道网可整体定位为——"游山亲海，观城礼佛"。

城乡绿道网空间布局结构为"两环–两横–多纵"（图8–7），其中两环指城乡观光绿道环＋礼佛亲海绿道环；两横指山林健体绿道＋滨海风情绿道；多纵指多条海岛南北联系绿道。实现以城乡观光绿道为骨架，链接城乡生态资源，构筑城乡和谐家园；以滨海风情绿道为线索，激发蓝调生活，彰显城市海岛特质；以山林健体绿道为脉络，串联眺望观景高点，展示城市空间形象；以礼佛亲海绿道为特色，提升旅游服务水平，外放佛教文化魅力。

8.2.4 舟山市中心城区主城区公园与绿道三年建设规划

1. 规划概况

为了积极践行"绿水青山就是金山银山"的发展理念，实现"品质舟山""海上花园城市"的建设使命，分阶段实现《舟山市中心城区绿地系统专项规划（2015—2030年）》《舟山群岛新区绿道专项规划》等，编制《舟山市中心城区主城区公园与绿道三年建设规划》。

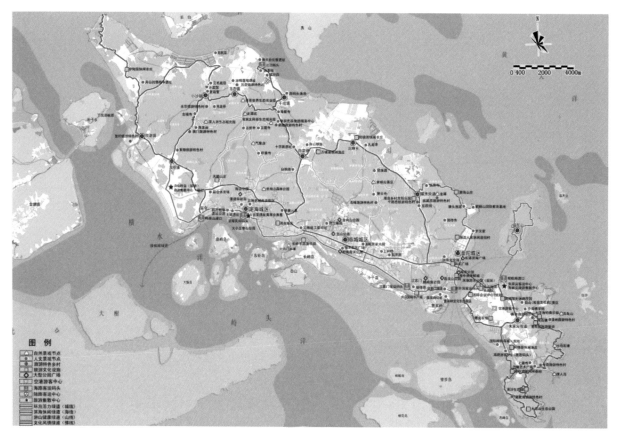

图8-7　绿道总体布局规划图

　　公园与绿道三年建设的总目标为：景观面貌显著变化，数量质量大幅提高，品质品位明显提升，建设具有山海诗画韵味的花园城市。分目标为：完成国家园林城市和国家森林城市创建，人均公园绿地面积达到≥15.0m²；至2021年公园绿地服务半径覆盖率达到《国家生态园林城市标准》的要求（≥90%）；并实现市民5min见绿，10min见园；提高湿地郊野公园、城市公园和社区公园数量，针灸式增加微型公园，建成公园布局合理、植物多样、绿树成林、景观优美的高品质海上花园城市；绿道成环成网，逐步提高主干河道和绿道贴合度，建设城乡线绿道和海线绿道。

2．规划指引

　　规划建设形成"山海绿廊贯通、郊野公园环绕、城市公园点缀、城乡绿道串联"的山海景观格局。

　　在公园建设方面，通过改建、新建湿地郊野公园、城市公园、社区公园、微型公园，至2021年，合计有11个湿地郊野公园、39个城市公园、34个社区公园，其中定海5个湿地郊野公园、8个城市公园、10个社区公园；新城4个湿地郊野公园、18个城市公园、9个社区公园；普陀2个湿地郊野公园、11城市公园、14个社区公园；朱家尖2个城市公园、1个社区公园（图8-8）。

　　在绿道建设方面，至2021年共形成338.6km绿道，包括定海40.5km绿道、3个绿道环线；新城87.2km绿道、4个绿道环线；普陀97.5km绿道、3个绿道环线；朱家尖67.4km绿道、3个绿道环线；区域型绿道46km（图8-9）。

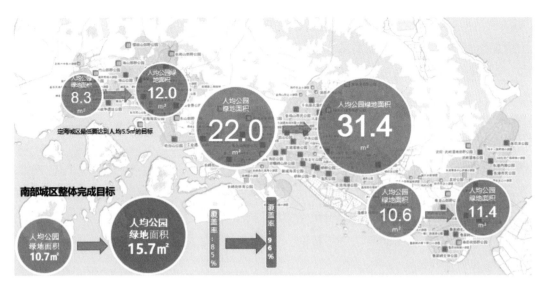

图8-8 公园建设完成目标

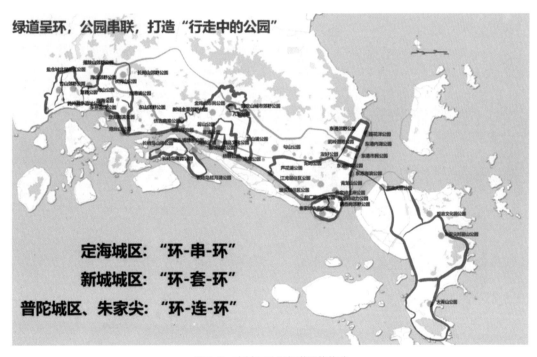

图8-9 主城区公园绿道网络构建

8.2.5 舟山本岛生态带保护与控制研究

1. 规划概况

舟山本岛的生态特点突出，陆域面积小，海域面积大，有着得天独厚的海洋资源和海岛空间，但是岛内生态环境敏感，海岛生态更容易受到人类建设活动的影响。因此舟山国家海洋新区的建设更需要通过生态带保护规划，在既有专项规划的基础上，整合生态要素，挖掘舟山本岛生态服务功能，充分发挥生态效应，恢复海洋与陆地的联系和生物空间的交流，实现发展与保护的协调、人与自然的和谐，实现"海上花园城市"的建设目标。

2. 规划指引

舟山本岛生态带的保护与控制秉承"在城市发展与自然演进的时空过程中实现互适性平衡"的理念，以"积极保护、生态培育"为指导思想，以保护和改善生态环境、维护自然景观为前提，以空间规划管制为手段，以发展"绿色产业"、"循环经济"为途径，通过加强基础设施建设，减轻开发造成的环境压力，实现经济社会发展和生态环境保育相协调。

生态带保护的目标为：优化群岛生态体系、强化生态服务功能、发展绿色生态产业、建设本岛生态网络。生态带保护的功能定位为：生态为基——港城绿色保障、生产为辅——绿色产业基地、生活为本——活力人居花园。

为了使舟山本岛生态安全格局的建设重点更加明确，将自然因素安全格局与人文因素安全格局进行叠加分析，并将多次重合的斑块进行提取，然后结合具有关键意义的廊道，建立舟山本岛综合生态安全格局（图8-10）。

立足于舟山本岛的自然环境条件与城市发展状况，借鉴绿心环形城市的规划思想，规划围绕中央绿核的"一核一带一面十二楔"的生态带规划架构（图8-11）。

通过对山、海、城三个维度的分析，确定生态带规划方案（图8-12）。

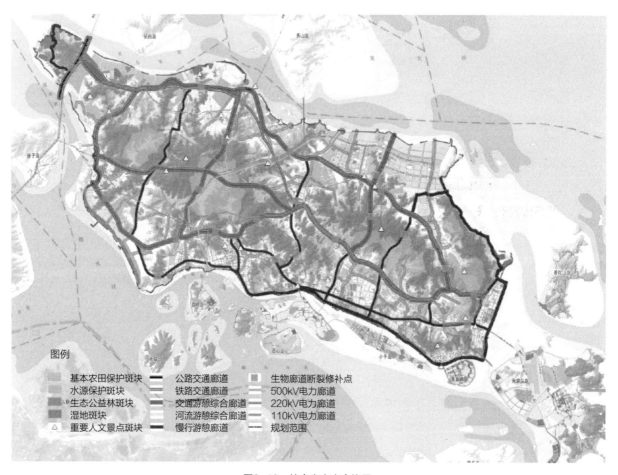

图例

基本农田保护斑块	公路交通廊道	生物廊道断裂修补点
水源保护斑块	铁路交通廊道	500kV电力廊道
生态公益林斑块	交通游憩综合廊道	220kV电力廊道
湿地斑块	河流游憩综合廊道	110kV电力廊道
重要人文景点斑块	慢行游憩廊道	规划范围

图8-10　综合生态安全格局

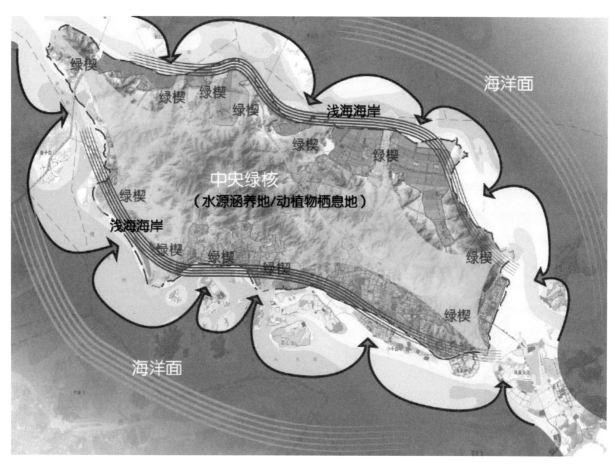

图8-11 海岛生态格局模式

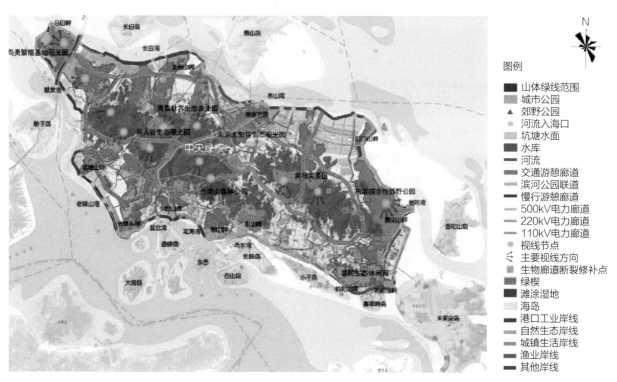

图8-12 生态带规划方案

8.2.6 舟山市城市景观风貌专项规划

1.规划概况

根据《浙江省城市景观风貌条例》，通过对舟山景观风貌的梳理（解构"什么是舟山"）、管控（塑造舟山的特色形象）、感知（令人记住舟山），建设"东方海天佛国、国际花园岛城"。

《舟山市城市景观风貌专项规划》确定的规划目标为：保护"山海岛城"的景观格局，彰显舟山城乡规划文化气质，梳理城市公共空间系统、培育城市公共环境艺术、打造城市文化活动与景观风貌感知系统，建设国际风范、特色鲜明的现代化海上花园城市。

2.规划指引

景观风貌专项规划确定的景观风貌结构为：两山环海城、岬湾塑分区；多廊连山海、群岛展画卷；两带串多片、四核绘美锦（图8-13）。

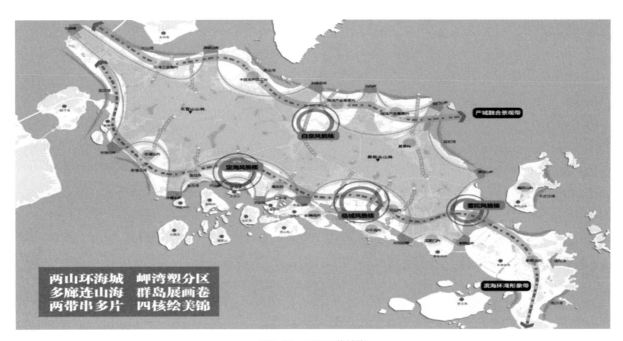

图8-13 景观风貌结构

8.2.7 舟山市中心城区海绵城市建设专项规划

1.规划概况

为了落实《住房城乡建设部办公厅关于印发海绵城市建设绩效评价与考核办法（试行）的通知》，建设自然积存、自然渗透、自然净化的海绵城市，按照"生态优先、因地制宜、保障安全、协调一致、统领建设"的原则，确定舟山市海绵城市建设指标体系、建设总体方案等。

2.规划指引

规划确定的总体目标为：规划通过综合采取"渗、滞、蓄、净、用、排"等措施，最大限度地减少少城市开发建设对生态环境的影响，将75%以上的降雨就地消纳和利用，建成"小雨不积水、大雨不成涝、水体不黑臭、热岛有缓解"的海绵城市。规划到2020年，城市建成区25%以上的面积达到目标要求；到2030年，城市建成区80%以上的面积达到目标要求。

从水生态、水环境、水资源、水安全、制度建设、示范效应6个方面建立舟山市中心城区海绵城市建设指标体系（表8-1）。

舟山市中心城区海绵城市建设指标体系 表8-1

类别	指标	近期（2020年）	远期（2030年）
水生态	年径流总量控制率	≥75%	≥75%
	生态岸线恢复率	≥40%	≥60%
	水面率	≥3%	≥3%
	地下水位	保持稳定	保持稳定
	城市热岛效应	缓解	缓解
水环境	水环境质量目标	水库Ⅱ类，河道Ⅲ～Ⅳ类	水库Ⅱ类，河道Ⅲ～Ⅳ类
	黑臭水体治理达标率	100%	100%
	城市污水处理率	≥90%	≥95%
	城市面源污染削减率	≥20%（以SS计）	≥50%（以SS计）
	新建/改建截流管截流倍数	≥3.0	≥3.0
水资源	污水再生利用率	≥20%	≥30%
	雨水直接利用率	≥3%	≥5%
	供水管网漏损率	≤12%	≤10%
水安全	防洪标准	100年一遇	100年一遇
	防潮标准	100年一遇	100年一遇
	城市内涝防治标准	20年一遇	30年一遇
	饮用水源水质标准	水库Ⅱ类，河道Ⅲ类	水库Ⅱ类，河道Ⅲ类
	城市供水水质标准	达到国家标准	达到国家标准
制度建设	规划建设管理制度	完成制度建设	完成制度建设
	投融资机制建设	完成制度建设	完成制度建设
	绩效考核与奖励机制	完成制度建设	完成制度建设
	产业化	完成制度建设	完成制度建设
示范效应	城市建设区比例	25%	80%
	连片示范效应	形成连片示范效应	形成连片示范效应

考虑到舟山市流域面积偏小、城市建设区相对分散的特点，本次规划确定海绵城市管控单元以控制性详细规划单元划分为基础，结合城市建设情况和地形条件，将整个舟山市划分为5个大区、116个管控单元，确定各管控单元的年径流总量控制率（图8-14）。

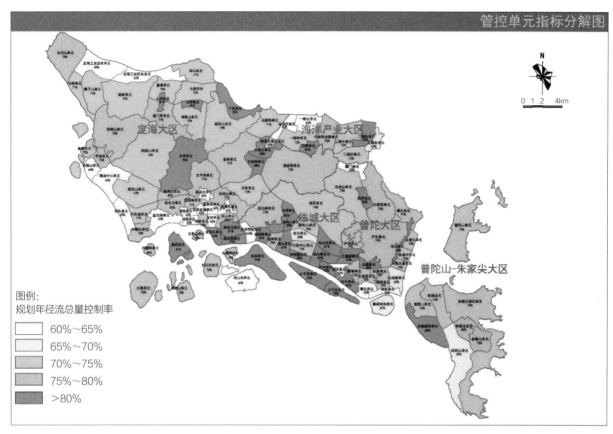

图8-14　各管控单元年径流总量控制率分解图

8.2.8　重点区域研究设计

1. 南部滨海走廊城市设计暨滨海景观大道景观规划

为了塑造舟山本岛特色空间与景观，以南部滨海道路的建设为契机打造舟山滨海走廊，显山露水，荟萃海滨城市风华，承旧启新，熔铸海上国际门户。

南部滨海走廊的总体框架为："一带两岸三区九段"（图8-15），其中"一带"是指全长50km的滨海带；"两岸"是指大道涵盖定沈水道两岸，包括舟山本岛南部滨海空间及对岸的南部诸岛，北突出都市空间，南偏重生态休闲；"三区"是指定海区段（岑港至东山，图8-16）、新城区段（东山至新园路，图8-17）、普陀区段（新园路至莲花岛，图8-18）；"九段"是指根据不同自然特征、城市功能、现况划分九段特色。

2. 舟山千岛中央商务区控制性详细规划（含城市设计）

规划确定小干岛的功能定位为：中国（浙江）自由贸易试验区的核心商务区（图8-19）。以金融、商贸、科创为三大主导功能，会议博览、邮轮母港等为拓展功能。确定规划布局结构为："一廊三心三板块"（图8-20）。"一廊"指东西向"中央绿谷"，串接各个建设组团及景观要素；"三心"指包括结合西侧湿地公园的"金盏台博览综合体"，保留现状围堰、设置核心地标的"小干嘴商务中心"，以及依托现状山体、聚水而成的"如意湾山水之心"（图8-21）；"三板块"指自西向东形成自贸科创板块、自贸金融板块及自贸休旅板块三大功能板块。

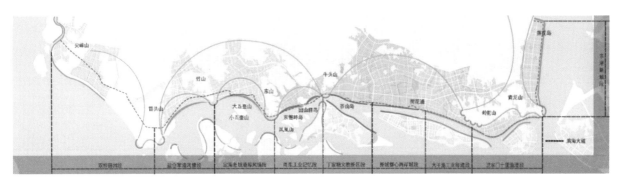

图8-15 南部滨海走廊总体框架

图8-16 定海湾(古韵今貌湾中城)

图8-17 新城湾(新兴都会两岸城)

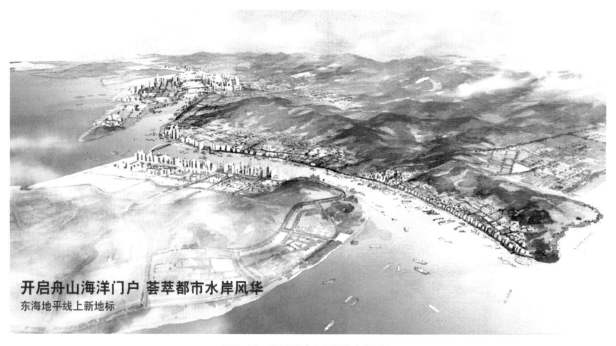

图8-18 普陀湾（十里渔港山海城）

图8-19 总体鸟瞰图

图8-20　土地使用规划图

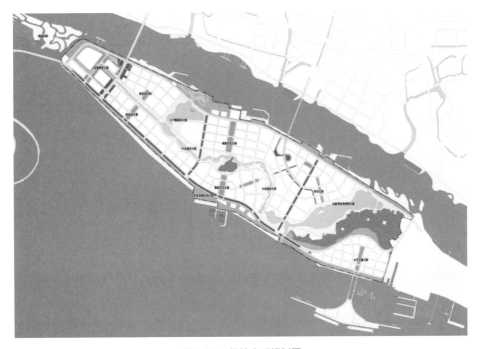

图8-21　绿地水系规划图

3．沈家门（半升洞）城市更新改造

沈家门渔港是全国最大的渔港，也是世界三大群众性渔港之一。沈家门（半升洞）区域位于普陀区沈家门渔港，与鲁家峙隔海相望，是"普陀湾"的重要组成部分（图8-22）。本区域在过往的岁月中依靠自然生长的方式积累了灵活丰富的独特城镇空间肌理，有望在新一轮的城市更新中营造出更美好的城市意象、更多元的活力空间（图8-23、图8-24）。

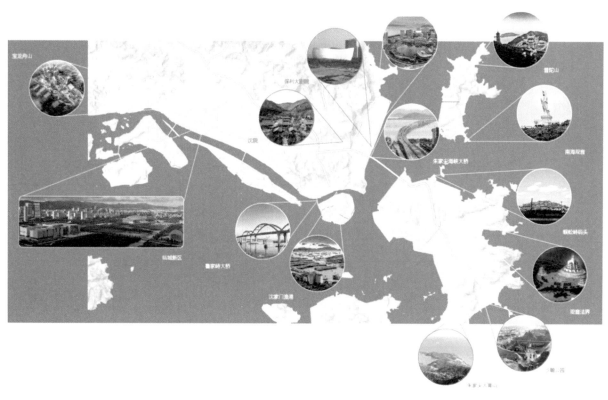

图8-22 沈家门（半升洞）区位及周边地标

图8-23 半升洞商业建筑效果图

图8-24　半升洞客运站场效果图

4．定海五山绿道概念方案

定海五山绿道环绕定海城区，经由东山、长岗山、擂鼓山、海山和竹山五座山体，全线长25.5km（图8-25）。

图8-25　定海五山绿道

5．新城三环绿道概念方案

新城三环绿道包括内环的花园绿道、中环的水岸绿道、外环的山海绿道（图8–26）。

6．普陀"中央山体公园"概念方案

普陀"中央山体公园"规划形成"一心两片三线"的总体布局（图8–27），其中"一心"是指一处海岛绿心；"两片"是指两个特质片区；"三线"是指三条普陀线路。

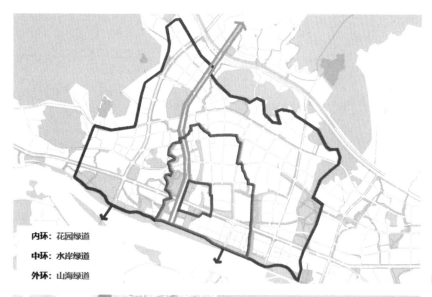

内环：花园绿道
中环：水岸绿道
外环：山海绿道

图8-26　新城三环绿道

图8-27　普陀"中央山体公园"

8.3 政策指引

为切实落实海上花园城的战略目标，在发布了《中共舟山市委、舟山市人民政府关于建设海上花园城市的指导意见》《中共舟山市委关于贯彻省第十四次党代会精神建设创新舟山、开放舟山、品质舟山、幸福舟山的决定》之后，又发布了一系列的行动计划，包括《"品质舟山"建设三年（2017—2020年）行动计划》《舟山市2017年海上花园城市建设攻坚行动实施方案》《舟山市2018年海上花园城市建设攻坚行动实施方案》，还对攻坚行动进展进行跟进，发布了《舟山市海上花园城市建设办公室关于2017年海上花园城市建设攻坚行动进展情况的通报》《舟山市海上花园城市建设办公室关于2018年海上花园城市建设攻坚行动完成情况的通报》。

8.3.1 中共舟山市委、舟山市人民政府关于建设海上花园城市的指导意见

为贯彻落实《中共中央国务院关于进一步加强城市规划建设管理工作的若干意见》《中共浙江省委浙江省人民政府关于进一步加强城市规划建设管理工作加快建设现代化城市的实施意见》精神，依据《浙江舟山群岛新区发展规划》和《浙江舟山群岛新区（城市）总体规划（2012—2030年）》，加快推进舟山市群岛型、国际化、高品质海上花园城市建设，舟山市委市政府发布了《中共舟山市委、舟山市人民政府关于建设海上花园城市的指导意见》（图8-28）。

本指导意见明确了舟山海上花园城建设的指导思想、总体目标和"坚持产城一体、坚持品质提升、坚持绿色生态、坚持开放发展、坚持千岛共荣"的五大基本原则，提出了强化城市规划引领、优化城市空间布局、突显群岛城镇特色、提高城市现代化建设水平、加强城市环境综合整治、创新城市治理方式、加强组织保障七大方面二十八条具体举措。

图8-28 中共舟山市委、舟山市人民政府关于建设海上花园城市的指导意见

8.3.2 中共舟山市委关于贯彻省第十四次党代会精神建设创新舟山、开放舟山、品质舟山、幸福舟山的决定

中国共产党舟山市第七届委员会第二次全体会议认真学习贯彻习近平总书记系列重要讲话精神和治国理政新理念新思想新战略，按照浙江省第十四次党代会精神和舟山市第七次党代会总体部署，紧密结合舟山实际，建设创新舟山、开放舟山、品质舟山、幸福舟山，舟山市委发布了《中共舟山市委关于贯彻省第十四次党代会精神建设创新舟山、开放舟山、品质舟山、幸福舟山的决定》（图8-29）。

本决定明确了建设"四个舟山"的总体要求，提出了四个主要任务，包括：①加快创新驱动，建设创新舟山；②实施新一轮对外开放，建设开放舟山；③提升城市品质，建设品质舟山；④提升群众幸福指数，建设幸福舟山。

图8-29　中共舟山市委关于贯彻省第十四次党代会精神建设创新舟山、开放舟山、品质舟山、幸福舟山的决定

8.3.3 "品质舟山"建设三年（2017—2020年）行动计划

为认真贯彻落实党的十九大、浙江省第十四次党代会和舟山市委七届二次全会精神，根据《中共舟山市委关于贯彻省第十四次党代会精神建设创新舟山、开放舟山、品质舟山、幸福舟山的决定》的要求，特制定《"品质舟山"建设三年（2017—2020年）行动计划》（图8-30）。

本行动计划明确了"品质舟山"建设的总体要求、基本原则、主要目标，提出了四大主要任务，包括：①坚持高起点规划，提升城市空间发展格局；②坚持高标准建设，提升城市综合承载能力；③坚持高标准治理，提升城乡综合环境面貌；④坚持高水平管理，提升城市管理精细化水平。

图8-30 "品质舟山"建设三年（2017—2020年）行动计划

8.3.4 舟山群岛新区海上花园城城市建设五年攻坚行动方案

认真学习贯彻落实习近平总书记的重要指示精神，深刻领悟"势在必行"的丰富内涵，坚决发扬"勇立潮头"的豪迈锐气，全力实现新区"华丽转身"，特制定《舟山群岛新区海上花园城城市建设五年攻坚行动方案》（图8-31）。

本行动方案对"十三五"期间新区海上花园城建设工程项目进行了认真梳理。"十三五"期间舟山市城市建设项目总计约353个。具体分为保障性住房建设项目、公共服务设施建设项目、历史文化名城保护建设项目、绿地景观设施与生态环境保护建设项目、道路交通设施建设项目、市政公用设施建设项目、综合防灾设施建设项目、小城镇环境综合整治建设项目八大类。

图8-31 舟山群岛新区海上花园城城市建设五年攻坚行动方案

8.3.5 舟山市创建全国文明城市三年行动方案（2018—2020年）

为加强全国文明城市创建工作的针对性、指导性、规范性和实效性，统筹做好全国文明城市创建各项工作，根据《全国文明城市测评体系》《全国未成年人思想道德建设工作测评体系》的内容和要求，结合本市实际，制定《舟山市创建全国文明城市三年行动方案（2018—2020年）》（图8-32）。

本行动方案明确了舟山市创建全国文明城市的总体要求、基本原则、创建目标、工作步骤，提出了六大突破项目，包括：市民素质获得重大提升；诚信建设取得重大突破；市政设施得到全面完善；交通秩序取得全面优化；经营秩序取得全面提升；城市管理水平再上台阶。还提出了四大推进措施，包括：健全创建工作机制；完善自测评估机制；健全监督检查机制；完善奖惩激励机制。

图8-32　舟山市创建全国文明城市三年行动方案（2018—2020年）

8.3.6 "811"美丽舟山建设行动方案

为全面贯彻落实浙江省委省政府关于"美丽浙江"的重大决策部署，扎实推进美丽舟山建设，根据《中共舟山市委关于建设美丽群岛创造美好生活的若干意见》精神，制定《"811"美丽舟山建设行动方案》（图8-33）。

本行动方案明确了美丽舟山建设的指导思想、基本原则、总体目标和主要目标，深入实施11项专项行动，包括：绿色经济培育行动；节能减排行动；"五水共治"行动；大气污染防治行动；土壤污染防治行动；"三改一拆"行动；深化美丽乡村建设行动；生态屏障建设行动；灾害防控行动；生态文化培育行动；制度创新行动。

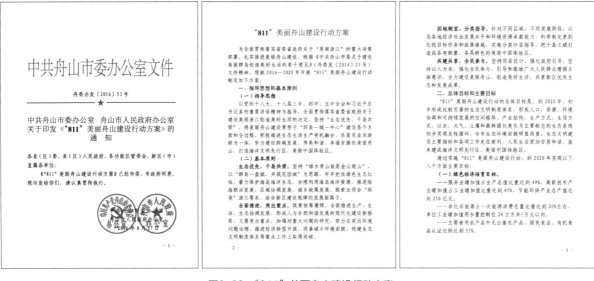

图8-33 "811"美丽舟山建设行动方案

8.3.7 关于创建国家森林城市工作的实施意见

为深入实施新区发展战略，努力打造海上花园城和国际休闲岛，积极推动"绿水青山就是金山银山"在舟山市的生动实践，根据《国家森林城市申报与考核办法》和《国家森林城市评价指标》，就舟山市创建国家森林城市工作提出实施意见（图8-34）。

本实施意见明确了创建国家森林城市工作的指导思想、总体目标，提出了舟山市创建国家森林城市的创建内容，包括：抓好森林城市生态环境体系、森林城市生态文化体系、森林城市生态产业体系和森林资源安全管护能力建设4个方面18项工程。

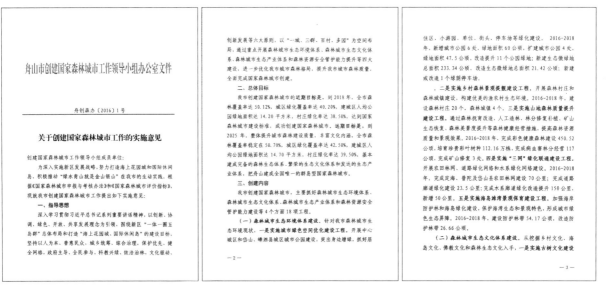

图8-34 关于创建国家森林城市工作的实施意见

8.3.8 海上花园城市建设攻坚行动实施方案

1. 舟山市2017年海上花园城市建设攻坚行动实施方案

为贯彻落实《中共舟山市委、舟山市人民政府关于建设海上花园城市的指导意见》精神，加快提升城市综合功能，制定《舟山市2017年海上花园城市建设攻坚行动实施方案》（图8-35）。

本实施方案明确了2017年攻坚行动的指导思想、总体目标，提出了中心城区提升、城市景观亮化工程、城市公园绿化绿道建设、城市污水和环卫设施建设、小城镇环境综合整治、"城中村"治理改造、城乡危旧房治理改造、老旧小区改造及农贸市场提升、"三改一拆"违法建筑拆除、城市交通拥堵治理十大攻坚行动，共计31类工程、315个项目。

图8-35 舟山市2017年海上花园城市建设攻坚行动实施方案

2. 舟山市2018年海上花园城市建设攻坚行动实施方案

为深入贯彻落实《中共舟山市委、舟山市人民政府关于建设海上花园城市的指导意见》和《"品质舟山"建设三年（2017—2020年）行动计划》精神，制定《舟山市2018年海上花园城市建设攻坚行动实施方案》（图8-36）。

本实施方案明确了2018年攻坚行动的指导思想、总体目标，提出了"城中村"改造、旧城区改造和危旧房治理改造、"三改一拆"违法建筑拆除、小城镇环境综合整治、城市道路建设、中心城区提升、城市景观亮化工程、城市公园绿道建设、城市污水和环卫设施建设、国际社区及邻里中心建设十大攻坚行动，共计20类工程、376个项目。

图8-36 舟山市2018年海上花园城市建设攻坚行动实施方案

8.3.9 海上花园城市建设攻坚行动进展情况的通报

1. 舟山市海上花园城市建设办公室关于2017年海上花园城市建设攻坚行动进展情况的通报

2017年，舟山全市各级党委、政府及各有关单位认真贯彻落实新区党工委管委会和市委市政府的决策部署，围绕打造"最干净、最美丽城市"目标，奋力推进海上花园城市建设攻坚行动，圆满完成了各项年度目标任务（图8-37）。

图8-37 关于2017年海上花园城市建设攻坚行动进展情况的通报

2. 舟山市海上花园城市建设办公室关于2018年海上花园城市建设攻坚行动完成情况的通报

2018年，舟山全市各级党委、政府及各有关单位认真贯彻落实新区党工委管委会和市委市政府关于建设群岛型、高品质、国际化海上花园城市的战略部署，围绕打造"最干净、最美丽城市"目标，持续深入推进海上花园城市建设攻坚行动，并基本完成了各项年度目标任务（图8-38）。

舟山市海上花园城市建设办公室关于
2018年海上花园城市建设攻坚行动完成情况的通报

各县（区）委、县（区）人民政府，各功能区管委会，市属各有关单位：

2018年，全市各级党委、政府和各有关单位认真贯彻落实新区党工委管委会和市委市政府关于建设群岛型、高品质、国际化海上花园城市的战略部署，围绕打造"最干净、最美丽城市"目标，持续深入推进海上花园城市建设攻坚行动，并基本完成各项年度目标任务，现将有关情况通报如下：

一、工作推进情况

2018年海上花园城市建设十大攻坚工程20项工程376个项目完成投资237.21亿元。

（一）城中村改造攻坚行动完成投资165.11亿元。按照《关于加快推进城中村改造建设的实施意见》持续推进全市54个城中村改造计划，2018年全市基本完成城中村改造27个，完成改造约9798户、拆迁室户14021户，建筑面积211.84万平方米。

截至2018年12月底，城中村改造两年计划全市累计完成投资358.58亿元，基本完成城中村改造45个。累计已签约23192户；已签征迁20383户，建筑面积292.19万平方米；已完成整治4220户，建筑面积77.32万平方米。

（二）旧城改造和城乡危旧房治理、老旧小区改造攻坚行动完成投资28.25亿元。老旧小区改造方面，11个老旧小区包括改造

—1—

滨海公寓、紫竹公寓、檀香小区、弘生世纪城南区、普陀沐沐池路小区、兴业花园；峃山墨美新村二小区、嵊泗海霞明珠苑、新城花苑、海晶苑小区；新城海西、日前均已完成改造。城乡危旧房治理方面，我市开展第二次城镇房屋大排查，共计排查城镇房屋18441幢，其中鉴定的丙类房屋898幢，已完成鉴定工作，全市新增D级危房19幢（住宅3幢，非住宅16幢），C级危房385幢，建筑幕墙或CD级，根据鉴定结果，全市基本建立城镇危房危房清单并基本完成城镇危房数据录入工作，提高完成农村危房治理改造工作。

（三）"三改一拆"违法建筑拆除攻坚行，全市共实施"三改一拆"289.20万平方米，完成目标任务的144.60%，其中城中村改造146.46万平方米，旧住宅区改造117.14万平方米，旧厂区改造25.59万平方米；拆除违法建筑164万平方米，完成目标任务的149.09%，累计拆后土地利用率达到86.88%。

（四）小城镇环境综合整治攻坚行动完成投资10.42亿元。全面推进小城镇环境综合整治三年行动计划，抓重点、出成效，2018年计划达标20个小城镇项目数473个，已开工34个、开工率100%；完成投资10.3亿元，完成年度计划投资的107.9%。长白、册子、东极、岱东、岱东、岱山、合门五个小城镇省级验收中榕检验收、小沙街道、东沙镇、黄龙乡、枸杞乡、六横龙山、金塘山潭完成省级机动车检验收，创省级卫生乡镇比例位居全省。

截至12月底，全市54个小城镇项目数834个，已开工834个，开工率100%；累计完工826个、完工率97.8%，舟山小城镇整治项目整体开工率、项目完成投资率居全省前列。

—2—

（五）城市道路建设攻坚行动完成投资16.99亿元。围绕"城市交通拥堵状况明显改善，人民群众满意度明显提高"的目标，牵头推进城市路网和公共停车系统等城市交通基础设施建设。城市路网建设方面，2018年全市打通断头路3条，拓宽瓶颈路3条，新建城市道路8条，合计完成道路建设19条、共计9.56公里；12条道路开工建设。百里滨海大通道完成投资5.11亿元，陆上通道路基本步工东段（富翅道路-小干大桥接线）完成雨污水管、道路开挖、增渣填筑，累计完成总工程量的40%。普陀段完成规划方案，完成概念性方案设计。停车场建设方面，加快推进停车设施建设，2018年完成西园新村29幢危房危除停车场、定海其器停车场、城西河路、新城桥畔公园配套停车场、普陀鲁家峙市场配套停车场、鲁家峙渔港大桥下新建停车泊位等22处，共计1586个停车位建设。

（六）中心城区开攻坚行动完成投资5.70亿元。道路提升改造方面，完成定海路改造，环城南路（环城西路-东港桥）整体改造提升，329国道沿线景观提升改造、港岛路提升改造、莲花路提升改造等7条道路景观提升改造计划。入城口改造方面，完成文化定海高新城区改造提升，岭陀隧道北口绿化提升改造、海天大道定海桥区域城西西通路环境提升改造工程、金塘高速服务区绿化提升工程等9个入城口景观提升改造。

（七）城市景观亮化攻坚行动完成投资0.96亿元，完成定海电视塔景观亮化、定海入城口景观亮化、鲁家峙北岸景观提升工程、329国道沿线高架景观亮化工程、朱家尖慈航广场（三期）

—3—

图8-38　关于2018年海上花园城市建设攻坚行动进展情况的通报

8.4　行动指引

海上花园城市建设是一项长期艰巨而复杂的系统工程。为了全面建成群岛型、国际化、高品质的海上花园城市，坚持高标准精心规划（规划一支笔），坚持高水平精美建设（建设一盘棋），坚持高效率精准管理（管理一张网），一张蓝图绘制，分阶段按时序实施。

海上花园城市建设时序与目标三阶段对应，分为近期、中期、远期三个阶段：

近期指2017—2020年，与城市的三年行动计划对应，目前项目安排已明确，按《舟山市2017年海上花园城市建设攻坚行动实施方案》《舟山市2018年海上花园城市建设攻坚行动实施方案》《"品质舟山"建设三年（2017—2020年）行动计划》实施。

中期指2021—2035年，与国家第一个百年奋斗目标对应，以《中共舟山市委、舟山市人民政府关于建设海上花园城市的指导意见》为方向，以《浙江舟山群岛新区发展规划》《浙江舟山群岛新区（城市）总体规划（2012—2030年）》以及综合交通、市政公用、公共设施等各类专项规划为支撑，安排各类规划、建设项目。

远期指2036—2050年，与国家第二个百年奋斗目标对应，以建成"海上绿洲和生态之城"为指引，在新一轮城市总体规划以及专项规划编制过程中妥善布局，以期全面实现群岛型、国际化、高品质的海上花园城市。

到2050年，舟山将建成生态环境良好、经济文化发达、社会和谐稳定、更加具有国际影响力与竞争力的海上花园城市，成为全球建设海上绿洲和生态之城的典范。

8.4.1　城市生态优美行动（绿色城市）

（1）塑造独具特色的海岛城市与建筑风貌

结合舟山自然风光、历史传承，打造独具特色的海岛城市和建筑风貌，构建"山、海、城"相

融共生的海上花园景观。积极推动绿色建筑发展，推广台阶式花园屋顶、自由开放底层空间、现代自由建筑立面、地方特色建筑石材和建筑造型、色彩等。严格控制沿海一线建筑功能、形态、高度、风貌、色彩、材质，体现海滨沿线公共性、开放性和景观性；严格控制高层建筑并合理规划布局，鼓励和引导小街区、开放式、小尺度和点式建筑。

（2）构建具有舟山特色的城市空间布局

严格保护自然环境，禁止违法挖山、砍树、填河（海）；严格保护自然海岸，划定禁建海岸、海湾和海滩，显山露海、城不压山、山城相间，山、海、城有机融合。加快形成"海天佛国、渔都港城，城在海上、海在城中，千岛之城、海上花园"的城市形象和空间特质。中心城市加快构筑山、海、城、绿有机生长，组团式、开放式、紧凑型的"一城三带多组团"格局。加强对中部生态保育带的保护，通过对山体类型的划分和郊野公园的植入，形成具有城市生态功能的核心绿色空间体系。

（3）大力推进城市美化建设

大力推进城市公园建设，划定公园边界范围，构建点、线、面相结合的多层次海岛公园体系，提高公园绿地服务半径覆盖率。提升滨海、滨河绿化品质，规范滨海绿色开放空间和河道绿化带管理；规范林荫道建设，提高林荫覆盖率。全面推进截污纳管、河道清淤、工业整治、排放口整治、生态配水与修复工程，保证各类水体洁净，实现环境整治优美、水清岸绿。

8.4.2 城市绿色发展行动（绿色城市）

（1）大气污染防治工程

空气质量继续保持全国、全省领先位置，稳定保持国家二级标准，建立并开展舟山清新空气监测评价。优化能源结构，发展清洁能源，重点推进LNG、风电、光电等项目建设。深化工业废气治理，以石化、化工、工业涂装、储运等行业为重点，大力推进VOC治理。全市县以上建成区全面完成大气重污染企业关停或搬迁工作。落实扬尘治理措施，开展绿色工地创建，确保在建工程扬尘治理实现6个100%要求。强化机动车污染防治，淘汰老旧车辆，提高新能源车使用比例。推进港口船舶污染防治，靠港船舶使用岸电及低硫油，建设绿色低碳港口。开展城市生活废气治理，推进农村废气治理工作。

（2）构建舟山特色的现代化环卫机制

制定完善的垃圾分类管理制度，加快垃圾分类末端转运、处理和再利用的设施建设，加快完善全市环卫一体化工作机制，逐年提高环卫保洁经费。实行经济政策、收取排污费、对资源化设备企业轻纳税、提供财政补贴等。重视治理技术开发，推广普及垃圾处理技术且重视能源环境技术研发。形成以政府为治理引导，民众为治理主力，企业为治理推理的综合管理体制。

（3）积极探索海绵城市建设

在注重对河流、湖泊、湿地、坑塘、沟渠等城市原有生态系统保护和修复的基础上，统筹规划城市绿地系统与雨水系统，合理地铺设下沉绿地、人工湿地、透水铺装地面、生物滞留池、蓄水模块等海绵设施，加速建设具有"自然积存、自然渗透、自然净化"特点的海岛特色海绵城市，综合采用"渗、滞、蓄、净、用、排"等措施，实现良性的水文循环、控制径流污染、排水防涝、资源利用、景观提升、改善生态环境等综合目标。

8.4.3 品质家园构建行动（共享城市）

（1）构建便捷的绿色交通体系

坚持优先发展城市公共交通网络，树立"窄马路、密路网"开放街区的城市规划和道路布局理念，加快建设城市快速路、主次支路，打通断头路，拓宽瓶颈路，激活微循环，形成完整的路网体系。全面扩大提质自行车和步道、慢行道系统，鼓励市民绿色出行。加强公交环线建设，提高社区公交线路密度，形成由快速公交、普通公交和城市公交组成的线路体系。积极引导共享单车规范发展，解决好人民群众出行"最后一千米"的问题，实现步行＋共享单车＋公交无缝连接，提高民众绿色出行的比例。到2020年，确保城市建成区平均路网密度达到8km/km²以上，建设绿色步道200km以上，公共交通系统出行分担率达到25%，主城区公交站点500m覆盖率达到100%，持续保持公交乘客满意度在80%以上。

（2）完善公共配套服务体系

高标准建设优质公共配套服务体系，形成以社区级设施为基础，市、区级设施衔接配套的公共服务设施体系。构建"10＋20＋30"的公共服务设施体系，实现10min到小区级公共服务中心，20min到医疗、文化、教育、体育、养老等居住区级公共服务设施，30min到市（区）级公共服务设施，基本实现市区全覆盖。加强城市便民服务设施和无障碍设施建设，推进既有多层建筑电梯改造。

（3）建设公共安全防控体系

高度重视并确保城市安全，严格进行城市供水水质监测，做好城市燃气安全管理，重点加强沿海堤、塘、坝等安全防护，改造提升城市防台排水防洪防涝系统，推进城市桥梁安全检测和加固改造，切实保障城市供水、供气、排水、道路桥梁等市政公用行业安全。高度重视建立油罐和油气管道专业保护和安全防控体系。健全城市地质灾害应急指挥体系，加强城市防灾避难场所建设，增强抵御自然灾害、处置突发事件和危机管理的能力。

8.4.4 文明城市建设行动（共享城市）

（1）深化文明城市建设

大力弘扬以爱国主义为核心的民族精神和以改革创新为核心的时代精神，弘扬"勇立潮头、海纳百川、同舟共济、求真务实"的舟山精神，传承海洋文化价值精髓，推进海洋文化名城建设。创新文明创建理念和手段，深入实施市民素质提升工程，广泛开展"讲文明、树新风"公益宣传，积极挖掘和推进家训家风建设，继续开展"道德模范"等最美系列评选活动，加强社会公德、职业道德、家庭美德和个人品德教育，完善社会诚信体系，推进志愿服务常态化，提升群众性精神文明创建实效，创建全国文明城市。制定《舟山市文明出行条例》，规范市民行为，全面提升市民文明素质。

（2）加快政府管理水平现代化建设

积极落实国家、省有关城市管理和综合行政执法体制改革的要求，实现城市管理执法机构综合设置。进一步厘清城市管理相关部门的职责边界，着力构建权界清晰、分工合理、运转高效、法治保障的城市管理和行政执法职能体系。依据属地管理原则，明确市和县（区）、功能区城市管理和综合行政执法部门的职责分工。全面推进县（区）城市管理和综合行政执法部门向乡镇街道派驻执法机构工作，推进基层综合行政执法联动指挥平台和执法工作网建设，实现城市管理执法全覆盖。充分发挥市民、街道（乡镇）主体作用和社区自治功能，培育和发展城市管理志愿者协会等社会组织，带动全民参与城市管理。推行公共服务社会化，采用服务外包和购买服务等方式，用市场化的方式解决城市管理服务中的难题。畅通公众参与机制，推动城市管理服务与市民的日常生活需要精准对接。

8.4.5 产业结构升级行动（开放城市）

（1）加快落实国家战略项目

加快落实舟山港综合保税区、中国（浙江）大宗商品交易中心、舟山江海联运服务中心、舟山绿色石化基地、舟山波音737完工与交付中心、舟山国家远洋渔业基地、中国（浙江）自由贸易试验区等一系列国家级战略、国家级平台和国家级项目。依托国家战略政策支持，吸引新兴产业和高端产业，实现产业升级，跨入新的发展阶段，完成经济从粗放型的高速增长向高质量增长的转变，提高舟山市在全球海洋中心城市分工体系中的核心竞争力。

（2）加强岛屿错位联动发展

充分发挥舟山各岛群的自身特色优势，实现特色化、主题化、差异化发展。坚持一岛一主题，一岛一特色，千岛百态，千岛共荣。普陀国际旅游岛群依托佛教文化，建设禅修旅游基地，形成世界级佛教旅游胜地；岱山要在新区拓展战略研究的基础上，加快海洋综合产业和特色文化名镇建设，打造"魅力岱山"和"实力岱山"；嵊泗继续深化"离岛·微城·慢生活"内涵，打造特色美丽海岛；金塘加快推进整岛开发，打造成为宁波舟山港一体化的示范区；六横充分发挥深水港口资源，打造国际化、现代化综合性临港产业岛和宜居宜游岛；桃花以省级风景名胜区为核心，打造国际旅游度假岛。衢山镇围绕自贸区离岛片区建设，打造重要的大宗商品储运中转加工交易中心。加强马鞍列岛和中街山列岛国家海洋特别保护区管理。

（3）加快提升旅游品质

建设提升美丽公路、旅游风景道、通景公路、景观道路和交通驿站，推出城市观光巴士、环岛观光巴士、乡村旅游巴士线路，完善自驾车网络体系，开通度假区、旅游景区、特色小镇、旅游风情小镇区域内旅游公交，解决"最后一千米"问题。推进自驾车、房车露营项目建设，培育建设汽车旅馆、汽车营地、露营地等新型配套设施。完善旅游标识标牌和道路引导系统。以旅游标准推进公共设施建设，重点提升新城滨海休闲区、中央商务区旅游休闲功能，增加旅游公共产品供给。完善舟山群岛旅游IP体系，创新开发具有舟山海岛元素和符号的旅游吸引物，打造特色鲜明的舟山群岛旅游目的地形象。在主要旅游消费场所实现在线预订、网上支付，主要旅游区实现智能导游、电子讲解、信息推送功能全覆盖，为游客提供智能精准的服务。

8.4.6 基础交通改善行动（开放城市）

（1）加快城市对外交通网络连接

交通是城市经济发展的先导工程，交通基础设施服务水平的高低直接关系着其他各项的发展情况。舟山作为一个群岛城市，长期处于交通末端地位，严重地限制了舟山的经济发展与对外交流能力。加快推动宁波至舟山铁路工程；加快机场基础设施建设，推进国际空港口岸开放；集中力量打好西接宁波、北连上海两张"桥牌"；围绕服务自贸试验区、舟山江海联运服务中心和舟山绿色石化基地等国家战略实施，坚持海港、海湾、海岛"三海联动"，深化与长江经济带沿线城市的合作以及与海上丝绸之路沿线国际港口的合作，增强综合服务能力。通过实现舟山全市范围内"海陆空"交通大建设，实现从交通末端→交通节点→海上交通枢纽的华丽转身。

（2）构建城区间快速交通体系

城市交通在城市空间拓展中发挥着关键的作用。布设以大容量的轨道交通、中运量的快速交通为骨架，一般运量大站快车线为辅助的交通体系。通过落实从白泉高铁枢纽站经新城至东港的城市轨道交通工程，推进连接中心城市各组团的主要通道建设工程，实现人员快速流通、各区间资源的有效整合、各城区协同发展。

8.4.7 历史文化传承行动（和善城市）

（1）保护历史文化风貌和风景名胜资源

加快完成历史建筑普查工作，有效保护古遗址、古建筑、近现代历史建筑等文物资源。强化古树名木及资源保护。坚决制止拆毁、破坏保护性街区、特色林荫街、古村镇和历史文化特色建筑的行为。严格落实风景名胜区资源保护和生态修复，全面完成风景名胜区保护规划编制。

（2）加快申报世界文化遗产步伐

舟山作为海上丝绸之路的一个重要区域节点，在古代几次成为国际自由贸易港，是东西方两个世界碰撞、两个文明冲突的前沿岛屿。这些"碰撞""冲突"大大丰富了舟山海洋文化内容，留下了大量海上丝绸之路的历史遗存，奠定了舟山申遗资本。通过申遗，能够极大地提高人们对文物的保护意识以及参与保护文物的积极性。借助申遗工作的契机，舟山能够进一步向世界宣传具有舟山特色的海洋文化，提高舟山的知名度。

8.4.8 城市文化提升行动（和善城市）

（1）大力建设特色文化设施

积极打造体现舟山海岛文化、海洋科技、军事主题的文化景观地标，设置海洋文化馆、国际海洋艺术中心、奥体公园、国际会议中心等重要的人文交往设施，推进具有特色文化主题的公园的建设。

（2）推动舟山节庆赛事发展

依托丰厚的历史文化资源和自然人文资源，进一步设计举办具有舟山特色的并能够产生重大的国内外影响力的节庆赛事会展活动，借此产生城市经济、文化效应和宣传、推介效应，提升城市文化软实力，提高城市国际知名度。打造特色的节庆赛事可以有舟山海钓大赛、舟山海上马拉松大赛、帆船锦标赛、环岛自行车赛、舟山音乐节，继续加大舟山的国际沙雕艺术节、海鲜美食文化节、南海观音文化节等主要节日的宣传力度。

8.4.9 智慧城市建设行动（智慧城市）

（1）加快信息基础设施建设

加快推进信息基础设施建设，有效保障舟山数字经济、智慧城市的发展。加快推进光网城市，提升光纤宽带渗透率和接入能力，实现光缆上到工程；积极开展5G网络规模组网建设，打造高速无线网络城市；完善陆海空天一体化信息基础设施；开展海洋应急通信试验网建设试点。

（2）加强智慧城市建设

充分运用大数据、云计算、物联网、移动互联网等新一代信息技术，构建统一的城市管理数据共享标准体系，建立城市管理数据资源中心，拓展环卫、市容、市政、执法等智慧城市管理应用。按照"一中心四平台"的运行模式，建立智慧城管指挥中心、城市日常管理平台、应急指挥平台、公共服务互动平台、决策分析平台，促进公共数据资源整合共享和开发利用，为城市管理提供智能解决方案，提高城市管理决策水平和民生服务能力。

8.4.10 科创城市兴盛行动（智慧城市）

（1）加速建设海洋科技产业，坚持创新引领发展的理念

21世纪是海洋的世纪，海洋再度成为世界关注的焦点，海洋的国家战略地位空前提高，国家提出了"逐步把我国建设成为海洋经济强国"的宏伟目标。舟山东临东海，具有得天独厚的地理位置，积极引导海洋科技产业发展是大势所趋。推进国家重要海洋科技创新试验区、海洋科技产业化孵化基地建设，增强城市内生动力。

（2）开创人才引进计划

结合舟山的经济社会发展和产业结构调整需要，通过统筹资源、完善政策、健全机制，有针对性地组织实施海内外高层次人才引进计划，大力引进海内外高层次人才来舟山创新创业。

8.5 项目指引

舟山市对海上花园城市建设高度重视，相继发布了《中共舟山市委、舟山市人民政府关于建设海上花园城市的指导意见》《舟山市2017年海上花园城市建设攻坚行动实施方案》《舟山市2018年海上花园城市建设攻坚行动实施方案》《"品质舟山"建设三年（2017—2020年）行动计划》等。本次项目指引按生态类、社会类、经济类、人文类、科技类五大类梳理海上花园城市建设项目库。

8.5.1 生态类项目库

海上花园城市建设生态类项目库见表8-2。

海上花园城市建设生态类项目库　　　　　　　　　　　　　　　　表8-2

项目名称	主要建设内容	牵头单位	责任单位
1. 塑造独具特色的海岛城市与建筑风貌			
美丽海岛建设工程	（1）深入推进美丽乡村升级版打造，建设美丽乡村主题风景线4条，创建省市美丽乡村精品村18个，完成生活垃圾分类处理村88个；提升建设渔农家民宿特色村，完成7个村的提升建设任务；完成珍贵彩色健康森林5000亩，栽种珍贵树14万株	舟山市农业农村局	相关县（区）政府、功能区管委会
	（2）定海完成1个民宿集聚区建设、5个A级景区村庄建设；普陀完成1个海岛特色民宿集聚区建设；岱山推进2个海岛特色民宿集聚区建设，培育5个A级景区示范村庄；嵊泗完成10家主题民宿改造提升、5家市级以上特色民宿打造、景区服务设施升级改造、4个3A级景区村庄创建、2个2A级景区村庄创建；普陀山-朱家尖启动禅意小镇白山民俗文化村改造工程，漳州历史文化村完成工程量70%；六横悬山岛海钓休闲渔业项目	舟山市文化和广电旅游体育局	各县（区）政府、功能区管委会

续表

项目名称	主要建设内容	牵头单位	责任单位
美丽海岛建设工程	（3）完成普陀区仰天村、岱山县倭井潭村等6个美丽宜居示范村验收；推进嵊泗县青沙村、六横镇荷花村美丽宜居示范村建设	舟山市住房和城乡建设局	各县（区）政府、功能区管委会
绿色建筑推广工程	（1）既有建筑节能改造2.2万m²，其中居住建筑节能改造1.2万m²，公共建筑节能改造1万m²；用能监管1项、星级绿建1项；实施可再生能源应用30万m²，完成可再生能源应用15万m²，太阳能光伏应用500户	舟山市住房和城乡建设局	定海区政府
	（2）既有建筑节能改造2.2万m²，其中居住建筑节能改造1.2万m²，公共建筑节能改造1万m²；用能监管1项、星级绿建1项；实施可再生能源应用30万m²，完成可再生能源应用15万m²，太阳能光伏应用500户	舟山市住房和城乡建设局	普陀区政府
	（3）既有建筑节能改造1.5万m²，其中居住建筑节能改造1万m²，公共建筑节能改造0.5万m²；用能监管1项、星级绿建1项；实施可再生能源应用15万m²，完成可再生能源应用10万m²，太阳能光伏应用300户	舟山市住房和城乡建设局	岱山县政府
	（4）既有建筑节能改造1.1万m²，其中居住建筑节能改造0.6万m²，公共建筑节能改造0.5万m²；用能监管1项、星级绿建1项；实施可再生能源应用9万m²，完成可再生能源应用4万m²，太阳能光伏应用200户	舟山市住房和城乡建设局	嵊泗县政府
	（5）用能监管1项、星级绿建1项；实施可再生能源应用9万m²，完成可再生能源应用1.5万m²，太阳能光伏应用200户	舟山市住房和城乡建设局	海洋产业集聚区管委会
	（6）既有建筑节能改造2万m²，其中居住建筑节能改造1万m²，公共建筑节能改造1万m²；用能监管1项、星级绿建1项；实施可再生能源应用30万m²，完成可再生能源应用15万m²，太阳能光伏应用1000户	舟山市住房和城乡建设局	新城管委会
	（7）用能监管1项、星级绿建1项；实施可再生能源应用9万m²，完成可再生能源应用4万m²，太阳能光伏应用200户	舟山市住房和城乡建设局	普陀山–朱家尖管委会
	（8）用能监管1项、星级绿建1项；实施可再生能源应用4万m²，完成可再生能源应用1.5万m²，太阳能光伏应用200户	舟山市住房和城乡建设局	金塘管委会
	（9）用能监管1项、星级绿建1项；实施可再生能源应用4万m²，完成可再生能源应用1.5万m²，太阳能光伏应用200户	舟山市住房和城乡建设局	六横管委会

2. 构建具有舟山特色的城市空间布局

项目名称	主要建设内容	牵头单位	责任单位
优化城市空间结构	启动城市总体规划局部修改；完成新一轮《岱山县域总体规划》最终成果	舟山市自然资源和规划局	舟山市自然资源和规划局、岱山县政府
加强城市形象设计	（1）完成重点建筑控制与引导、交通控制与引导、海岛风貌村庄设计导则	舟山市自然资源和规划局	舟山市自然资源和规划局
	（2）启动并完成定海古城若干片区修建性详细规划以及设计；完成定海滨海区块控制性详细规划及城市设计	舟山市自然资源和规划局	定海区政府
	（3）对竹屿新区滨海景观长廊综合改造工程进行设计研究，塑造具有本地特色的滨海景观带	舟山市自然资源和规划局	岱山县政府
	（4）完成新城开发强度研究	舟山市自然资源和规划局	新城管委会

续表

项目名称	主要建设内容	牵头单位	责任单位
加强城市形象设计	（5）完成山潭片区城市形象改造研究方案	舟山市自然资源和规划局	金塘管委会
	（6）启动峧头城区城市形态提升规划研究	舟山市自然资源和规划局	六横管委会
完善规划编制体系	（1）推进海上花园城创新性建设指标体系研究；启动分区规划编制工作，加强城市总体规划、专项规划以及控制性详细规划之间的联系；继续推进专项规划和控制性详细规划编制；加强规划对城市建设的控制及引导，全方面指导城市建设、管理		舟山市自然资源和规划局
	（2）完成《舟山本岛战略性开放空间体系规划研究》、《舟山海上花园城创新性建设指标体系研究》和《舟山新城区域海上花园城指标体系应用及研究》；推进中心城区控制性详细规划编制和整合工作	舟山市自然资源和规划局	舟山市自然资源和规划局
	（3）开展定海分区规划，根据白泉高铁新城规划推进白泉城区控制性详细规划修编工作	舟山市自然资源和规划局	定海区
	（4）开展《海上花园城普陀片分区规划》《沈家门旧城更新规划研究及整体城市设计》	舟山市自然资源和规划局	普陀区政府
	（5）编制完成《岱西青黑片区控制性详细规划研究》	舟山市自然资源和规划局	岱山县政府
	（6）完成新港园区（二期）控制性详细规划滚动修编	舟山市自然资源和规划局	海洋产业集聚区管委会
	（7）完成新城分区规划、新城东扩规划、开发强度研究、旅游小镇规划、鳌头浦片区规划、新城绿道网系统规划	舟山市自然资源和规划局	新城管委会
	（8）启动现有总体规划评估，开始编制前期工作；修改及深化特色小镇方案，完成评审稿及报批稿编制	舟山市自然资源和规划局	金塘管委会
	（9）启动城市双修相关研究	舟山市自然资源和规划局	舟山市自然资源和规划局
严格城乡规划管控	推进《舟山市城乡规划条例》立法；启动修编《舟山市城乡规划管理技术规定》；启动《舟山市地下管线管理实施细则》修订	舟山市自然资源和规划局	—

3. 大力推进城市美化建设

项目名称	主要建设内容	牵头单位	责任单位
入城口提升改造	（1）定海区跨海大桥双桥出口景观提升及亮化，鸭蛋山码头周边立面改造及景观提升，北向疏港公路至甬舟高速岑港入口周边环境整治、立面改造及景观提升等	舟山市住房和城乡建设局	定海区
	（2）普陀区打造沈家门渔港小镇入城口形象（2017年开展岭陀隧道北口绿化提升、武岭隧道入城口景观建设）	舟山市住房和城乡建设局	普陀区
	（3）新城勾山区域海天大道与东海西路交叉口道路周边立面改造及景观提升	舟山市住房和城乡建设局	新城管委会
景观亮化建设	（1）新城核心区亮化工程一期，行政中心及周边写字楼等亮化改造	舟山市住房和城乡建设局	新城管委会
	（2）定海环城东路（昌国桥—解放桥）、兴舟大道、城东小公园、环城南路（城西河路—商业街）、翁洲大道等景观亮化	舟山市住房和城乡建设局	定海区

续表

项目名称	主要建设内容	牵头单位	责任单位
景观亮化建设	（3）普陀区东港区块海岸线景观工程、鲁家峙北岸线景观提升改造工程	舟山市住房和城乡建设局	普陀区
	（4）岱山县长河路、蓬莱路景观亮化工程	舟山市住房和城乡建设局	岱山县
	（5）嵊泗县东海路两侧建筑物外立面改造、美化亮化	舟山市住房和城乡建设局	嵊泗县
	（6）金塘树弄村亮化	舟山市住房和城乡建设局	金塘管委会
背街小巷改造	（1）新城浦滨路提升改造：总长约300m，主要进行绿化提升、路面改造、垃圾桶设置、沿街立面改造等	舟山市住房和城乡建设局	新城管委会
	（2）定海芙蓉洲路周边、西大街入口环境整治工程：整理各类户外架空线，部分房屋进行立面改造等。城区各街道、社区混凝土路面提升改造等	舟山市住房和城乡建设局	定海区
	（3）普陀区开展平阳浦板桥路、沈家门东大街、西大街、泰莱街4条背街小巷提升改造，完善市政设施、整理归顺挂空管线、整修部外立面、提升标志标线等	舟山市住房和城乡建设局	普陀区
	（4）岱山县完成虹采路提升改造	舟山市住房和城乡建设局	岱山县
	（5）嵊泗县菜园镇东海社区宫前巷、老街巷提升改造	舟山市住房和城乡建设局	嵊泗县
城市公园建设	（1）舟山市植物园、新城翁浦公园一期、科创公园一期建设	舟山市住房和城乡建设局	新城管委会
	（2）定海林家湾公园（盐仓椅子山山体公园）建设	舟山市住房和城乡建设局	定海区
	（3）普陀江湾船厂公园、鲁家峙红石体育公园建设	舟山市住房和城乡建设局	普陀区
	（4）北马峙湿地公园建设	舟山市住房和城乡建设局	海洋产业集聚区管委会
	（5）蓬莱公园提升改造（改造部分道路路段、建设安澜阁）	舟山市住房和城乡建设局	岱山县
	（6）嵊泗全民健身公园建设	舟山市住房和城乡建设局	嵊泗县
街头游园建设	（1）甬东金色溪谷附近绿地、勾山三大线附近绿地建设	舟山市住房和城乡建设局	新城管委会
	（2）朱家尖大同山体绿地、福兴路西段延伸河边绿地建设	舟山市住房和城乡建设局	普陀山–朱家尖管委会
	（3）城东小公园景观建设	舟山市住房和城乡建设局	定海区
公共绿地建设	新增道路绿化、河岸绿化25万m²	舟山市住房和城乡建设局	各县（区）政府、功能区管委会

续表

项目名称	主要建设内容	牵头单位	责任单位
绿道网建设工程	（1）完成新城中环绿道、滨海大道新城段绿道、滨海大道定海段绿道、朱家尖城区绿道、鲁家峙北岸线二期绿道等城市绿道20km建设	舟山市住房和城乡建设局	定海区政府、普陀区政府、新城管委会、普陀山-朱家尖管委会
	（2）完成定海外围五山绿道建设工程量的20%；嵊泗完成慢行交通建设前期工作	舟山市住房和城乡建设局	定海区政府、嵊泗县政府
	（3）洛迦山游步道提升工程完工并投用；普陀山游步道提升改造工程（羼提庵至飞沙岙、码头至龙湾岗墩）完成总工程量的50%	舟山市文化和广电旅游体育局	普陀山-朱家尖管委会
园林绿化提升工程	（1）创建省级优质综合公园3座（普陀东港海滨公园、新城桥畔公园、岱山新区市民公园），绿化美化示范路3条（定海兴舟大道、普陀兴普大道、新城大道），街容示范街3条（定海翁洲大道、普陀纬九路、新城港岛路）	舟山市城市管理局	定海区政府、普陀区政府、岱山县政府、新城管委会
	（2）创建市级园林式居住区39个（定海10个、普陀10个、新城10个、岱山5个、嵊泗2个、普陀山-朱家尖1个、金塘1个），园林式单位40个（定海10个、普陀10个、新城10个、岱山5个、嵊泗2个、普陀山-朱家尖2个、金塘1个）；省级园林式居住区、园林式单位3个（定海1个、普陀1个、新城1个）	舟山市城市管理局	相关县（区）政府、功能区管委会
	（3）公园防灾避险改造3座（定海海山公园、普陀东港体育公园、新城桥畔公园）；补植道路行道树27条（定海10条、新城5条、普陀10条、普陀山-朱家尖2条）；立体绿化1.5万m²（定海0.5万m²、普陀0.5万m²、新城0.5万m²）	舟山市住房和城乡建设局	定海区政府、普陀区政府、新城管委会、普陀山-朱家尖管委会
	（4）完成建成区内破损山体修复27处（定海5处、普陀17处、新城5处）	舟山市自然资源和规划局、市住建局	定海区政府、普陀区政府、新城管委会
	（5）完成闲置地临时绿化12处（定海5处、普陀5处、新城2处）	舟山市住房和城乡建设局	定海区政府、普陀区政府、新城管委会
水环境质量提升工程	（1）完成清淤37万m³；完成1座饮用水水源水库综合治理；实施20个村的渔农村生活垃圾分类处理；完成省定"污水零直排区"创建任务；打造12条"品质河道"	舟山市治水办（河长办）	定海区政府
	（2）完成清淤51万m³；完成1座饮用水水源水库综合治理；实施35个村的渔农村生活垃圾分类处理；完成省定"污水零直排区"创建任务；打造5条"品质河道"	舟山市治水办（河长办）	普陀区政府
	（3）完成清淤13万m³；完成1座饮用水水源水库综合治理；实施25个村的渔农村生活垃圾分类处理；完成省定"污水零直排区"创建任务；打造5条"品质河道"	舟山市治水办（河长办）	岱山县政府
	（4）完成清淤2.5万m³；完成1座饮用水水源水库综合治理；实施3个村的渔农村生活垃圾分类处理；完成省定"污水零直排区"创建任务；打造1条"品质河道"	舟山市治水办（河长办）	嵊泗县政府
	（5）完成工业"污水零直排区"创建；完成约7.8km²范围内污水管网修复工作；打造1条"品质河道"	舟山市治水办（河长办）	海洋产业集聚区管委会
	（6）完成清淤6万m³；实施1个村的渔农村生活垃圾分类处理；完成省定"污水零直排区"创建任务；打造3条"品质河道"	舟山市治水办（河长办）	新城管委会
	（7）完成清淤2万m³；实施4个村的渔农村生活垃圾分类处理；完成省定"污水零直排区"创建任务；打造3条"品质河道"	舟山市治水办（河长办）	普陀山-朱家尖管委会

项目名称	主要建设内容	牵头单位	责任单位
4. 大气污染防治工程			
大气污染防治工程	（1）舟山国际水产品产业园区集中供热管网建设项目建成并投运：从神华国华舟山发电厂DN300管道上接出蒸汽管线，送至舟山国际水产品产业园区各供热用户；管道敷设主要采用架空与地埋方式，热网主干线DN300长度约为6200m，热网分支线DN250、DN200、DN150、DN125、DN100、DN80等长度约为3300m	舟山市生态环境局	舟山国家远洋渔业基地
	（2）浙江华和热电有限公司舟山热电联产项目（一期）建成并投运：完成2台130t/h高温高压循环流化床燃煤锅炉建设，配备1台B15MW高温高压背压式汽轮发电机组	舟山市生态环境局	舟山国际粮油产业园区管理中心
	（3）中海石油舟山石化有限公司烟气超低排放改造完成：对现有3台130t/h CFB锅炉新增深度脱硝处理设施和深度除尘处理设施，使烟气中氮氧化物排放达到50mg/m³以下，二氧化硫达到35mg/m³以下，烟尘含量达到5mg/m³以下	舟山市生态环境局	中海石油舟山石化有限公司
5. 构建舟山特色的现代化环卫机制			
城市环卫设施建设工程	（1）完成普陀东港一期、新城甬东垃圾中转站改造；舟山垃圾焚烧发电三期工程基本完成主体建设；青岭环卫综合服务中心完成55%；完成海洋产业集聚区垃圾转运站30%；推进嵊泗县垃圾外运中转站、岱山衢山垃圾中转站、嵊泗枸杞乡垃圾中转站建设	舟山市住房和城乡建设局	相关县（区）政府、功能区管委会、舟山旺能环保能源有限公司
	（2）新建公共厕所20座、改建公共厕所100座：定海区新建2座，改建30座；普陀区新建2座，改建27座；岱山县新建5座，改建14座；嵊泗县新建5座，改建13座；海洋产业集聚区新建2座；新城新建2座，改建9座；普陀山-朱家尖改建3座；金塘新建1座，改建2座；六横新建1座，改建2座	舟山市住房和城乡建设局	各县（区）政府、功能区管委会
污水管网建设	（1）定海区新增污水收集管网17km	舟山市住房和城乡建设局	定海区
	（2）普陀区新增污水收集管网14.3km	舟山市住房和城乡建设局	普陀区
	（3）海洋产业集聚区新增污水收集管网5km	舟山市住房和城乡建设局	海洋产业集聚区管委会
	（4）新城新增污水收集管网5km	舟山市住房和城乡建设局	新城管委会
	（5）六横管委会新增污水收集管网3.28km	舟山市住房和城乡建设局	六横管委会
	（6）岱山县新增污水收集管网5km	舟山市住房和城乡建设局	岱山县
	（7）嵊泗县新增污水收集管网1.5km	舟山市住房和城乡建设局	嵊泗县
	（8）新建国家远洋基地（干览镇）污水临时处理调配工程、展茅区域污水调配主管网工程等，建设污水管网10.5km	舟山市住房和城乡建设局	舟山市水务集团有限公司

续表

项目名称	主要建设内容	牵头单位	责任单位
污水管网检测修复改造	（1）定海区检测修复改造污水管网26.5km	舟山市住房和城乡建设局	定海区
	（2）普陀区检测修复改造污水管网54.4km	舟山市住房和城乡建设局	普陀区
	（3）海洋产业集聚区检测修复改造污水管网22.5km	舟山市住房和城乡建设局	海洋产业集聚区管委会
	（4）新城修复改造污水管网60km	舟山市住房和城乡建设局	新城管委会
	（5）普陀山-朱家尖管委会修复改造污水管网11.2km	舟山市住房和城乡建设局	普陀山-朱家尖管委会
	（6）高亭长河路周边雨污水管网修复5km	舟山市住房和城乡建设局	岱山县
生活垃圾分类	定海、普陀、新城城区分类覆盖率达到80%，居民小区达到65%，高标准分类示范小区各开展5个；岱山、嵊泗县城分类覆盖率达到20%，居民小区达到20%，机关事业单位、国企、学校达到50%；完成普陀城北中转站、新城长峙岛中转站；普陀新增垃圾收集车1辆；定海新增垃圾收集车4辆，机扫车1辆；新城新增洒水车1辆	舟山市住房和城乡建设局	各县（区）政府、新城管委会
排涝设施建设	新城茶山浦海口水闸抗洪排涝强排系统建设	舟山市住房和城乡建设局	新城管委会

6. 积极探索海绵城市建设

项目名称	主要建设内容	牵头单位	责任单位
海绵城市建设	2017年年底在新城建成1处不少于3km²的示范项目	舟山市住房和城乡建设局	新城管委会

8.5.2 社会类项目库

海上花园城市建设社会类项目库见表8-3。

海上花园城市建设社会类项目库   表8-3

项目名称	主要建设内容	牵头单位	责任单位
1. 构建便捷的绿色交通体系			
道路提升改造	（1）专线新城怡岛路精品示范街打造；海宇道、海月道整体提升改造；红茅山路、绿岛路、港岛路、翁山路、桃湾路人行道、道路景观及附属设施提升改造	舟山市住房和城乡建设局	新城管委会
	（2）定海芙蓉洲路特色街区、翁洲大道精品示范街打造；环城东路（环城北路—环城南路）、总府路、解放路（环城东路—东河路）、海院路等道路路面整体提升改造；新河北路（昌国桥-解放桥）景观提升改造；城区道路沥青路面零星修复改造	舟山市住房和城乡建设局	定海区
	（3）普陀完成东港海华路精品示范街打造；滨港路立面提升和绿化改造	舟山市住房和城乡建设局	普陀区

续表

项目名称	主要建设内容	牵头单位	责任单位
道路提升改造	（4）朱家尖区域打造莲花路精品示范街；银鹰路改造提升	舟山市住房和城乡建设局	普陀山-朱家尖管委会
	（5）岱山县打造高亭长河路精品示范街	舟山市住房和城乡建设局	岱山县
	（6）嵊泗县打造沙河路精品示范街	舟山市住房和城乡建设局	嵊泗县
城市道路建设	（1）新建小干二桥、小干—长峙通道、新城大桥改扩建	舟山市交通运输局	新城管委会、小干岛建设指挥部
	（2）新建3km道路：盐仓2.5km，白泉0.5km	舟山市住房和城乡建设局	定海区
	（3）新建鲁家峙—东港海底隧道、东港二期配套海连路（纬十一—纬十三）段、横一路（经一—经二，纵三—经三）段等	舟山市住房和城乡建设局	普陀区
	（4）海洋产业集聚区建设新港二期经七路	舟山市住房和城乡建设局	海洋产业集聚区管委会
	（5）普陀山-朱家尖建设南沙至庙根外塘道路	舟山市住房和城乡建设局	普陀山-朱家尖管委会
	（6）岱山：新建职教园区西侧道路	舟山市住房和城乡建设局	岱山县
	（7）金塘：新建文化中心配套道路工程	舟山市住房和城乡建设局	金塘管委会
	（8）六横：新建六横路延伸段—煤电门口道路，约0.6km	舟山市住房和城乡建设局	六横管委会
百里滨海大道建设	东起普陀区东港莲花岛，西至定海区甬舟高速双桥收费站，全长47.1km	舟山市住房和城乡建设局	定海区、普陀区、新城管委会
断头路打通	（1）新城：打通港岛路（海天大道以南）、富丽岛路（科来华—海景道）；推进港岛路延伸段（新城大道—G329）、富丽岛路（定沈路—G329）、定沈路东段（后岸新村—富丽岛路）、新城大道（富丽岛路—小干大桥接线）、怡岛路（新城大道—千岛路）、绿岛路（海天大道—海景道）、浙大路延伸段（海天大道以南）7条断头路建设	舟山市住房和城乡建设局	新城管委会
	（2）定海：老城区打通总府路（东海西路—环城南路段）、学林雅苑北侧道路2条断头路；盐仓打通盐纬二路；白泉打通河东一号路、河东二号路、规划十一号路3条断头路	舟山市住房和城乡建设局	定海区
	（3）普陀打通城北支六路、兴北西路南段2条断头路，推进鲁家峙鲁滨南路、鲁港路建设	舟山市住房和城乡建设局	普陀区
	（4）岱山：打通高亭山外风景湾隧道	舟山市住房和城乡建设局	岱山县
	（5）海洋产业集聚区：打通经一路北段、经十一路北段，开工建设新港三道东段	舟山市住房和城乡建设局	海洋产业集聚区管委会
	（6）普陀山-朱家尖：打通学院路	舟山市住房和城乡建设局	普陀山-朱家尖管委会

续表

项目名称	主要建设内容	牵头单位	责任单位
断头路打通	（7）金塘：打通1条断头路，即金塘大丰经一路贯通	舟山市住房和城乡建设局	金塘管委会
	（8）六横：打通杜庄至台门公路1条	舟山市住房和城乡建设局	六横管委会
瓶颈路拓宽	（1）新城：新建新城隧道复线，西溪岭路改造，定沈路（老碶桥段）拓宽	舟山市住房和城乡建设局	新城管委会
	（2）定海老城区改造环城南路（晓峰岭—东港桥）、东河南路、檀东山庄南侧道路、环城北路4条瓶颈路；盐仓改造1条瓶颈路；白泉改造1条瓶颈路	舟山市住房和城乡建设局	定海区
	（3）普陀拓宽滨海高架接线道路、鲁家峙景瑞街提升改造	舟山市住房和城乡建设局	普陀区
	（4）岱山蓬莱路延伸段改造	舟山市住房和城乡建设局	岱山县
	（5）嵊泗改造提升菜园一小消防通道	舟山市住房和城乡建设局	嵊泗县
	（6）朱家尖莲花路改建，朱家南沙度假村道路提升改造	舟山市住房和城乡建设局	普陀山–朱家尖管委会
	（7）金塘改造提升沥港安置小区配套道路	舟山市住房和城乡建设局	金塘管委会
	（8）六横改造提升鑫亚大道、东海南路及菜场路3条道路	舟山市住房和城乡建设局	六横管委会
绿色游步道建设	（1）新城环状绿道建设，内环（体育馆北侧道路—大水池—海洋文化艺术中心—千岛路—海宇道—体育路）3km	舟山市住房和城乡建设局	新城管委会
	（2）兴舟大道绿道5km	舟山市住房和城乡建设局	定海区
	（3）百里滨海大道普陀段绿道5km（包括环岛路、鲁家峙北岸线、东港纬十一路划线绿道）	舟山市住房和城乡建设局	普陀区
	（4）国家级健身步道——神行定海山绿道改造提升工程，长50km	舟山市文化和广电旅游体育局	定海区
	（5）新城70km绿色登山步道建设项目	舟山市文化和广电旅游体育局	市文广新闻出版局
绿色公共交通建设工程	（1）完成新增（更新）105辆公交车，建成2个公交场站，按统一标准新（改）建180个公交候车亭及电子站牌，公共交通分担率提高到21%以上，交通出行总体满意度保持在85分以上	舟山市交通运输局、舟山市治堵办	各县（区）政府、功能区管委会
	（2）完成新增停车泊位1500个；朱家尖禅意小镇立体停车楼一期完成停车楼主体工程	舟山市住房和城乡建设局	各县（区）政府、功能区管委会
	（3）2018年完成充电桩100只安装调试等	舟山市发展和改革委员会	各县（区）政府、功能区管委会
	（4）改革和完善本岛公共自行车体系，规范互联网自行车运行管理	舟山市城市管理局	各县（区）政府、功能区管委会

续表

项目名称	主要建设内容	牵头单位	责任单位
客运场站建设	建设普陀山正山门客运中心、定海岑港客运站	舟山市交通运输局	普陀山-朱家尖管委会、定海区
公共自行车站点建设	（1）新建7个站点，投入300辆自行车	舟山市综合行政执法局	定海区
	（2）新建7个站点，投入300辆自行车	舟山市综合行政执法局	普陀区
	（3）新建10个站点，投入200辆自行车	舟山市综合行政执法局	新城管委会
	（4）海洋产业集聚区：新建6个站点，投入100辆自行车	舟山市综合行政执法局	海洋产业集聚区管委会
	（5）岱山：新建3个站点	舟山市综合行政执法局	岱山县

2. 完善公共配套服务体系

项目名称	主要建设内容	牵头单位	责任单位
公交设施完善	（1）中心城区：①公交场站：改建普陀东港停保场；新建新城长崎岛公交首末站，BRT站台方面，改建新城公交总站、扩建富丽岛路站、新建体育路办证中心站；朱家尖公交车场站及停靠站建设工程。②公交车辆新增15标台，更新76标台	舟山市交通运输局	普陀区、新城管委会、普陀山-朱家尖管委会、舟山交通投资集团有限公司
	（2）中心城区：新增6个电动公交车充电站点，32个充电桩	舟山市发展和改革委员会	定海区、普陀区、新城管委会
	（3）岱山：建设50个候车亭	舟山市交通运输局	岱山县
	（4）嵊泗：新建10个站点	舟山市交通运输局	嵊泗县
	（5）金塘：新增公交首末站1个，港湾式候车亭10个	舟山市交通运输局	金塘管委会
教育设施建设工程	（1）完成海滨小学、城北幼儿园、干览幼儿园、原商业局幼儿园、延佐小学、沥港小学6个续建项目；新开工原石礁中学、城关二幼、畚斗岙幼儿园、定海六中4个项目建设，年底完成总工程的35%	舟山市教育局	定海区政府
	（2）完成鲁家峙小学建设工程	舟山市教育局	普陀区政府
	（3）岱山高亭城西幼儿园完成基础施工，岱西镇中心幼儿园完成主体施工	舟山市教育局	岱山县政府
	（4）完成洋山镇幼儿园工程前期工作，完成嵊泗中学运动场馆维修工程、嵊山小学校舍修缮工程；全县中小学专用教室提升工程完成42%；数字化校园二期（智慧校园）建设工程完成41%；中小学"美丽校园"环境文化建设工程完成50%	舟山市教育局	嵊泗县政府
	（5）舟山二初完成40%；第五小学、万阳幼儿园、褐石幼儿园、胜山三期幼儿园竣工	舟山市教育局	新城管委会
	（6）普陀山学校迁建工程全面完工，投入使用	舟山市教育局	普陀山-朱家尖管委会
	（7）金塘沥港幼儿园迁建完成30%	舟山市教育局	金塘管委会
	（8）六横中学扩建工程开工	舟山市教育局	六横管委会
停车设施建设	（1）定海新建13个公共停车场，800个停车泊位	舟山市住房和城乡建设局	定海区

项目名称	主要建设内容	牵头单位	责任单位
停车设施建设	（2）普陀新建4个公共停车场，335个停车泊位	舟山市住房和城乡建设局	普陀区
	（3）新城新建3个公共停车场，200个停车泊位	舟山市住房和城乡建设局	新城管委会
	（4）新建禅意小镇立体停车楼（一期），3000个停车泊位	舟山市住房和城乡建设局	普陀山–朱家尖管委会
	（5）海洋产业集聚区新建1个公共停车场，430个停车泊位	舟山市住房和城乡建设局	海洋产业集聚区管委会
	（6）岱山新增200个停车泊位	舟山市住房和城乡建设局	岱山县
	（7）金塘新建仙人山景区、夜排档等公共停车设施，停车位120个	舟山市住房和城乡建设局	金塘管委会
	（8）六横新建2个公共停车场，100个停车泊位	舟山市住房和城乡建设局	六横管委会
农贸市场提升	（1）新城提升改造王家墩农贸市场（占地面积1000m²）、黄土岭农贸市场（占地面积约3000m²）	舟山市"菜篮子"工作领导小组办公室	新城管委会
	（2）定海东门菜场、南珍菜场改造工程	舟山市"菜篮子"工作领导小组办公室	定海区
	（3）普陀展茅农贸市场、平阳浦农贸市场、东港阳光三六五菜场提升改造	舟山市"菜篮子"工作领导小组办公室	普陀区
	（4）嵊泗县黄龙乡峙岙社区农贸市场改造提升	舟山市"菜篮子"工作领导小组办公室	嵊泗县
	（5）定海双桥三农农副产品批发市场	舟山市"菜篮子"工作领导小组办公室	定海区
	（6）金叶蔬菜批发综合大楼	舟山市"菜篮子"工作领导小组办公室	舟山市供销合作社
	（7）鲁家峙市场建设工程	舟山市"菜篮子"工作领导小组办公室	普陀区
	（8）新城农副产品批发市场暨电子市场	舟山市"菜篮子"工作领导小组办公室	舟山市商贸集团有限公司
	（9）朱家尖农贸市场建设工程	舟山市"菜篮子"工作领导小组办公室	普陀山–朱家尖管委会

续表

项目名称	主要建设内容	牵头单位	责任单位
农贸市场建设工程	（1）义桥农贸市场完成工程量的30%	舟山市"菜篮子"工作领导小组办公室	定海区政府
	（2）普陀区完成鲁家峙市场建设	舟山市"菜篮子"工作领导小组办公室	普陀区政府
	（3）完成高亭农贸市场迁建工程；完成衢山岛斗农贸市场提升改造；完成岱东农贸市场迁建工程	舟山市"菜篮子"工作领导小组办公室	岱山县政府
	（4）新城农副产品（批发）市场暨舟山市电子菜场项目完成土建部分施工	舟山市"菜篮子"工作领导小组办公室	新城管委会、舟山商贸集团有限公司
	（5）朱家尖农贸市场综合体建设工程完成总工程量的90%	舟山市"菜篮子"工作领导小组办公室	普陀山-朱家尖管委会
	（6）金塘沥港菜场完成政策处理工作	舟山市"菜篮子"工作领导小组办公室	金塘管委会
卫生设施建设工程	（1）舟山医院感染病综合大楼建设项目完成工程量的35%，舟山医院急诊综合大楼建设项目做好前期工作	舟山市卫生健康委员会	舟山医院
	（2）舟山市第二人民医院迁建项目完工	舟山市卫生健康委员会	舟山市第二人民医院
	（3）舟山市疾病预防控制中心实验楼建设项目做好前期工作	舟山市卫生健康委员会	舟山市疾病预防控制中心
	（4）白泉镇中心卫生院迁建完成工程量的50%，双桥街道社区卫生服务中心迁建完成工程量的50%	舟山市卫生健康委员会	定海区政府
	（5）普陀仁济医院项目完工	舟山市卫生健康委员会	普陀区政府
	（6）高亭镇中心卫生院完成主体结构建设工程	舟山市卫生健康委员会	岱山县政府
	（7）完成嵊山中心卫生院建设项目、枸杞乡卫生院改扩建项目、嵊泗县妇幼保健计划生育服务中心用房建设项目	舟山市卫生健康委员会	嵊泗县政府
基础能源设施建设工程	（1）建成投产110kVA及以上输电线路507km，变电容量306万kVA，包括建成投产舟山500kVA联网输变电及其配套送出工程、鱼山220kVA输变电工程、干览110kVA输变电工程等项目，实现舟山电网向500kVA超高压电网跨越，大大提升舟山电网供电能力；新建10kVA配电网线路314km，改造145km，新增配变容量7.7万kVA，进一步扩大城区电缆化范围，提高配电网供电可靠性	舟山供电公司	舟山供电公司
	（2）完成本岛岛北LNG门站、朱家尖航空产业园区、干览远洋渔业基地和金塘中澳产业园区配套燃气管网；完成六横小湖工业园LNG接收气化站建设，敷设燃气管道25km	舟山市住房和城乡建设局	六横管委会、舟山市蓝焰燃气有限公司

续表

项目名称	主要建设内容	牵头单位	责任单位
基础能源设施建设工程	（3）完成大沙调蓄水库工程进水隧洞、管理房施工；完成岛际引水（金塘岛引水工程和岱山段引水工程）部分管道敷设；完成宁波陆上段工程及水务调度信息化招标工作并开工	舟山市水利局	岱山县政府、金塘管委会、舟山市水务集团有限公司
	（4）加快推进大陆引水三期岱山段工程，完成定海马目至岱山小高亭段管道敷设工作，衢山岛引水与秀山岛引水工程全面开工建设	舟山市水利局	岱山县政府、舟山市水务集团有限公司
	（5）完成小关岙水库加固工程、菜园海水淡化厂一三期扩容工程、泗礁本岛供水管网2km改造工程、洋山闸门加固工程	舟山市水利局	嵊泗县政府
	（6）启动大陆引水三期金塘引水工程，完成大浦口泵站，新建燕头山泵站、北部炮台山泵站	舟山市水利局	定海区政府、金塘管委会、舟山市水务集团有限公司
	（7）全岛电网新建4条高压电缆及管线至台门10kV线路；新建51只慢充、3座快充站；新建双回10kV线路一条，低压电网改造20个；光伏工程完成光伏发电系统建设，并网发电；风电工程计划完成前两串风电机组的调试工作，实现并网发电，完成前30台风机的海上安装	舟山供电公司	六横管委会
养老助残设施建设工程	（1）2018年完成1家民办养老机构建设并投入使用；启动并力争完成新建1家公办、1家民办养老机构，2家居家养老服务照料中心项目；打造5家示范性居家养老服务照料中心（老年活动中心），重点规范新建成的20家居家养老照料中心运营。	舟山市民政局	各县（区）政府、功能区管委会
	（2）普陀东港健康养老综合体（山海大观）建设项目南侧地块主体完工	舟山市发展和改革委员会、舟山市民政局	普陀区政府
	（3）完成市本级残疾人托养中心建设工作	舟山市残疾人联合会	舟山市残疾人联合会、新城管委会
星级公共厕所建设	打造星级（A级旅游）公共厕所：定海、普陀、新城、普陀山-朱家尖各3座，岱山、嵊泗、海洋产业集聚区、金塘、六横各2座，共计22座	舟山市住房和城乡建设局、舟山市文化和广电旅游体育局	各县（区）政府、功能区管委会
综合管廊建设	海洋产业集聚区地下综合管廊一期，约7km	舟山市住房和城乡建设局	海洋产业集聚区管委会
3. 改善城市综合环境品质			
邻里中心建设工程	（1）普陀区建设完成东港台贸商场幸福会所	舟山市住房和城乡建设局	普陀区政府
	（2）完成菜园镇金平渔业综合服务中心、青沙村渔文化综合提升改造一期工程	舟山市住房和城乡建设局	嵊泗县政府
	（3）完成新港邻里中心一期80%、二期30%	舟山市住房和城乡建设局	海洋产业集聚区管委会
	（4）建设完成浦西邻里中心、甬东邻里中心	舟山市住房和城乡建设局	新城管委会
	（5）金塘西堰邻里中心竣工验收	舟山市住房和城乡建设局	金塘管委会

续表

项目名称	主要建设内容	牵头单位	责任单位
城中村治理改造	（1）定海区实施城中村整体拆迁6个，综合整治5个	舟山市三改一拆办	定海区
	（2）普陀区实施城中村整体拆迁7个，综合整治1个	舟山市三改一拆办	普陀区
	（3）岱山县实施城中村整体拆迁5个，综合整治1个	舟山市三改一拆办	岱山县
	（4）新城实施城中村整体拆迁5个	舟山市三改一拆办	新城管委会
	（5）普陀山-朱家尖实施城中村综合整治4个	舟山市三改一拆办	普陀山-朱家尖管委会
危旧房治理改造	（1）定海城区111幢C、D级危房改造治理	舟山市三改一拆办	定海区
	（2）普陀城区11幢C、D级危房解危	舟山市三改一拆办	普陀区
	（3）高亭城区9幢C、D级危房解危	舟山市三改一拆办	岱山县
	（4）朱家尖5幢D级危房解危，总建筑面积约5000m²	舟山市三改一拆办	普陀山-朱家尖管委会
	（5）完成菜园镇3幢C级危旧住宅楼改造	舟山市三改一拆办	嵊泗县
老旧小区改造	（1）定海金平公寓、梅园新村、新桥公寓综合改造项目：总建筑面积5.39万m²，涉及路面改造、停车场建设、雨污水管改造、绿化提升等	舟山市住房和城乡建设局	定海区
	（2）普陀东港台贸商城、沈家门明珠花园和舟建小区3个小区进行基础配套设施维修更新、绿化提升等	舟山市住房和城乡建设局	普陀区
	（3）新城浦西商住楼改造：共6幢，总建筑面积1.37万m²，涉及路面改造、雨污水管改造、绿化提升、房屋立面翻新等	舟山市住房和城乡建设局	新城管委会
	（4）普陀山中山龙泉小区改造工程：翻新建筑外墙5800m²，市政管网及绿化提升改造	舟山市住房和城乡建设局	普陀山-朱家尖管委会
	（5）岱山县蓬莱二小区提升改造，共20幢	舟山市住房和城乡建设局	岱山县
	（6）嵊泗县海滨小区提升改造	舟山市住房和城乡建设局	嵊泗县
违法建筑专项整治	（1）定海区拆违32万m²，重点拆除违法建筑82处，整治蓝色屋面108处	舟山市三改一拆办	定海区
	（2）普陀区拆违30万m²，重点拆除违法建筑61处，整治蓝色屋面50处	舟山市三改一拆办	普陀区
	（3）岱山县拆违17万m²，重点拆除违法建筑30处，整治蓝色屋面20处	舟山市三改一拆办	岱山县
	（4）嵊泗县拆违1万m²，重点拆除违法建筑16处，整治蓝色屋面14处	舟山市三改一拆办	嵊泗县
	（5）海洋产业集聚区拆违1万m²，重点拆除违法建筑2处	舟山市三改一拆办	海洋产业集聚区管委会
	（6）新城拆违13万m²，重点拆除违法建筑44处，整治蓝色屋面30处	舟山市三改一拆办	新城管委会
	（7）普陀山-朱家尖拆违6万m²，重点拆除违法建筑11处，整治蓝色屋面23处	舟山市三改一拆办	普陀山-朱家尖管委会
小城镇环境综合整治	（1）完成马岙街道、干览镇、白泉镇小城镇综合整治	舟山市住房和城乡建设局	定海区
	（2）完成展茅街道、桃花镇小城镇综合整治	舟山市住房和城乡建设局	普陀区

项目名称	主要建设内容	牵头单位	责任单位
小城镇环境综合整治	（3）完成秀山乡、岱西镇小城镇综合整治	舟山市住房和城乡建设局	岱山县
	（4）完成五龙乡、花鸟乡小城镇综合整治	舟山市住房和城乡建设局	嵊泗县
	（5）完成普陀山镇、朱家尖街道小城镇综合整治	舟山市住房和城乡建设局	普陀山-朱家尖管委会
	（6）完成金塘沥港小城镇综合整治	舟山市住房和城乡建设局	金塘管委会
健康森林建设	建设珍贵彩色健康森林0.65万亩	市农林与渔农村委	各县（区）政府、功能区管委会

4. 建设公共安全防控体系

项目名称	主要建设内容	牵头单位	责任单位
城市综合防灾体系建设工程	（1）完成新城茶山浦海口水闸强排系统；推进其他区域强排泵站建设	舟山市住房和城乡建设局	相关县（区）政府、功能区管委会
	（2）加强各类排涝设施养护管理；完成排水管网疏浚养护400km，清淤疏浚城区河道1条；雨污分流、提标改造管道各5km	市城管局	相关县（区）政府、功能区管委会
	（3）基本消除2017年汛期后新增的20个地质灾害隐患点	市国土资源局	相关县（区）政府、功能区管委会
	（4）建设地震信息速报综合服务平台，实施地震烈度速报与预警工程。舟山市地震信息速报综合服务平台建设完成50%；推进基准站、基本站、一般站建设	舟山市科学技术局	相关县（区）政府、功能区管委会
	（5）加快消防基础设施建设，新城消防站完成25%	舟山市消防支队	新城管委会
	（6）推进岱山县"1168"工程等自建人防工程建设；完成秀山乡和岑港街道的人防（民防）应急指挥平台建设，全市新增防空地下室建筑面积约13万m²	舟山市人民防空办公室	相关县（区）政府、功能区管委会

8.5.3 经济类项目库

海上花园城市建设经济类项目库见表8-4

海上花园城市建设经济类项目库 表8-4

项目名称	主要建设内容	牵头单位	责任单位
1. 加快落实国家战略项目			
小城市试点培育工程	分别完成六横镇、金塘镇、衢山镇地区生产总值112亿元、48.5亿元、48.2亿元，分别实现地方财政收入9亿元、3.7亿元、1.23亿元，城镇常住居民人均可支配收入分别达到59136元、63464元、51000元，农村常住居民人均可支配收入分别达到37534元、34388元、33600元，建成区绿化覆盖率分别达到37%、13.5%、12%	舟山市发展改革委员会	岱山县政府、金塘管委会、六横管委会
港口枢纽建设工程	与鱼山石化基地投产同步完成鱼山进港港航一期建设任务；完成黄泽山航道各项前期工作并开工建设；虾峙门口外能力提升工程完成各项前期工作并开工建设	舟山市港航和口岸管理局	舟山市港航和口岸管理局

续表

项目名称	主要建设内容	牵头单位	责任单位
2. 加快提升旅游品质			
城建旅游融合工程	（1）进一步推进落实景区标准化建设工作，启动旅游道路和主要旅游景区标识系统升级改建工作	舟山市文化和广电旅游体育局	各县（区）政府、功能区管委会
	（2）南沙景区广场及停车场提升改造工程一期工程完成	舟山市住房和城乡建设局	普陀山-朱家尖管委会
	（3）新建、改建旅游厕所30座，评定A级旅游厕所20座	舟山市文化和广电旅游体育局	各县（区）政府、功能区管委会
交通旅游融合工程	（1）普陀区开展墩头客运站西侧地块改造工程、沈家门半升洞客运码头改扩建工程完成前期工作，水上主体工程完成70%	舟山市交通运输局	普陀区政府
	（2）普陀山正山门客运中心和普陀山客运索道及公交场站全面完工，并投入使用	舟山市交通运输局	普陀山-朱家尖管委会
	（3）完成6座陆岛交通码头的专项提升工程，新增（更新）6艘客（渡）运船舶	舟山市交通运输局	相关县（区）政府、功能区管委会
	（4）开工建设大峃码头候船厅，完成25%	舟山市交通运输局	六横管委会
3. 加快城市对外交通网络连接			
宁波至舟山铁路工程	线路起自宁波东站，途经宁波鄞州区、北仑区，然后跨金塘水道至金塘岛设站，跨西堠门、桃夭门、富翅门水道至舟山本岛设站，全长约80.8km。2018年完成工程可行性批复，力争先行段开工建设	舟山市甬舟铁路建设指挥部	定海区政府、金塘管委会
国际空港工程	国际航站楼一期2018年5月底交付验收；国际航站楼二期8月开工，波音专用联络道及其相关配套设施力争6月完成	舟山市民航局、新区口岸办	—
对外大通道工程	（1）宁波舟山港主通道（鱼山石化疏港公路）2018年完成总体形象进度的45%；富翅门大桥总体形象进度达到72%，路基累计完成95%，桥梁累计完成85%；岑港至双合段完成形象进度30%，路基、桥梁、隧道分别累计完成40%、30%、25%；鱼山支线完成形象进度100%	舟山市交通运输局	浙江舟山北向大通道有限公司
	（2）宁波至舟山水陆联合通道——宁波北仑圆山车客渡码头：2018年开展项目前期工作	舟山市交通运输局	普陀区政府
	（3）宁波至舟山水陆联合通道——嵊泗至定海公路（定海环城南路至白泉段）改建工程：开工建设定海环城南路至三官堂段	舟山市交通运输局	定海区政府、新城管委会、舟山交通投资集团有限公司
	（4）宁波至舟山水陆联合通道——嵊泗至定海公路（临城—长峙—小干—鲁家峙—朱家尖（东港）公路）：力争完成整体项目前期研究及舟山甬东至长峙大桥工程前期研究；新城大桥完成总工程量的60%；小干—长峙通道工程完成栈桥施工，桩基础完成50%，开始承台及墩身施工；鲁家峙至东港公路工程（支线）累计完成总投资的48%	舟山市交通运输局	舟山市交通运输局、普陀区政府、新城管委会、普陀山-朱家尖管委会、小干岛建设指挥部
	（5）宁波舟山港六横公路大桥：完成施工图设计、施工准备，2018年底争取开工建设	舟山市交通运输局	舟山市大桥建设管理局
	（6）舟山至上海跨海大通道：2018年年底前，编制完成《舟山至上海跨海大通道战略规划研究报告》并征求专家委员会意见	舟沪通道前期办	舟沪通道前期办

续表

项目名称	主要建设内容	牵头单位	责任单位
4. 构建城区间快速交通体系			
城市轨道交通建设工程	从白泉高铁枢纽站经新城至东港的城市轨道交通建设，开展规划研究	舟山市住房和城乡建设局	舟山市自然资源和规划局

8.5.4 人文类项目库

海上花园城市建设人文类项目库见表8-5。

海上花园城市建设人文类项目库 　　　　　表8-5

项目名称	主要建设内容	牵头单位	责任单位
1. 保护历史文化风貌和风景名胜资源			
城市人文资源保护与利用工程	（1）完成舟山市第三批历史建筑公布工作	舟山市自然资源和规划局	各县（区）政府、功能区管委会
	（2）创建定海南洞艺谷、普陀沈家门渔港小镇、岱山秀山滑泥公园、嵊泗东海五渔村、十里金滩小镇等一批高等级旅游景区	舟山市文化和广电旅游体育局	各县（区）政府、功能区管委会
	（3）金塘镇柳行社区历史文化村落保护利用建设项目，2018年完成工程量的75%	舟山市文化和广电旅游体育局	金塘管委会
2. 大力建设特色文化设施			
特色小镇创建培育工程	定海远洋渔业小镇、普陀沈家门渔港小镇、朱家尖禅意小镇分别完成3A级及以上景区打造任务，做好省级特色小镇验收准备工作；嵊泗十里金滩小镇按照省级特色小镇第二年要求开展规划建设；岱山浪漫海岬等9个市级特色小镇加快招商引资，促进项目落地，启动景区创建，落实年度投资计划，以市特色小镇创建导则为依据，规范特色产业投资和政府投资占比	市发改委	各县（区）政府、功能区管委会
特色公园建设工程	（1）舟山市植物园建设完成工程量的80%	市农林与渔农村委	定海区政府
	（2）定海基本完成林家湾公园主体建设，附属工程进入收尾阶段；完成海之歌景观提升工程；定海公园提升改造完成工程量的50%，城北大绿地提升完成工程量的20%，完成东山公园提升改造；打造五山城市郊野公园	舟山市住房和城乡建设局	定海区政府
	（3）普陀完成鲁家峙红石体育公园、鲁家峙文化公园建设，完成蒲湾二区口袋公园建设，完成青龙山公园入口提升改造；完成江湾公园工程量的50%；完成刺棚山公园建设、青龙山公园整体提升改造前期工作；推进沈院-武岭湿地郊野公园建设，开展前期工作	舟山市住房和城乡建设局	普陀区政府
	（4）岱山蓬莱公园提升改造完成63%；完成衢山新区河道绿化工程；完成竹屿新区滨海景观长廊综合改造工程方案设计	舟山市住房和城乡建设局	岱山县政府
	（5）嵊泗完成岛沁公园提升改造工程	舟山市住房和城乡建设局	嵊泗县政府
	（6）完成北马峙湿地公园，黄沙湿地公园建设完成50%；新增绿化面积10万m²	舟山市住房和城乡建设局	海洋产业集聚区管委会

续表

项目名称	主要建设内容	牵头单位	责任单位
特色公园 建设工程	（7）完成桥畔公园二期工程量的50%；完成儿童公园工程量的70%；中央公园（含地下停车场）开工；打造城市郊野公园（鼓吹山城市森林公园），完成工程量的20%	舟山市住房和城乡建设局	新城管委会
	（8）完成六横贺家山公园进口及局部提升（外岙水库景观二期）；完成蛟头市民广场扩建工程	舟山市住房和城乡建设局	六横管委会
文体设施 建设工程	（1）完成定海区非物质文化遗产展示中心	舟山市文化和广电旅游体育局	定海区政府
	（2）普陀区建设中国普陀海洋文化创意产业园区并投入使用；鲁家峙海洋大世界项目完成立项等前期工作，力争开工	舟山市文化广电旅游体育局	普陀区政府
	（3）完成东沙海产品（大黄鱼）加工作坊文化展示馆扩建工程；建成1家城市书房；完成县图书馆借阅大厅提升改造	舟山市文化广电旅游体育局	岱山县政府
	（4）嵊泗县海洋非物质文化遗产文化展陈馆完工	舟山市文化广电旅游体育局	嵊泗县政府
	（5）海洋文化艺术中心（二期）完成工程量的60%	舟山市文化广电旅游体育局	新城管委会
	（6）完成柳行民俗文化中心建设；完成仙居社区文化礼堂建设	舟山市文化广电旅游体育局	金塘管委会
	（7）完成六横文化中心建设	舟山市文化广电旅游体育局	六横管委会
	（8）舟山市体育综合体完成规划设计、招商，争取立项	舟山市文化广电旅游体育局	舟山市文化广电旅游体育局
	（9）舟山广电传媒创意中心主体工程完工、验收	舟山市文化广电旅游体育局	舟山广播电视总台

8.5.5 科技类项目库

海上花园城市建设科技类项目库见表8-6。

海上花园城市建设科技类项目库　　　　　　　　　　表8-6

项目名称	主要建设内容	牵头单位	责任单位
加强智慧城市建设			
创新"多规合一"机制	启动"多规合一"相关课题和平台建设工作	舟山市自然资源和规划局	各相关职能部门
智慧城市建设工程	（1）启动黄龙至枸杞、朱家尖至白沙海底光缆建设工作，长度为25km	舟山市经济和信息化局	舟山市经济和信息化局
	（2）舟山海洋数据中心：启动海洋数据中心的海洋数据资源整合与共享，力争实现3个基础数据库的归集与共享；提升海洋数据中心的数据汇聚处理能力；推动智慧城管等大数据应用试点项目建设	舟山市经济和信息化局	舟山市经济和信息化局
	（3）中国电信浙江公司2017—2019年LTE工程建设；完成舟山全市LTE800M工程建设及NB-IoT窄带物联网的开通	舟山市经济和信息化局	舟山市经济和信息化局

续表

项目名称	主要建设内容	牵头单位	责任单位
智慧城市建设工程	（4）舟山铁塔移动通信基础建设工程：完成全市LTE800M、900M工程建设	舟山市经济和信息化局	舟山市经济和信息化局
	（5）舟山移动新枢纽楼建设项目开工	舟山市经济和信息化局	舟山市经济和信息化局
加强智慧城管建设	按照"一中心四平台"运行模式，建设智慧城管指挥中心、城市日常管理平台、应急指挥平台、公共服务互动平台、决策分析平台，实施城市精细化管理。完成市级智慧城管指挥中心及本岛（定海、普陀、新城）智慧城管指挥分中心系统。启动岱山、嵊泗、普陀山、金塘、六横智慧城管指挥中心建设前期工作	舟山市城市管局	相关县（区）政府、功能区管委会

8.6 实施指引

8.6.1 组织保障

（1）加强组织领导

完善新区规划建设专门委员会运行机制，研究制定新区规划建设管理政策措施，协调解决重大问题，指导和推进新区开发建设。落实新区规划（统筹）办公室职能，建立市级规划联席会议制度，成立规划专业技术委员会和规划专家咨询委员会。探索新区建立城市总规划师制度。探索乡镇建立规划建设委员会制度。注重培养、选拔有专业特长和熟悉城市规划建设管理工作的干部，提高领导城市建设能力和水平。

（2）成立领导小组

成立舟山市城乡环境综合整治暨海上花园城市建设大会战领导小组，负责统筹协调城乡环境综合整治暨海上花园城市建设工作。领导小组由市政府主要领导任组长，市政府分管副市长任副组长，各县（区）政府、功能区管委会和市属有关部门主要负责人为成员，领导小组下设办公室，负责具体组织协调、检查指导等工作。各县（区）、功能区建立相应组织机构。

（3）构建工作机制

按照"强化市级统筹，加快市、区融合发展"的总要求，积极构建市、县（区）、功能区、乡镇（街道）联动推进海上花园城市建设的工作机制。舟山市海上花园城市建设办公室负责抓好统筹协调、任务下达、业务指导、督办落实等工作，建立"一周一简报、一月一通报、一季一评比、一年一总结"机制，确保信息畅通、协调有力、工作有序、扎实推进。各县（区）、功能区及乡镇（街道）、市（新区）直属有关单位要切实承担主体责任，健全工作机构，落实人员力量，精心组织，高效推进。

8.6.2 资金保障

（1）加强政策支持

深化政府和社会资本合作，通过特许经营或股权合作等方式，引导社会资本、专业化运营公司以PPP等方式参与城市基础设施建设。积极推进基础设施、市政公用、公共服务等领域市场化运营，在环卫保洁、绿化养护、公共交通、河道管护等领域推行政府购买服务。充分发挥现代金融工具的作用，争取政策性银行优惠贷款支持。

（2）加强融资力度

各县（区）、功能区要加大投入，完善自身的基础设施建设。全力拓宽融资渠道，积极争取国家和省支持，加大政策性贷款融资力度。加强资源整合，中心城区土地要进行合理整合，各级城建平台资源要进行优化整合，提升平台投融资能力。树立城市经营的理念，加强土地市场调控，按照集约、紧凑的原则适度提高城市开发强度。

8.6.3 绩效考核

（1）落实工作责任

各级党委和政府要围绕市委市政府提出的总体目标要求，制定本地区海上花园城市发展的目标、标准、指标、任务和海上花园城市建设实施行动计划，明确项目化管理实施步骤和保障措施，落实工作经费。建立海上花园城市建设专项督查考核机制，完善考核体系和标准，定期通报考核结果，作为党政领导班子和领导干部综合考核评价的重要依据。

（2）明确工作职责

各牵头单位和实施责任单位要紧扣时间节点，倒排工作任务，实行"挂图作战"。要严格落实项目中心制，切实抓好项目前期、资金筹措、建设推进、资产运营、项目管理等工作。各县（区）政府和功能区管委会对本辖区城市建设项目土地与房屋征收工作负总责，保障项目建设顺利开展。

（3）加强绩效考核

海上花园城市建设攻坚行动各项工作纳入市绩效目标考核体系，具体由领导小组办公室会同市大行动办、新区督考办等组织实施。各责任单位要认真制定年度工作方案，统筹安排，周密部署，认真完成统筹协调、资金筹措、建设推进、资产运营、项目管理等工作。纪检部门要加强对重点工程审批、推进、管理工作的检查，促进建设效能进一步提高。

（4）落实督查考核

市海上花园城市建设办公室要围绕重点项目、重要工作、重大任务抓督查、抓推进。要创新督查方式，组织开展"比学赶超"、立功竞赛等活动，晒成绩、比差距、找不足、谋对策，助推项目建设不断取得新突破。

8.6.4 其他保障

（1）强化法制保障

加大城市规划建设管理领域地方立法项目研究，适时开展新区规划条例、城市规划技术规定、城市绿化、市容环卫、住房保障、物业管理等市级立法工作，完善配套规章、规范性文件和各类制度、标准建设，构建完善的海上花园城市建设法规制度。

（2）营造良好氛围

把群众满意作为海上花园城市建设的首要标准，坚持正确的舆论导向，开展海上花园城市建设系列宣传活动。通过报纸、电视、网络、微信公众号等媒体宣传海上花园城市建设进展、成效和创新做法，报道先进典型和感人事迹，引导广大市民理解、支持并积极参与海上花园城市建设，维护社会和谐稳定，共享城市发展成果。

第9章
海上花园城生态化建设策略

9.1 城市生态环境现状问题识别

9.1.1 基于空间辨识的现状问题分析：传统视角

1. 舟山生态格局现状分析

（1）舟山市域群岛生态格局

舟山市域范围内各类大小岛屿以其生态自然资源共同构建了舟山市域群岛特色的生态格局，整体而言，总量较大，生态资源禀赋较好。但随着城市的建设与开发，部分岛屿的生态环境受到建设行为的干扰。从舟山岛屿生态格局来看，本岛、普陀山与朱家尖岛有大量的城镇建设用地或旅游用地，对岛屿原本的自然生态环境造成一定干扰；鲁家峙岛、小干岛、朱家尖岛、岙山岛、金塘岛、大小洋山等岛屿已经被开发建设，存在大量的已建设空间，对原本的自然生态空间造成较大干扰；南部的桃花岛、虾峙岛、六横岛及梅散列岛等建设空间较少，生态本底保存较为完整；北部的川湖列岛、嵊泗列岛、马鞍列岛以及东部的东极岛等开发建设较少，岛

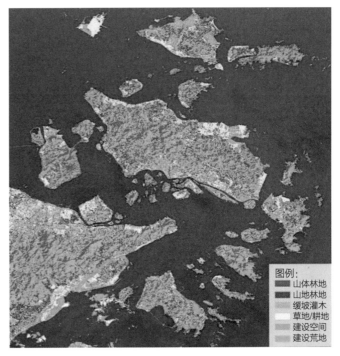

图9-1 舟山本岛及周围岛屿归一化处理图

屿生态控制较好，是舟山未来发展的重要生态资源岛（图9-1）。

总体来看，舟山岛屿生态控制存在以下两点问题：

1）舟山岛屿的整体生态管控较为缺乏

舟山本岛及周围若干岛屿均已开展一定程度的建设活动，市域内若干岛屿被开发用于工业发展和港口作业，缺乏对岛屿生态资源的整体识别和成体系的管控。

2）部分岛屿的开发建设对生态环境造成影响

舟山部分岛屿（如鲁家峙岛）已进行了高强度的开发建设，对岛屿的生态环境造成一定程度的破坏（图9-2）。

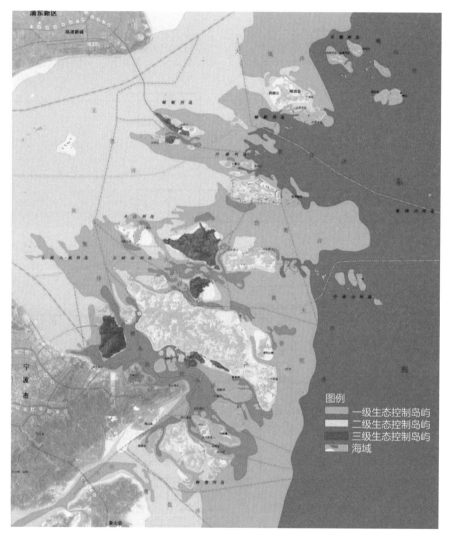

图9-2 舟山市岛屿生态控制现状图

（2）舟山中心城区生态格局

舟山整体具有独特的山海城格局："峦分南百安，溪连湖海城，湾聚岛丘园，海天映舟山"，其自然景观集"海岛、海湾、山丘、河渠、滩涂、鱼塘、农田"等多样要素于一体。岛上山体具有连绵山峦、孤立山体、低丘缓坡等多种特征，形成多层次的山体景观和轮廓形象；岛内河渠属于山溪性河流，河渠上游连水库，下游河道纵横交错，形成平原水网，汇流后入海，城市则受到海岛形态与岛域山体分割影响，城市在"靠山—跨山—沿海"跳跃式发展，形成"环岛组团串珠"的结构。

"山海夹城"是舟山生态格局的主要特征。从现状生态控制区格局来看，生态控制区主要分布在舟山主岛中部的山体区域，城市建设空间位于山海之间的平坝空间和围垦空间内。结合城市生态敏感性和适宜性格局分析来看，城市建设用地基本集中处于山海之间的适建区域（图9-3）。

总体来看，在城市的发展建设过程中存在以下几个问题：

图9-3 舟山中心城区土地利用现状图

1）老城区建设用地相对不足，缺乏与山海之间的生态缓冲空间。

定海老城区由于建设用地紧张，城市建设往往紧邻山体，缺乏必要的生态缓冲空间。如丹桂园、金岛花园等小区都紧邻山体建设，并未充分利用优良的自然条件营造生态公共空间，既对城市生态缓冲区域造成影响，也不利于居民享受优质的城市空间。

2）新城城市空间与海岸之间存在视线阻隔。

舟山城市建设空间大多位于山海之间的平坝空间和围垦空间，部分区域存在建筑高度、体量等缺乏控制的问题，或存在大面积的生态预留用地，导致山海之间的视线联系被阻断，如临城区海景道滨海一侧，由于预留有200m的生态防御用地，且种植较多高大乔木，阻断了行政轴线景观带与海面的视线通廊。

3）山体与海面欠缺畅通连续的生态径迹。

从现状生态控制区格局来看，现状生态控制区主要分布在舟山主岛中心的山体区域，山体与海面的生态通廊被城市建设打断，导致山海间生态关联性不强。如位于定沈线南侧的尖家岗与石家岭，作为发挥着联通山海的重要生态作用并且连续成片的城市丘陵，由于嘉盛华庭及生产用地的建设，阻断了原本通畅的生态径迹，对城市理想生态格局造成一定的干扰。

4）部分山体孤立于城市中心，山城融合欠佳。

普陀区老城片区的东山在建设过程中被孤立在城市中心，城市内部山体空间成为城市建设的陪衬，未与城市空间融为一体。其中，较为突出的是沈家门片区的青龙山，作为城市中面积较大并连通岛域中部山体的生态斑块但在城市建设过程中，被孤立于城市空间之外成为城市的背景，未得到充分有效的利用，其生态复合价值难以体现（图9-4）。

图9-4　舟山中心城区整体山海城格局现状图

2．舟山环境品质现状分析

对于舟山建成区内部环境品质的现状分析从城市海岸线、山海景观、公园体系、自然水系、道路景观、滨海空间等六个方面展开。

（1）城市海岸线

舟山中心城区拥有丰富优良的自然岸线资源，但由于城市建设用地紧缺，自20世纪末起，出现了大规模的围垦建设行为。其中2003年至2016年是舟山市围垦造城的高峰时期，围垦面积总量达到约5000ha（图9-5、表9-1），大量自然岸线被人工岸线所取代，舟山中心城区如今"山海夹城"的空间格局也随之形成。

长时间的围垦建设导致舟山中心城区的自然岸线比例迅速下降，形成了大量以硬质铺装和人工绿植景观为主的人工岸线，滨海空间的自然生态资源遭到破坏，其自然生态特征迅速衰退。大量的围垦建设甚至对舟山的自然山海格局造成了一定的干扰，原本存在的山海生态廊道如今被大量的工业生产用地、货运口岸以及城市生活用地所阻隔。同时，城市的后续建设忽视了对海岸线空间的自然化处理，滨海生态环境没有得到修复，使得岸线资源难以发挥其应有的生态经济效益。

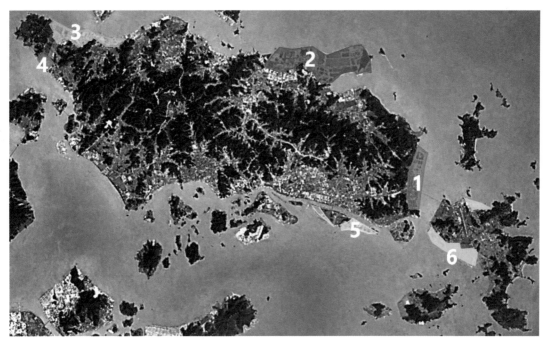

图9-5 舟山中心城区海岸线围垦现状图

舟山中心城区海岸线围垦状况统计 表9-1

编号	围垦时间段	围垦面积（ha）
1	1993—2009年	约800
2	2003—2016年	约2230
3	2003—2016年	约876
4	2007—2010年	约267
5	2004—2016年	约374
6	2008—2016年	约833

（2）城市山海景观

舟山市城市山海景观格局表现为"山海夹城"的特征，城市建成区范围内山海之间的关联性较差，城市建成区内部缺乏承担山海关联性的生态景观斑块以及景观通廊（图9-6～图9-9）。定海老城区与临城城区、普陀片区之间具有部分山体空间，但山海之间的连通性不足（图9-10）；此外，城市空间内部特别是新城空间的自然山体的天际线控制不足，导致大量山体空间被建筑阻挡，山海之间的视觉关系不佳（图9-11、图9-12）。

（3）城市公园体系

从现状公园建设状况来看，舟山本岛内部城市公园相对不足。根据既有资料统计所得，舟山中心城区已建成城市公园17个，总面积约430ha，已建成郊野公园2个，总面约300ha（图9-13）。特别是定海老城区范围内几乎没有具有一定规模的城市公园，公园层级性区分度不明显，公园体系尚未形成；新城区范围内大量城市公园有待建设，公园体系不完整，各层级的公园体系不明显，城市级公园缺乏，社区公园大量不足，公园建设质量有待提高（图9-14、表9-2）。

图9-6　北部工业园区围垦用地现状

图9-7　小干岛围垦用地现状

图9-8　普陀区围垦用地现状

图9-9　东港围垦用地现状

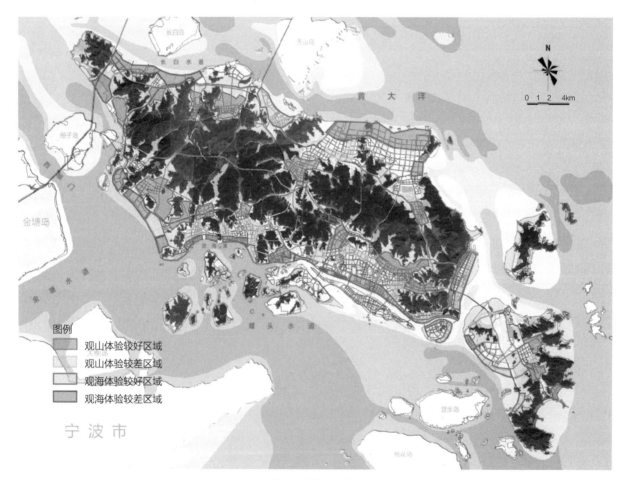

图9-10　舟山中心城区山海景观现状图

图9-11 临城区海景道

图9-12 定海区沿港东路

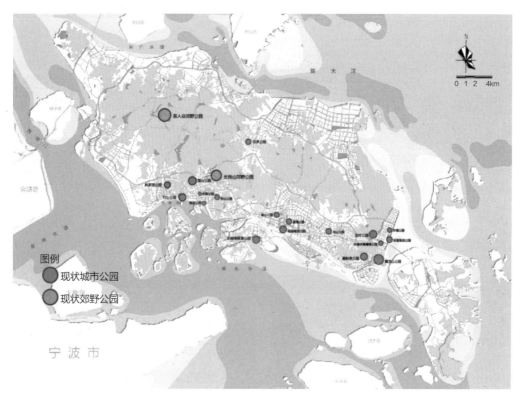

图9-13 舟山中心城区公园现状图

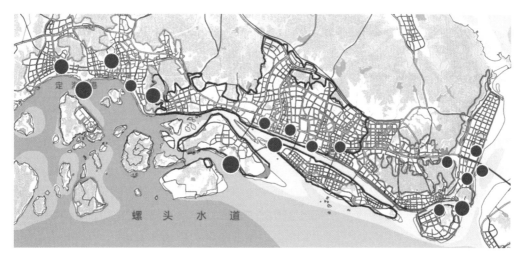

图9-14 舟山本岛三城区城市公园分布图

舟山中心城区公园现状问题分析　　　　　　　　　　　　　　表9-2

公园名称	现状问题
定海区滨海公园	河道渠化现象严重，景观特色性不足，休闲设施缺乏
新城茶山浦生态公园	环境较好，但公园缺乏特色景观空间，遮阴乔木较少
临城区翁浦公园	对水系中部绿洲利用不充分，绿化景观缺乏特色
普陀区莲花洋公园	滨海带状缺乏人气，停留空间不足，休闲设施缺乏

现状特征导致整体的公园状态不佳，景观特征不足（图9-15～图9-18）。

图9-15　定海区滨海公园

图9-16　新城茶山浦生态公园

图9-17　临城区翁浦公园

图9-18　普陀区莲花洋公园

（4）城市自然水系

由于舟山自然水系的独特性（图9-19），在城市建设过程中为了谋求对于城市水系中水的最大化利用，舟山主岛内部大部分水系采取前端水库蓄水、末端入海口大坝拦截河流蓄水的方式来留住水，并通过人工曝气的方式维持水环境，同时大量水系河道空间被渠化。河流空间本来作为山海之间连接的重要生态廊道，但现状城市建设将其生态特征弱化，导致河流本身与城市空间建设脱节，未能发挥其应有的生态景观功能。

定海老城区内部河流空间被严重挤压，两侧预留绿化空间较少，河道空间渠化过于严重，同时河流与周边城市用地的互动关系较差；新城区范围内，城市建设过程中对河流两侧空间具有一定的预留，但岸线多为渠化空间，自然化程度不够，河流两侧景观质量不够高，既无法形成具有一定生态景观体验的城市景观，也无法形成代表城市特色的空间特征（图9-20～图9-22、表9-3）。

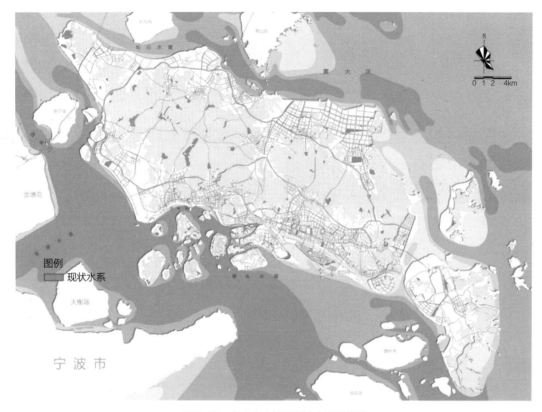

图9-19 舟山中心城区河流水系现状图

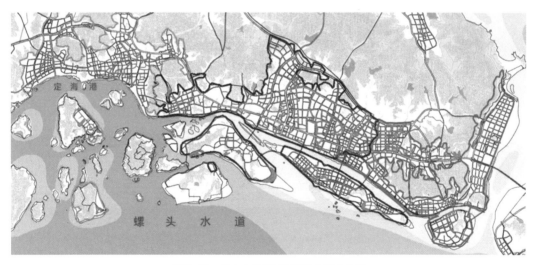

图9-20 舟山本岛三城区河流水系分布图

舟山中心城区河流水系现状问题分析 表9-3

现状问题	水系名称
河流渠化严重	增产河、新城部分水系等
水系可达性较差	临城河、盐仓大河、勾山河等
水系公共空间缺乏	增产河、大展河等
水系景观性不足	芦花河、东港城市湿地等

图9-21　定海区滨海公园水系　　　　　　　　　图9-22　新城茶山浦生态公园水系

（5）城市道路景观

舟山囿于气候原因及覆被土壤的原因，植物生长状态较差，本地较为高大的乔灌木类植物欠缺，城市道路两边的景观空间层次不足，景观组合关系较弱，道路景观的特色不够鲜明（图9-23、表9-4）。特别是定海老城区内部，道路景观视觉效果较差，与周边建筑物的融合关系较差。新城区内道路景观由于过分采用常规的街道景观树种及组合方式，无法凸显舟山海上花园城的城市特色（图9-24～图9-27）。

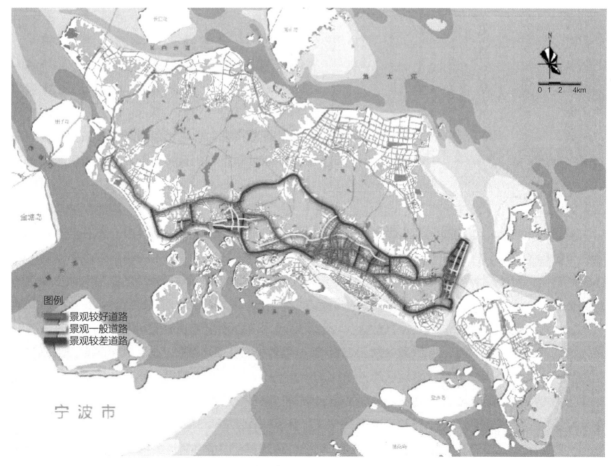

图9-23　舟山中心城区道路景观分类现状图

舟山中心城区道路景观现状问题分析　　　　　　　　　　　表9-4

道路名称	现状问题
定海区解放西路	道路绿化与建筑关系不佳，遮挡建筑且较杂乱
定海区环城东路	道路绿化景观缺乏变化，慢行驻足点较少
临城区定沈路	道路绿化设施不足，难以形成连续的城市绿化景观界面
临城区新城大道	绿化设施不足，缺乏遮阴乔木，未在山体与城市间形成良好过渡

图9-24　定海区解放西路

图9-25　定海区环城东路

图9-26　临城区定沈路

图9-27　临城区新城大道

（6）城市滨海空间

　　舟山虽然具有较长的城市海岸线，但城市围垦造成滨海岸线的自然度较低，同时城市建设过程中大量滨海空间被特殊用地和工业用地所占用（表9-5）。还有大量城市滨海空间为了应对防洪需求进行堤岸的硬质化建设（图9-28），导致城市内部近海不可见海、近海的生活和游憩型滨海空间相对不足，滨海空间内的植被覆盖率和植物造景特征不佳，滨海空间的生态景观特色不足（图9-29～图9-32）。

舟山中心城区滨海空间现状问题分析

表9-5

现状问题	滨海空间名称或区位
其他用地占用	定海湾岸线
滨海空间可达性差	定海湾岸线、北部工业区岸线、浦西大桥下滨海空间等
亲海游憩空间缺乏	定海湾岸线、沈家门港附近、普陀区滨港路岸线
滨海绿化景观不足	东港滨海空间、普陀菜花山岸线、定海沿港东路岸线

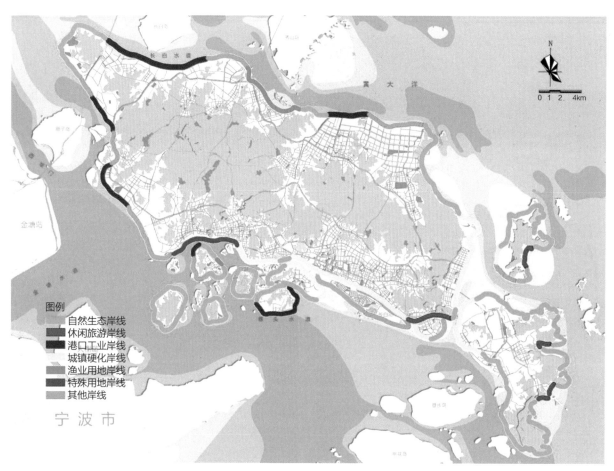

图9-28　舟山中心城区现状岸线分类图

图9-29　普陀区菜花山海岸线

图9-30　定海区沿港东路海岸线

图9-31　普陀区东港海岸线

图9-32　临城区海景道海岸线

3．舟山城市生态格局和建设格局耦合分析

"岛城相间"是舟山市域范围内生态格局特征，"山海夹城"是舟山岛域范围内生态格局特征，但从舟山城区范围来看，"山、海、河"与城市建设空间耦合关系整体状况不佳。

定海老城区的生态格局和建设格局的耦合关系呈现出"山海围城不进城"的状况。定海老城区三面环山，一面迎海，但山城之间缺乏直接耦合关系，山城之间存在部分荒地空间（图9-33、图9-34）。部分山城之间距离较近但缺乏必要的缓冲空间，同时，山体的开放度较差，城区内部缺乏登山入口，山城之间的耦合互动关系较差；城海之间互动关系不佳，整体的定海湾岸线空间被工业用地和军事用地侵占，缺乏足量的自然生态景观式的生活和休闲滨水岸线，岸线的开放格局较差，滨海空间界面耦合度较差，并且从城市内部缺乏相应的路径直接到达海岸空间（图9-35）。

临城新城区的生态格局和建设格局的耦合关系呈现出"山海离城"的现状（图9-36、图9-37）。背山面海的临城新区，城市建设空间距离山体空间较远，山体背景在城市建设过程中的景观视觉作用未能凸显。同时城市内部缺乏慢行路径到达山海空间，导致城市建设与山体空间的耦合关系较差。由于滨海空间工程式防护岸线的建设以及预留生态绿带空间的隔离，导致城区空间与滨海空间的互动性较差，城海耦合格局不佳；河流空间对于山海空间的耦合串联作用较差，未形成系统的河流空间网络来连接山海空间（图9-38）。

图9-33　定海区归一化耦合关系图

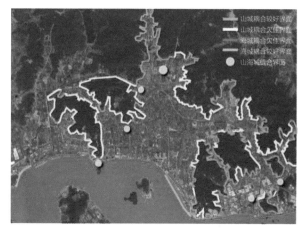

图9-34　定海区山海城耦合界面分析图

图9-35　定海区山海城关系现状

图9-36　临城区归一化耦合关系图

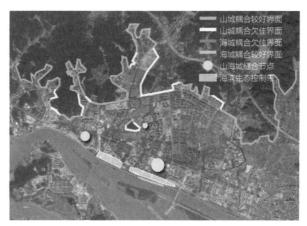

图9-37　临城区山海城耦合界面分析图

图9-38　临城区山海城关系现状

图9-38 临城区山海城关系现状（续）

　　普陀区的生态空间和建设空间呈现出"城海空间过近"的特点（图9-39、图9-40）。特别是普陀老城区沈家门地段，城市建设过分挤压滨海空间，导致滨海空间不足；普陀新城区虽预留了滨海空间，但对于滨海空间的自然化打造以及植被建设不足，导致滨海空间与城市建设空间的耦合互动较差；此外，普陀区部分山体被包围在城市建成区内部，但与背景山体空间的联系度较差，呈现出被孤立在山体中的状态，山城之间的互动关系较差（图9-41）。

 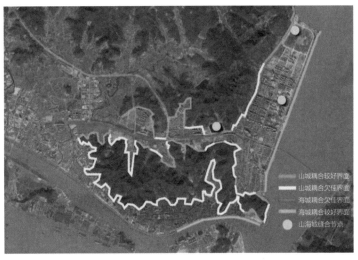

图9-39 普陀区归一化耦合关系图　　　　　　　　　图9-40 普陀区山海城耦合界面分析图

图9-41 普陀区山海城关系现状

图9-41　普陀区山海城关系现状（续）

9.1.2　基于城市多元数据的现状问题分析：大数据视角

1. 利用DMSP/OLS夜间灯光数据的城市对比分析

DMSP/OLS数据是美国国防气象卫星在夜间探测地表辐射信号的遥感数据集，能探测到城市灯光，甚至小规模居民地、车流等发出的低强度灯光，并使之区别于黑暗的乡村背景，因此，DMSP/OLS夜间灯光数据可以作为人类活动的标准，成为人类活动监测研究的良好数据源。目前，DMSP/OLS夜间灯光数据已经广泛应用于城镇拓展研究、社会经济结构估算、地质灾害、能源等领域。

本次研究利用DMSP/OLS夜间灯光数据表征城市发展规模与城市空间结构，将舟山本岛与青岛、厦门、珠海进行对比，分析舟山在同等级城市之间的发展阶段与差异。从行政区域陆域灯光亮度总和来看，舟山灯光亮度总和为97509，青岛为334529，厦门为97843，珠海为103949，其中青岛灯光亮度总和最高，舟山排名最后，表明舟山城市整体规模较小；从单位像素灯光平均亮度来看，舟山单位像素灯光平均亮度为17.08，青岛为20.86，厦门为41.43，珠海为21.25，其中厦门单位像素灯光平均亮度最高，舟山排名最后，表明舟山城市开发强度较低；从行政区域灯光亮度标准差来看，舟山灯光亮度标准差为13.74，青岛为18.32，厦门为22.04，珠海为18.49，其中厦门灯光亮度标准差最高，舟山最低，表明舟山市域城市发展差异较小（图9-42、表9-6）。

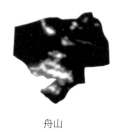
舟山

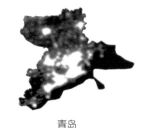
青岛

厦门

珠海

图9-42　四大滨海城市夜间灯光数据对比图

城市夜间灯光数据对比　　　　　　　　　　　　　　　　　表9-6

城市	灯光亮度总和	单位像素灯光平均亮度	最大亮度值	最小亮度值	标准差
舟山	97509	17.08	60	4	13.74
青岛	334529	20.86	63	5	18.32
厦门	97843	41.43	63	5	22.04
珠海	103949	21.25	63	5	18.49

从城市发展规模、城市发展强度、城乡发展差异的分析来看，相较于青岛、厦门、珠海三个滨海生态建设较好的城市，舟山城市发展规模还处于较后位置，城市发展强度不高，城乡发展差异较小，但发展潜力巨大。舟山生态本底决定了城市形态的均质化发展，因此生态建设也应顺应生态本底，实现全面布局。

2. 利用网络POI的居民-游客空间分布解析

POI（兴趣点）是基于位置服务的地图点状数据，每个POI点都至少包含了名称、类别、经纬度和地址四类信息，POI数据在日常生活中有着广泛的应用场景，主要集中在互联网地图中的地点搜索、车辆导航等。POI有着易获取、信息准确、结构清晰等特征，在城市研究中的应用日益广泛，主要集中在城市功能布局、城市结构判断、城市活动强度分析等方面。

本次研究通过高德地图API获取了舟山本岛区域的POI点约12000个，包括酒店宾馆、风景名胜、休闲游憩设施、居住小区、公共服务设施、餐饮服务设施等共计19个大类，利用GIS平台和POI点的经纬度坐标将其空间化，得到舟山本岛区域的POI点分布图。

通过POI整体分布可以发现，POI点主要分布在城市建成区（图9-43），其中定海老城区、临城新城区、普陀区、朱家尖等区域的城市建成区沿海呈组团式布局，很好地和中央山体分离，同时中央山体部分仍有少量POI点分布。

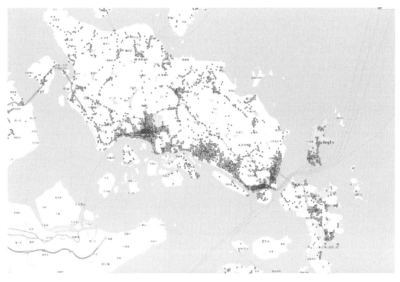

图9-43 舟山POI点分布图

根据POI类型以及居民-游客活动类型的相关性，将酒店宾馆、风景名胜、休闲游憩设施三类POI聚合为外地游客旅游空间，将居住小区、公共服务设施、餐饮服务设施、教育文化设施、医疗卫生设施、交通设施聚合为本地居民生活空间。利用GIS平台将两类POI数据空间化，得到外地游客旅游空间分布图与本地居民生活空间分布图（图9-44）。

分析可知，舟山本岛居民与游客生态感知空间较为分离（图9-45），本地居民生活空间主要集中在定海老城区、临城新城区、沈家门片区，外地游客旅游空间主要集中在普陀山与朱家尖，且普陀山游客活动强度与密度极高，致使其生态压力巨大。同时可以发现，临城新城区在旅游服务功能方面未能发挥作用。

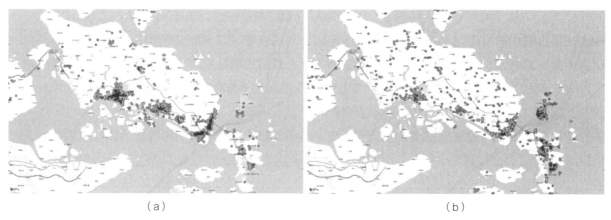

图9-44 外地游客旅游空间与本地居民生活空间综合对比分析图
（a）外地游客旅游空间；（b）本地居民生活空间

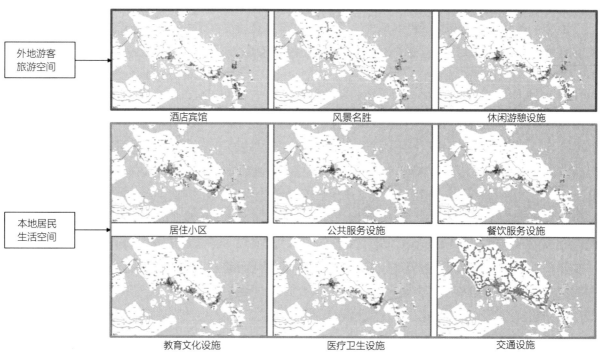

图9-45 外地游客旅游空间与本地居民生活空间分项对比分析图

　　从外地游客旅游空间较为密集的区域选择8处地点作为游客旅行目的地，分别是普陀山风景区、大青山国家公园、朱家尖南沙、乌石塘景区、朱家尖、定海古城、东海大峡谷、南洞艺谷，选择4处交通设施作为游客旅行的起始点，分别是普陀山机场、金塘大桥（舟山跨海大桥）、宁波白峰轮渡—舟山鸭蛋山站、国际邮轮港，将起始点与目的地连接起来得到游客的主要活动路径，也是游客生态感知的空间路径（图9-46）。

　　在舟山本岛区域共得到3条主要的游客活动路径，分别是宁波白峰轮渡—舟山鸭蛋山站—定海古城/滨海公园/南洞艺谷/东海大峡谷、跨海大桥—G329/海天大道—乌石塘景区/大青山国家公园/朱家尖南沙、普陀山机场—朱家尖—普陀山客运站（轮渡）—普陀山风景区。从图9-46中可以看出，游客活动路径与本地居民生活主要干道高度重合，存在基础设施使用冲突的风险。

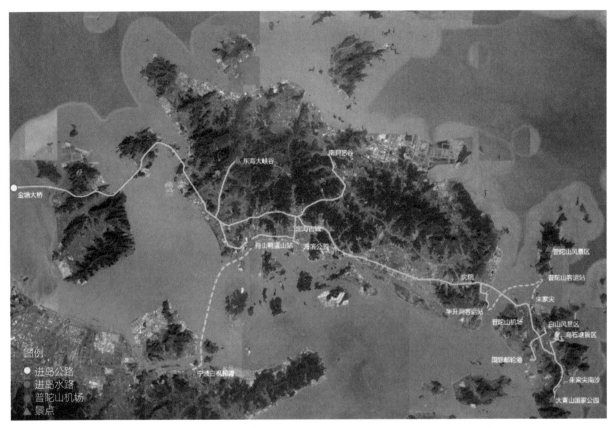

图9-46　游客主要活动路径图

3．利用街景地图的城市生态感知分析

城市生态感知主要考察城市居民对城市自然生态景观的感知程度，而城市的自然生态景观通常以绿地和水体的形式体现，其中城市绿地包括公园绿地、防护绿地、附属绿地等。在快速城镇化的背景下，部分城市绿色空间在选址、规划、设计上存在诸多不足，导致城市居民很难直接感知到其自然要素的存在，因此也出现了很多"指标上的绿色城市"，而非"可感知的绿色城市"。相较于大型的城市自然要素，街道绿色景观是行人视角的绿色景观，与行人的视觉感知相匹配；同时，其空间分布与城市居民日常的活动空间与行为轨迹高度重叠，因此街道绿色景观可以作为城市生态感知的重要参考指标，也是城市居民感知自然生态景观最直接的途径。

街景地图是互联网地图平台提供的城市街道影像，有着覆盖广、精度高、易获取等特点，国外主要的街景地图平台为谷歌地图，国内提供街景地图的平台有百度地图和腾讯地图，各大互联网企业都在不同程度上开放了街景地图的接口，利用简单的代码即可获取街道影像图。利用街景地图的城市研究在国外已有较多应用，研究的内容主要集中在街道空间与建筑界面的定量化评估方面。

本研究利用百度地图街景影像图为数据来源（图9-47），百度街景地图主要覆盖范围为舟山本岛南部城市建成区、朱家尖部分片区。通过百度地图API接口设定获取参数，具体来讲，抓取方式为沿道路每间隔100m抓取一张仰角15°、水平视野150°的街景图片。按照设置参数运行程序，共获取到舟山本岛区域的街景地图5234张，覆盖了舟山本岛绝大部分城市建成区域。

图9-47　舟山本岛区域百度街景点分布图

利用微软人工智能计算机视觉模型对街景图片进行机器学习，并得到图片内容标签，该内容标签即可作为生态感知类型的表征指标。根据舟山城市的特点，研究将街道生态感知分为植物感知、山体感知、河海感知以及建筑感知四个类型，再根据人工智能返回的内容规则将内容标签与生态感知类型相对应。其中植物感知包括tree、grass、plant三个标签，山体感知包括mountain、hill两个标签，河海感知包括river、water、ocean、beach四个标签，建筑感知包括building一个标签（图9-48）。

根据计算统计结果（图9-49），在研究街道范围内，植物感知的街景点共有72.72%，山体感知的街景点共有1.87%，河海感知的街景点共有7.64%，建筑感知的街景点共有38.04%（同一个街景点可能对应多种生态感知类型）。从结果来看，舟山街道生态感知整体情况良好，感知类型以植物为主，即城市整体街道绿化较好，但缺乏对山体与河海的感知。

从植物感知来看（图9-50），整体街道绿视率较高，有72.72%的区域都能感知到街道绿化，定海老城区优于沈家门片区以及临城新城区，而植物感知较差的街道主要集中在组团之间区域。从山体感知来看（图9-51），舟山城区街道能看见山体的区域极少，主要分布在城市边缘区域，而定海老城区的山体感知优于临海新城区与沈家门片区，整体分布呈现规模小、散点分布的特征。从河海感知来看（图9-52），舟山城区主要可视的景观为岛内河流，对海洋的感知较少，滨海道路几乎看不到海面，整体呈现破碎化、不连续的分布特征。

图9-48 基于人工智能与街景地图的生态感知评价模型示意图

图9-49 街道生态感知分类统计图

图9-50 植物感知分布图

图9-51　山体感知分布图

图9-52　河海感知分布图

9.1.3　城市生态化建设现状问题识别

结合以上分析，舟山城市建设的问题存在于坐拥优美的山海岛生态资源，却没有构建较好的山海城生态格局，城市的发展对于既有生态景观资源缺乏合理的利用，城市内部对于"海上花园城"的生态景观特色感知不够。

1．整体层面

（1）问题一：天生丽质——良好的自然生态资源有待高效识别利用

舟山坐拥山、海、岛等独特的自然生态资源，并在长期的发展建设过程中形成了融合自然生态资源的多元历史人文景点，大量融合山海资源的历史遗迹点、人文遗迹点等，以及多种如"湾、峡、岬、岛"和"山、岙、汀、水"的特色生态景观（图9-53，表9-7），但良好的景观未能与城市建设空间进行有效地耦合互动，导致自然生态资源与城市建设空间缺乏互动，大量良好的自然生态资源未融入城市的整体建设以及城市的空间体验中，未能发挥其复合的价值。

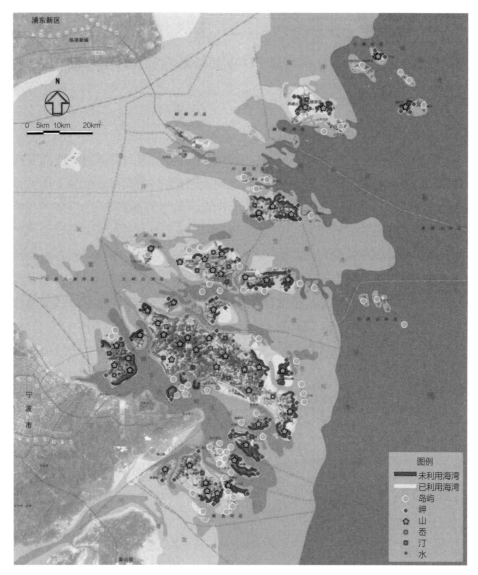

图9-53 舟山市山海景观资源现状图

舟山市山海景观资源统计

表9-7

山海景观类型	岛	山	峙	屿	礁
数量（个）	129	410	17	26	208

（2）问题二：岛城同质——岛屿进行分级分类控制较欠缺

对于群岛城市舟山而言，海岛资源是舟山特有的生态景观资源，当前对于主岛周边的岛屿缺乏生态控制，部分岛屿已被大肆开发为城市建设用地，本应发挥更好的岛屿生态功能的部分岛屿，未处理好自身的保育与开发之间的关系，导致本应同城市进行功能和景观互动的周边岛屿被无序开发（图9-54）。

目前来看，舟山各岛屿拥有丰富的生态景观资源与人文景观资源，这些景观资源也使得舟山未来的发展具有较大的潜力。同时，舟山各岛屿也具有不同的景观风貌：舟山本岛是面积最大的岛屿，其景观风貌以现代城市风貌与自然山海景观相结合为主，拥有定海老城、废弃工业港口、海鲜夜排档等特色景观风貌区；普陀山是与沈家门隔海相望，素有"海天佛国""南海圣境"之称的国家5A级旅游风景区，普陀山以其神圣、神秘成为具有佛教文化特色风貌的岛屿；嵊泗列岛是全国唯一的国家级列岛风景名胜区，素有"海上仙山"的美誉，具有"碧海奇礁、金沙渔火"等原生态旅游

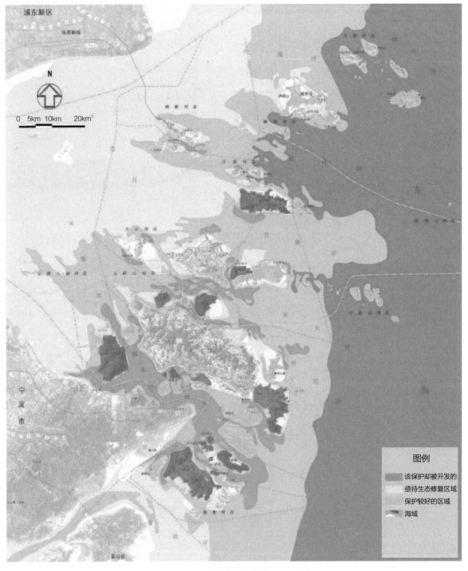

图9-54 舟山市域岛屿生态利用现状图

特色景观，更有绿植覆满建筑的绝美景观，使之成为现实版的"绿野仙踪"，嵊泗列岛也因此拥有了群岛渔家、生态幽静的景观风貌；除此之外，还有东极岛等具有浓厚人文气息的岛屿，形成以渔岛风情为特征的景观风貌岛群（图9-55～图9-58）。

图9-55 舟山本岛"山海夹城"

图9-56 普陀山风景名胜区

图9-57 嵊泗列岛"绿野仙踪"

图9-58 东极岛渔村风情

（3）问题三：山海乏通——通山、达水、近海的景观格局有待提升

城市已建成空间对于既有的山海格局具有一定的阻隔，城市内部缺乏必要的生态景观连接和看山观海的景观视线通廊，山海与城市之间未形成功能与景观的互动。建设过程中未形成良好的廊道空间体系。整体层面上：缺乏通山、达水、近海的生态格局体系；城市建成区层面上：各城市组团之间借助山海通廊存在一定的自然隔离，城市建设有向隔离区域扩张的趋势，但同时组团内部某些区域正在进行生态修复建设，由于对城市组团内部的生态斑块整体关注度不足，难以形成连续有效的山海生态径迹（图9-59）。

2．中观层面

（1）问题一：山城欠互动——城市空间近山不亲山

城市建设空间虽邻近城市山体，并沿着山体向海的方向延展，但山城之间缺乏必要的空间互动，缺少相应的景观径迹（山体绿道体系）联系舟山山与城的空间。另外，定海老城区范围内山城之间缺乏生态缓冲区；临城和普陀片区山城之间的生态控制不足（图9-60），城市内部的山体空间未得到有效的开发利用，形成城市内部的生态孤岛。

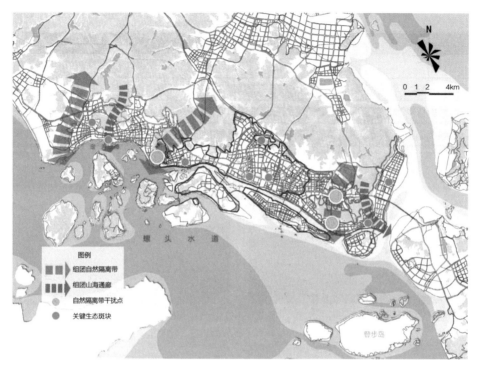

图9-59 舟山三城区山水海景观格局现状图

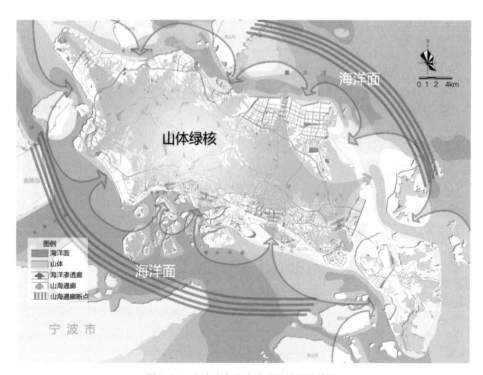

图9-60 舟山本岛山水海景观格局现状图

（2）问题二：城水欠相融——城市内部河流水系可达体验不足

舟山内部河流两侧空间硬质化现象较为严重，河流两侧缺乏具有较好景观特征的游憩空间，河流本身及河流两侧资源未得到有效的开发利用，特别是部分河流中具有独特的内岛空间，但缺乏相应的基础设施构造，导致河流水系可达性不足、体验性较差（图9-61）。

（3）问题三：城海欠毗连——城市空间临海不亲海

舟山具有我国最长的海岸线，但是建设中大部分岸线被用作产业空间的发展，导致定海老城区内部几乎没有能够近达的自然岸线，同时临城和普陀片区的海岸线过于强调对海浪的防御功能，以硬质的工程设施建设塑造的堤岸空间为主，虽然预留了部分空间作为绿化空间，但现状未形成景观特色凸显滨海林带（图9-62）。

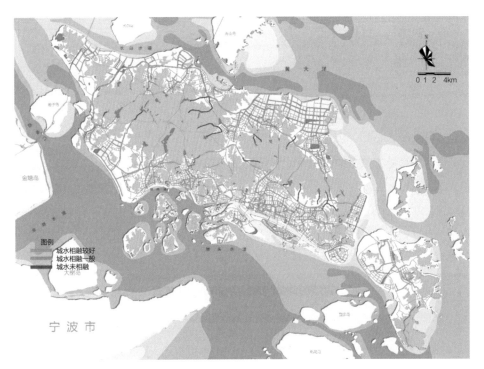

图9-61 舟山中心城区河流水系可达性现状图

图9-62 舟山中心城区海岸线亲海性现状分析图

（4）问题四：城景欠相依——城在景中景不现，景在城中不见景

舟山坐拥良好的山海河自然资源，但由于在城市建设范围内部空间的建设过程中缺乏对于景观生态廊道的预留以及对于景观视廊空间的打造，导致舟山城市内部"城在景中景不知"。此外，舟山城市内部缺乏特色的景观节点空间的打造，导致在城市内部的生态景观感知上缺乏自己的特色，"城中无景"导致城市内部的体验性不足，缺乏可进行体验的景观特色空间（图9-63）。

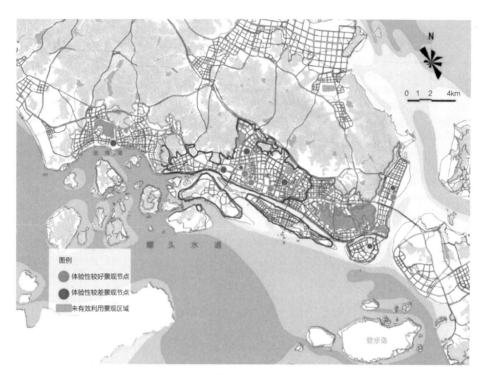

图9-63　舟山中心城区生态廊道阻隔现状分析图

3．微观层面

（1）问题一：自然特色空间利用欠缺

舟山景观中具有极具特色的"湾、峡、岬、岛"自然景观资源，但此类特色空间的塑造较为薄弱。此类空间缺乏生态景观上的严格控制，导致空间感知体验不足；此外，建成区内部存在着特色的"山、岙、汀、水"特色空间，但城市建设过程中缺乏对其的合理开发和利用，导致此类空间的特色没有与当前城市建设的景观打造进行融合。整体而言，自然特色空间亮点不足（图9-64）。

（2）问题二：人文历史空间精致欠缺

舟山在长期的城市建设发展过程中形成了大量的人文空间，如定海老城区范围内有大量的井文化、桥文化、港口文化、船埠文化等历史文化空间，但这些空间的景观性不强并缺乏精致化打造，缺乏人气，无法形成城市文化的触媒点（图9-65）。此外，舟山具有大量的码头文化和工业遗产文化，如沈家门码头等，但由于缺乏整体性的开发和控制，导致体验感和景观感知不强，标志性特征并不明显。

（3）问题三：社区生活空间品质欠佳

舟山老城区范围（定海老城、普陀老城）内社区居住空间的环境品质不佳，密度较高，缺乏特色开敞空间及特色景观空间，社区特色难以体现。其中高密度低容积率的老城空间现状，导致舟山

的老城空间景观体验较差，景观感知不足；新城范围内由于开敞空间的建设尚未完成，大量新建设的小区延续传统的高密度低容积率的开发模式，社区内部缺乏集中开敞的公共空间，社区景观感知力相对较弱，生态品质欠佳（图9-66）。

图9-64　舟山自然特色空间利用现状

图9-65　舟山人文历史空间建设现状

图9-66　舟山社区生活空间建设现状

（4）问题四：城内绿地蝉鸣鸟叫欠缺

舟山岛屿式的城市空间特色，导致其整体生态功能较为脆弱。建成区内部依托城市绿地为主的生境空间相对不足，传统建设过程中侧重于植物景观的打造，忽视了对其生态结构的构建，塑景过程中植物种类相对单调，未形成适宜生物多样性的群落空间结构。同时点状生境空间的分布散乱，生态网络格局未形成，部分绿色空间逐渐形成"孤岛"式绿地斑块，生态服务功能相对不足，承载的生物多样性能力也相对不足（图9-67）。

图9-67 舟山道路绿地空间建设现状

（5）问题五：街道绿色空间"花视率"欠优

建成区内部道路等空间以绿色乔灌木、草坪为主的生境植物，在植物种类的配置层面多集中在常绿植物，缺乏城市开花树种和季节性花卉植物的布置，导致城市的"花视率"相对较弱，未能结合城市形象塑造特色的花境景观。同时对应舟山的气候环境，未能形成有效匹配城市特色的花景特色清单，导致城市以道路为主的视觉景观相对单调，城市景观的观赏性和吸引力相对不足。

（6）问题六：城市社区花境空间欠佳

城市内部公园空间、社区绿地和街头绿地空间缺乏花境空间的统一设计，导致无法匹配舟山海上花园城的建设，未形成以花卉景观为主题的特色空间和特色社区空间（图9-68）。此外，从色彩配置和视觉体验来看，舟山城市内部有大量的城市空间能够结合花景设计构建成特色的景观视觉空间，提升建成区内部的花境空间比例和花景感知，进而提升城市的整体空间品质。

图9-68 舟山社区空间建设现状

9.2 海上花园城生态化建设策略

9.2.1 生态化建设目标及愿景

1. 生态化建设目标

"海上花园城"是将安全健康的生态格局和有序美丽的景观格局作为最基本的城市景观生态基底，在生态感知上自然生态特色突出，景观感知上群岛城市感知明显；城市形象上海岛特征鲜明，海上城市的标志性景观特色突出；环境品质上生活环境优美健康，自然美学体验突出的海上群岛式城市。

从生态基底上来看是构建安全健康的生态格局和有序美丽的景观格局；景观感知上则是凸显自然生态特色，且使群岛的景观感知明显；城市形象上表现出鲜明的海岛特色形象以及突出标志性景观特色；环境品质上则能够突出生活环境优美健康以及自然美学体验。

2. 生态化建设愿景

基于此，舟山群岛型、高品质、国际化的海山花园城市，在生态基底上是安全和韧性的，海岛相生、山水相契、城林相间、蓝绿相容的生态景观安全格局；城市形象上凸显群岛形象和宜居特征，构建多元岛景、山海夹城、宜居宜业的群岛形象；构建特色宜游的景观感知特征，多元文化、文景相生、特色景观、宜游宜憩的海岛特色的城市景观感知；环境品质上凸显花园式优美，能够花色、花香满城，并且园景连绵的优美的生活环境。

3. 生态化建设关键

舟山海上花园城建设的关键在于：

（1）结合舟山海上群岛特征，对既有生态基底进行修复和提升，构建特色的群岛生态景观格局，以发挥更好的生态服务功能；

（2）结合自身特色的山、海、岛自然资源禀赋，深度挖掘群岛特色的景观结构和海天岛城的自然生态感知；

（3）打造标志性的海岛城市景观，对特色的城市空间进行改造提升，提升整体的生态、文化和社会竞争力；

（4）将人文景观和生态景观进行有机融合，并打造特色的标志性景观，凸显具有美感和鲜明的海岛型城市形象特色；

（5）优化和提升生活环境，融入自然美学进行景观节点建设，以促进舟山构建宜居的生活环境，彰显海岛型景观特色。

宏观层面强化生态修复和生态景观格局优化，从而保护舟山群岛特色的生态格局，并修复海岛的生态基底，优化山海城的景观格局；中观层面对城市景观空间进行系统构建以及特色提升，构建契合生态景观的游憩系统，对于特色景观空间进行生态改造和提升，强化群岛型的景观感知格局，通过标志性景观的有机表达凸显海岛自然特色；微观层面则侧重景观改造和特色景观节点的建设，对既有生态景观进行融入自然美学的提升改造，并打造一系列与系统相关联的特色景观节点，优化生活环境。

9.2.2 生态化建设总体策略

1. 生态本底优化策略

（1）策略一：群岛分级分类生态管控策略

首先从生态敏感性评价和生态系统服务功能评价两个方面，构建舟山群岛分级分类体系。加快建立生态保护空间分级管控政策机制，形成差异化管控规则。采用错位联动的城市岛屿开发行动，充分发挥现有资源，实现特色化发展，构建千岛海上花园特色岛屿和渔村。划定生态保育区和海岛空间管制区范围，实现分级生态管控开发。加快构筑山、海、城、绿有机生长的城市格局。

（2）策略二：海岛空间布局有机融合策略

舟山群岛新区应转变发展模式，按照"群岛多功能、一岛一功能"的基本原则，采取紧凑集约的空间模式，发挥群岛的资源组合优势，面向现代海洋经济的产业组织要求，对产业功能、城镇服务、交通和基础设施进行统筹布局。中心城区在划定生态基本控制线的基础上，遵循城市空间发展策略以及远景城市发展格局，采用组团式发展模式。充分利用山体、森林、湿地、河流水系以及海洋、群岛等多元自然生态要素，构建"山-城-海-岛"、"观山望湖通海"的生态空间格局。

（3）策略三：特色岛屿景观开发保护策略

舟山群岛拥有区位条件各异、功能定位不同的诸多岛屿，但在海洋环境的共同作用下，均形成了形态各异、独具特色的海湾。特色岛屿开发保护中要严格控制建筑色彩风貌，管控天际线和城市地标建筑建设，形成近中远良好的视觉景观。在挖掘舟山本地岛屿景观文化特色的同时，政府要加强规划与管理。

（4）策略四：特色景观要素生态修复策略

舟山特色景观要素主要涵盖山体、水系、海岸线、道路、公园、通廊、天际线等要素，从生态系统的角度出发，注重修复整体景观格局及其各要素间的功能联系，提出美城、理山、治水、茸岸、增园等一系列景观生态修复和修补行动计划。

2. 感知体验营建策略

（1）策略一：景观生态要素空间特色提升策略

景观生态要素包含山、海、水、林等特色要素，针对山体，提出矿山复绿、环山绿道建设等空间修复行动；针对水系，提出滨河界面建设、河涌整治等自然优化行动；针对海域，提出山海通廊、岸线修复等滨海提升行动；针对林地，提出林地复绿、郊野公园建设等林地复绿行动。

（2）策略二：景观体验特色景观路径连通策略

针对舟山城市道路"绿视率"相对较低缺乏景观体验的现状，构建多种道路景观品质提升方案：滨海景观大道工程、滨水慢性网络工程、上山步道工程等。道路路径连通，空间上关联特色景观要素；增绿兴游，提升舟山花园城市道路景观形象，塑造富有舟山特色的滨海城市景观。

（3）策略三：特色生态系统空间节点耦合策略

依据舟山岛屿的空间形态，构建斑块-廊道-基质生态景观空间模型，识别斑块、廊道、基质，构建生态系统空间节点，重构和优化建成环境与生态空间。形成舟山独特的生态系统空间网络体系。

3．环境品质提升策略

（1）策略一：城市多彩花园体系营造策略

城市更新建设环境品质提升过程中着重于以花为植的微绿空间改造，丰富绿色生态空间，引入垂直绿化、屋顶绿化、树围绿化、护坡绿化、高架绿化等立体绿化形式，丰富城区园林绿化的空间结构层次和城市立体景观艺术效果。构建特色花卉景观大道，提升城市"花视率"，构建舟山花园城市特色道路形象。新建和修复舟山大中小特色景观公园，构建多层级的公园体系，融入舟山景观文化特质，拓展城市绿色空间，创造宜人的城市多彩花园体系。

（2）策略二：城市微绿路径景观改造策略

针对舟山城区中的微绿道路、路径采用添景增绿的品质提升手法，建设美景大道工程、滨江景观大道工程、滨江沿岸步道工程。同时优化山体径道网络、城市生活性干道、城市支路等空间绿色景观。整合山体、水系、公园、岸线、城市通廊等景观要素，与城市路径融为一体，拓展绿色空间，提升道路"绿视率"。

（3）策略三：城市标识节点特色建设策略

建立完善的城市标识系统是表现城市特色最直接的方式，它最主要的目的是突出"地域性"和"识别性"，强调城市文化特色和地域风貌的差异。通过寻求舟山海上花园城城市形象和文化精华的"荟萃点"，从中再提炼出代表性的展示舟山城市个性魅力的古城、佛教、渔港等文化标识元素，使城市标识节点在色彩、图案的设计上围绕基本元素出发，构筑完善、科学、合理的城市标识系统，从而体现舟山城市的整体形象。

9.2.3 行动计划框架

1．行动计划一：优岛·错位联动的城市岛屿开发行动

优化海上花园城市空间布局，严格保护自然环境，分级分类管控开发。加快构筑山、海、城、绿有机生长的城市格局。周边各岛群要充分发挥自身特色优势，实现特色化、主题化、差异化发展（图9-69、图9-70）。

（1）构建千岛海上花园特色岛屿和渔村

在海岛的开发过程中不仅要重视海陆联动和统筹，也要注重保护与开发协调，更要按照海洋经济要求构建科学的海岛功能组织模式。依托现有资源构建七大特色岛群，分别为：舟山岛是舟山群岛新区开发开放的主体区域，也是舟山海上花园城建设的核心区；普陀国际旅游岛群依托佛教文化，建设禅修旅游基地，形成世界级佛教旅游胜地；六横临港产业岛群重点发展高端特种船舶和海洋工程装备制造、港口物流、大宗商品加工等临港产业，发展海水淡化、深水远程补给装备、海洋新能源等海洋新兴产业；金塘港航物流岛群重点发展以国际集装箱中转、储运和增值服务为主的港口物流业，打造油品等大宗商品中转储运基地，建设金塘综合物流园区；嵊泗渔业和旅游岛群推进中心渔港建设，加快渔业转型升级，发展海洋休闲旅游，建成集港口观光、滨海游乐、海上竞技、渔家风情、游艇海钓、海鲜美食于一体的渔业和休闲旅游岛群；港航物流核心圈是舟山群岛新区深水岸线资源最佳、发展潜力和空间最大的区域，是建设大宗商品储运中转加工交易中心的核心区域；重点海洋生态岛群加强对海洋生态环境的监控和保育，适度发展海洋渔业和海洋旅游业。

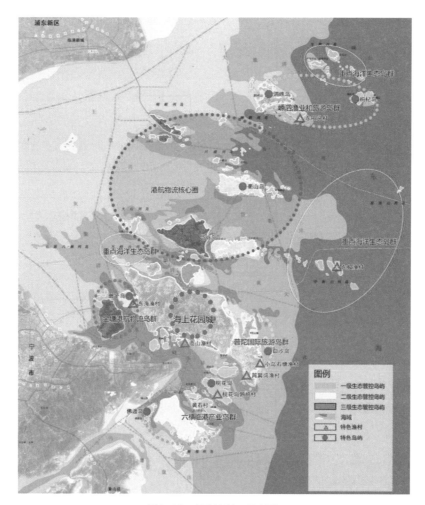

图9-69　行动计划一示意图

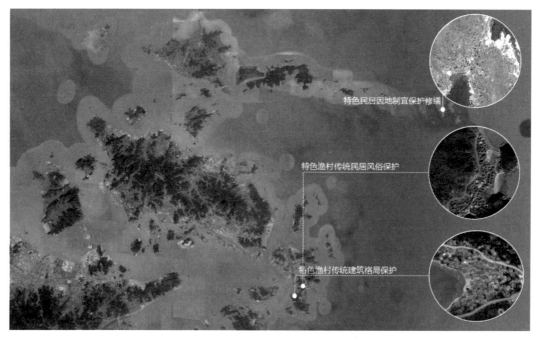

图9-70　行动计划一实施过程示意图

同时建设和保护特色岛屿和传统特色渔村，对枸杞岛、泗礁岛、衢山岛、岱山岛、白沙岛、桃花岛和佛渡岛进行特色岛屿建设，保护其现有生态本底和特色生态资源。对东海渔村、簸箕渔村、小乌石塘渔村、东极渔村、桃花岛鹁鸪村和东咀头村进行传统特色渔村建设，保护渔村传统格局和民居风貌，珍惜其建筑遗产、古迹以及与人文精神或历史事件相关的遗产，尊重地方文化和生活方式，合理发展休闲渔业和旅游业，打造富有特色的岛屿和渔村。

（2）海岛分级管控开发

划定海岛空间管制区范围，实现三级生态管控开发。一级生态管控岛屿包含重点海洋生态岛群和桃花岛等附近岛屿。二级生态管控岛屿包含海上花园城、六横临港产业岛群、嵊泗渔业和旅游岛群、衢山岛等附近岛屿。三级生态管控岛屿包含金塘港航物流岛群、岱山岛等附近岛屿。

（3）划定生态保育区域

对主要岛屿进行生态评估，对包括山体、水库、河流等关系到城市山水格局的重要景观要素进行保护。将包含重点海洋生态岛群和桃花岛的岛屿划定为生态保育核心区岛屿，承担生态涵养功能，划定出城市可持续发展的生态保障，其城市建设应尊重现有山水格局，保育山体、水库、河流等生态资源，优地优用，严格禁止破坏山体、水系的大规模开发行为。将海上花园城、六横临港产业岛群、嵊泗渔业和旅游岛群、衢山岛等附近岛屿划定为生态保育缓冲区岛屿，通过生态保育措施对被破坏生态进行修复和永续发展。将定海城区、普陀城区、临城城区划定为生态保育空间进行景观营造和生态保护，结合山地布局郊野公园，建设串联各公园的休闲绿道系统。营造使市民愉悦的休闲体验环境，形成国际都市与山海田园有机共生的海岛城市文化意象。

2．行动计划二：美城·景观要素序列优化行动

依托城市现有山海景观资源，提出景观要素序列构建和优化策略。强化高度形态管控，塑造良好的城市天际线及建筑风貌控制，整合各类景观要素，构建远中近视觉景观秩序，塑造独具海岛特色的城市风貌（图9-71、图9-72）。

（1）城市天际线优化建设

城市建设在尊重自然的山、水、海、湾格局的条件下，结合通山视廊及山海景观廊道，塑造形成滨海空间、城市中心、历史片区、特色景区优美的城市天际线。结合定沈水道的形态与尺度，设计与山海韵律呼应，符合美学、符合城市气质与意境的滨海天际线，形成在历史轴上为"低谷"，在CBD轴上为"高峰"，在山体余脉及河流入海处为"低谷"的总体起伏、富有韵律的天际轮廓线；定海城区结合特有的古城历史资源、小尺度空间和古韵，突出"秀美、小巧"的历史地区天际轮廓线；临城片区结合市级中心功能定位，打造具有较大起伏的天际线，体现"激情、大气"的标志形象；普陀片区结合佛教文化，打造"自然、舒缓"的景区天际轮廓线。新建建筑结合山麓、靠山、近山等不同山位，分别采用底层隐于山、多层融于山、高层加强山势或与山体轮廓错位等不同策略，整体形成有层次的、山海统一和谐的城市天际线。

（2）建筑色彩风貌控制

建筑总体风貌体现舟山地方特色，尊重滨海、山体、绿化、水系等自然特征，对新老城区进行分类，基于滨海、山体、绿化、水系等自然色彩元素，对各城区建筑色彩风貌进行控制，形成各片区独特的色彩文化。定海老城区注重其历史风貌延续，建筑总体以白色及浅灰为主色调，临城片区、普陀岛、新城片区为城市特色景观区，着重打造滨海城市风貌，片区总体以白色和浅暖色为主

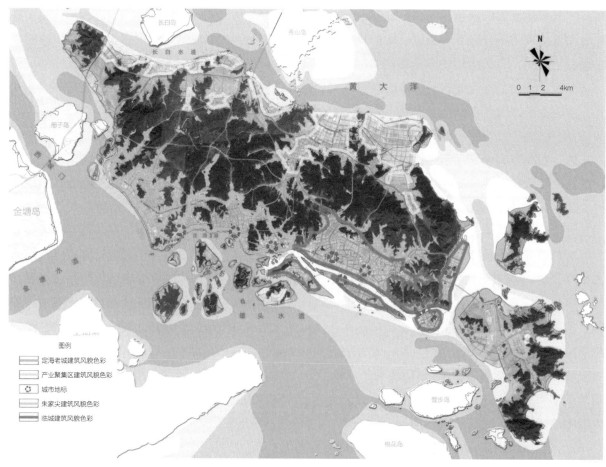

图9-71　行动计划二示意图

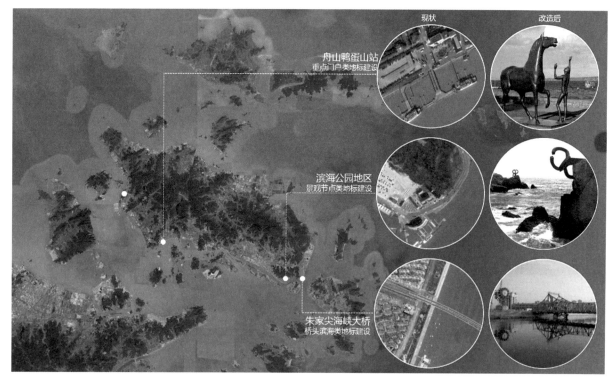

图9-72　行动计划二实施过程示意图

色调，低层建筑及生态建筑居多，高层建筑的裙房部分在保证总体色调与主色调相协调的基础上，适当运用色调较高的辅助色及点缀色，不宜使用深色主色调。产业集聚区以渔业发展为主，建筑主色调偏向于体现舟山特色海洋产业蓬勃发展的风貌。

（3）构建城市近中远视觉景观秩序

结合舟山的山海地形特征，构建由山及海的不同层级的景观秩序，结合山体高度及特征空间建筑的高度和体量，形成结合滨海空间、城市建设空间、岛屿山地空间等人工与自然相融合，近中远逐级推进的视觉景观秩序。结合自然水体和山海通廊，营建与视觉感知相适应的景观层级，构建具有秩序性的、山海城相融合的景观秩序。

（4）建设城市特色地标

结合各城区风貌特征以及特色的山海通廊空间，提出建设景观节点类地标、重点门户类地标、桥头滨海类地标三类特色地标，通过特色地标的营建，提升城市整体的视觉体验。建议在鲁家峙大桥、新城大桥、朱家尖海峡大桥等处建设桥头滨海类地标；在希尔顿酒店、十王禅寺、朱家尖岛、小干岛北部、普陀岛等附近景观轴与景观带交织处建立景观节点类地标；在舟山火车站、舟山鸭蛋山站、定海民间客运站、东蟹峙渡口、机场等重要门户处布局门户类地标性建筑。同时，地标性建筑应具有特色和突出的识别性，能够体现舟山当地的城市风貌和特色文化，最终通过城市地标的建设形成丰富的滨水开放空间系统。

3. 行动计划三：理山·营林复绿的城市绿色空间修复行动

结合舟山山体空间推进城市整体层面绿色空间的修复和提升工作，通过实施山体自然林地复建、废弃矿山修复、生态敏感地带修复以及山体缓冲空间复建，提升舟山山体空间的生态服务功能，进而提升舟山建成区的整体空间品质（图9-73、图9-74）。

（1）山体自然林地复建行动

对舟山本岛中部被破坏的山体进行自然林地复建，主要涵盖部分废弃矿山施工空间、大陆引水水库区域、舟山抗倭战争遗址南部区域、擂鼓山郊野公园、青龙山郊野公园北部区域。此外，对于山城之间的缓冲空间，通过人工干预的手段进行森林空间的修复，并将部分森林空间与城市内部的绿色空间进行连通。通过山体自然林地修复对山地空间进行生态保育，通过自然林道重构山城之间的生态关联，营建森林空间，锚固建成区内部的绿色空间。

（2）环山步道工程建设

结合舟山本岛内部的特色山地空间，营建环山步道工程，通过环山步道串联山体空间，同时结合城市空间建设打造山城之间的步道串联。通过环山步道空间、山城连通步道空间构建舟山山海城之间的连接，引山入城，连山通海，构建山体空间合理的开发与保护形式，同时增加山体绿色空间的可达性，提升居民亲山亲林的可能性。

（3）矿山生态复绿行动

通过营林复绿的方式对舟山内的矿山废弃地进行生态修复。根据不同废弃矿山的资源环境特点、地形地貌条件，充分考虑废弃矿山的综合利用价值，在消除地质灾害安全隐患的基础上，对重点废弃矿山进行复绿治理，让矿山重披绿装，恢复矿山生态，美化矿山景观。

（4）郊野公园建设

结合舟山的山体空间营建多种类型的郊野公园，拓展城市绿色空间，并通过适宜的人工干预对部分山体空间进行营建，丰富舟山市民的城市生活。建议规划郊野公园共22处，涵盖鸟类繁殖基地观光园、擂鼓山郊野公园、海山郊野公园、竹山郊野公园、长岗山郊野公园、东山郊野公园、三官堂郊野公园、新城全景郊野公园、鼓吹山郊野公园、茶山岛生态湿地公园、长峙岛体育公园、友好公园、青龙山郊野公园、南岱郊野公园、普陀山郊野公园、白山景区、南沙景区、大青山国家森林公园。近期建设一批郊野公园，如定海区新建茶人谷郊野公园、长春岭郊野公园，临城新城新建黄杨尖郊野公园。远期各区逐步完善郊野公园建设。

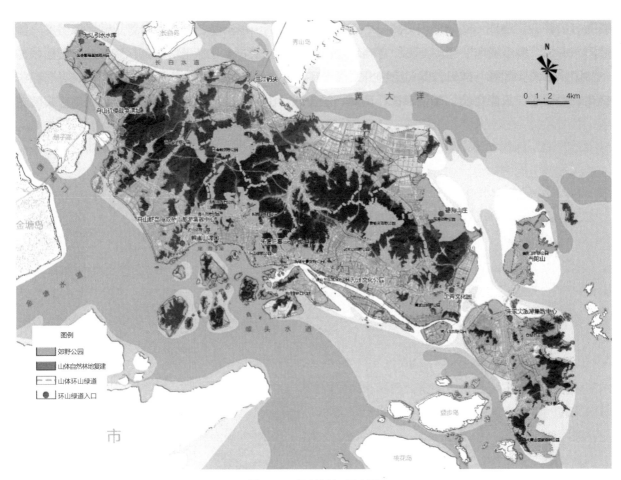

图9-73　行动计划三示意图

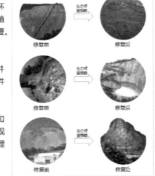
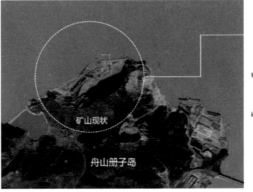

图9-74　行动计划三实施过程示意图

4. 行动计划四：治水·连山通海的城市水系自然优化行动

结合舟山本岛内部河流水系的特点，充分发挥河流空间对于山海空间的串联作用，同时改善和提高建成区河流生态景观效益，并带动河流两岸城市建设空间的合理提质增效。对舟山建成区内部的河流水系空间进行自然优化，通过岸线自然化处理、河涌整治计划以及山体水库空间和入海空间的整体性优化，构建连山通海的城市水网结构（图9-75、图9-76）。

（1）河涌整治计划

针对舟山特殊的河流水系特征，构建适宜的河涌整治计划，利用先进的治污技术，实施截污治污工程；加大生态河堤建设力度，开展生态修复工程；提升水体循环自净能力，严禁在饮用水源地、环境敏感地区和生态脆弱地区建设污染项目。同时推进环境综合整治行动，并针对不同的城市分区，结合不同的河流水系问题制定不同的河涌修复计划。

（2）河流岸线修复优化工程

选择适宜的河流岸线修复优化方案，尽可能保留天然河道自然弯曲的轮廓，不宜盲目裁弯取直。针对堤坝式的人工河流岸线，破除硬质堤岸，按生态式堤岸进行修补，优化河流两侧的自然生态景观，保持生态连续性；拆除废旧拦河坝，恢复河流的纵向连续性和横向连通性，构建河流多样的断面形态，以扩大河道的泄洪和调蓄能力。

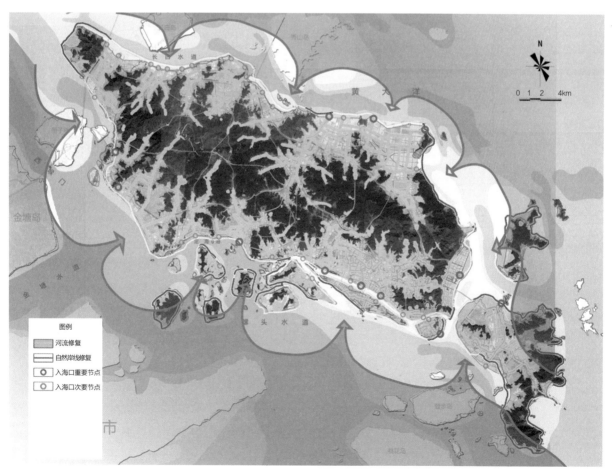

图9-75 行动计划四示意图

图9-76　行动计划四实施过程示意图

（3）入海口景观整治建设

在建设海上花园城市的主题条件下，舟山入海口的整治可以针对不同地区进行差异化滨水生态景观打造。定海城区的入海口景观可以融入历史文化元素，创造富含文化底蕴的入海空间景观；临城城区可以结合现代生活需求，打造特色入海口公共观景空间；普陀城区可以依托佛教文化，结合旅游观光进行特色景观设计；白泉城区则运用生态设计理念，把河流入海口建设成为集防洪排涝、水生态、水景观于一体的城市生态空间。

5．行动计划五：葺岸·近海活岸的城市海岸线提升行动

舟山作为特色的群岛型城市，其岸线的生态化修复和特色性提升是提升城市形象和生活品质的关键，通过对近海城市海岸线的综合性提升，构建具有舟山特色的滨海岸线发展格局。葺岸行动，通过构建滨海景观林带提升滨海岸线的生态功能，通过多类型的岸线空间格局营建适应舟山发展的品质岸线特征，并通过滨海绿道的建设提升舟山的整体空间品质（图9-77、图9-78）。

（1）滨海景观林带建设

滨海景观性生态林地作为缝合城海空间的关键性空间，同时也是维系海岸线生态安全的重要载体空间。因此，结合舟山城市生态安全格局，合理布置滨海景观林带所在的空间，同时结合城市功能和城市形象的诉求，对滨海景观性生态林地空间进行设计，形成多层次、多功能的滨海森林空间，营建城市的生态屏障，维系城市的生态安全。

舟山滨海景观林带按其功能可以划分为三种类型：生活景观型林带、生态保育型林带、环境防护型林带。普陀片区南部、定海城区、朱家尖岛滨海沿岸等结合舟山特色景观资源加强生活景观型林带打造，创造宜人的滨海生活景观；普陀、临城、定海城区组团之间构建生态保育型林带；舟山北部定海工业园区、海洋产业集聚区、干览水产加工区以及西南部老粮油加工集散区运用生态防护景观树木重点打造环境防护型林带，保障滨海空间生态安全。

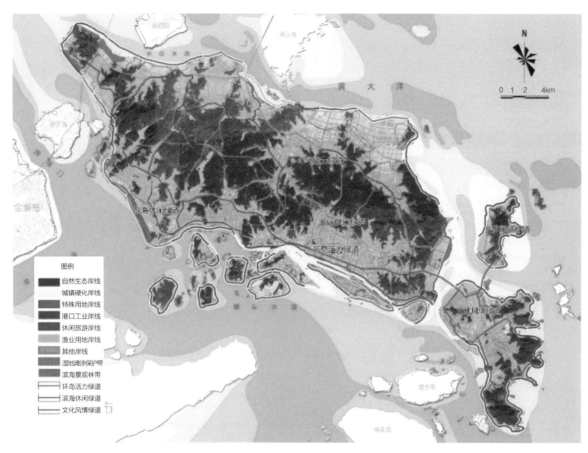

图9-77　行动计划五示意图

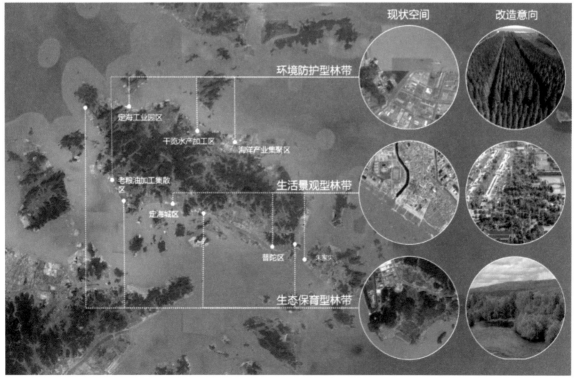

图9-78　行动计划五实施过程示意图

（2）多类型岸线建设

结合城市功能和滨海土地利用状况，对舟山各岛屿的岸线空间进行合理规划和建设，构建结合三生空间的岸线空间类型。通过制定生活型岸线、自然岸线、产业型岸线、旅游型岸线以及特殊岸线的合理组织和建设导则，助力舟山作为海岛城市滨海岸线空间的优化建设。

生活型岸线——中心城区三大组团滨海地段除部分被工业占据外主要为生活型岸线，且部分滨海区块已建设成公园绿地，如定海滨海公园、临城海滨公园、普陀海滨公园、滨海广场。后期优化建设主要通过滨海生活景观设计、滨海步行开放空间构建来提升生活型岸线的品质。

自然岸线——主要布局于本岛东北部和南部小岛、朱家尖西岸。其中本岛展茅东部自然岸线保护较好，景观地貌环境富有特色。针对被破坏的自然岸线采用生态修复的手法，恢复自然岸线原有的面貌。

产业型岸线——主要位于沈家门区域，随着产业转型，产业型岸线后期应当逐步向生活旅游型岸线转变。

旅游型岸线——主要位于朱家尖东岸，结合朱家尖特色旅游资源打造，创造独特的旅游型岸线空间。

特殊岸线——主要为军事岸线，以老塘山、定海为主，并依随城市未来的发展，逐渐转变岸线性质。

（3）滨海活力绿道建设

建设滨海活力绿道，构建舟山绿道体系。通过结合主要的城市道路、环山步道打通城区阻隔，连通山海，构建环岛活力绿道（城线）；结合滨海景观林带打造定海城区、新城城区、普陀城区滨海休闲绿道（海线），串联滨海休闲开放活力空间；依托普陀佛教文化，突出旅游观光特色，结合主要滨海景观大道打造朱家尖岛文化风情绿道（佛线）。三类绿道线路形成充满活力的滨海绿道网络。

6. 行动计划六：增园·添景赋活的公园体系连通计划

在全城范围内实施"300m见绿、500m见园"的公园体系建设行动，开展园林精品和立体绿化打造工程，通过提升城市公园、街边游园、街心绿地、乡村公园、花园单位、花园小区的景观品质，在增加城市绿色空间总量的同时提高城市的"绿视率"和"花视率"（图9-79、图9-80）。

（1）公园服务盲区增绿建设

针对中心城区缺乏公园绿地的现状，在城市更新建设过程中优化城市空间结构，预留更多开敞空间，增加城市绿色空间总量。开展社区增绿补绿行动，创造绿色生态宜居空间。增加小微公园数量和种类，覆盖公园服务盲区，提高公园质量，提升服务品质，改善人居环境，形成具有舟山特色的公园城市。

（2）中心城区"300m见绿、500m见园"公园体系建设工程

中心城区完善公园体系建设，公园绿地的布局应尽可能实现居住用地范围内500m服务半径的全覆盖。300m半径内构建林荫道路、屋顶花园、立体绿化、微绿地、小游园等绿色空间，500m半径内重点打造一批高品质、有特色、示范性的公园，着力建设森林公园、湿地公园、山体公园、社区公园等城市公园体系。通过保护山体和水体，形成绿地体系完整、园林景观风貌良好、人文内涵丰富的城市绿地环境。

图9-79　行动计划六示意图

图9-80　行动计划六实施过程示意图

（3）滨海中央公园计划

结合普陀区东山，东西向连通海岸空间，北侧连通城市中心山体，打造独具特色的滨海中央公园，结合城市内部重要的生态要素，打造舟山独特的山海城景观，创造舒适宜人的体验空间，形成独具舟山文化特色的城市中心公园，提升舟山海上花园城整体形象。

（4）中心城区特色游园、开敞空间及社区公园等建设

补充城市公园的建设，结合中心城区小微空间打造城市内部的特色游园，分别在定海城区、临城城区、普陀城区、白泉城区等建设一系列主体鲜明的特色小游园，弘扬舟山主题文化；同时结合城市内部开放空间进行景观提升建设，结合各城区文化特色打造连续且特色鲜明的开敞空间；结合社区绿地打造一系列的社区公园，其中定海老城区侧重历史文化的表达，临城新城区侧重多元生活的诠释，普陀岛结合佛教文化形成一系列佛文化社区公园等。

7. 行动计划七：连荫·增绿兴游的道路景观品质提升行动

提升道路景观绿化品质，构建滨海景观大道、景观慢行游憩步道、滨海景观长廊、美景大道和上山步道等特色景观式道路，并提升道路空间的"绿视率""花视率"和"美景度"（图9-81、图9-82）。

（1）滨海景观大道工程

对海上花园城、长峙岛和普陀岛部分海岸进行滨海景观大道改造。海上花园城以盐仓滨海沿岸为起点，依托环城南路、海天大道、东海西路、滨港路和海州路，串联定海城区、甬东、临城片

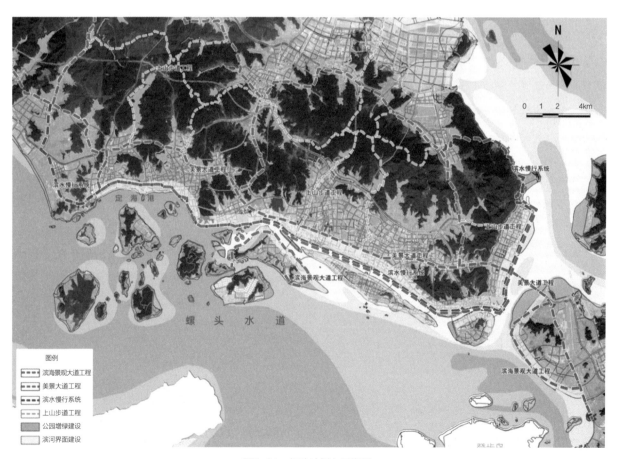

图9-81　行动计划七示意图

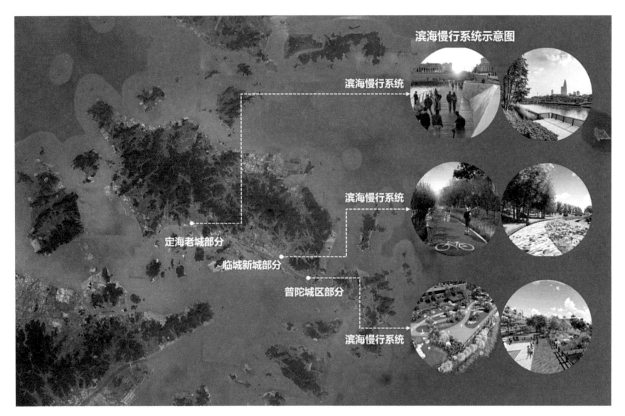

图9-82　行动计划七实施过程示意图

区、勾山、沈家门至东港滨海沿岸设置；长峙岛依托长峙东、西路；普陀岛依托朱樟线，衔接滨海林地空间进行一体化的公园式滨海景观大道改造，优化滨海景观形象，远期构建滨海景观环岛工程，塑造富有舟山特色的滨海城市景观。

（2）滨水慢行网络工程

依托城市河流及滨水海岸线，以老塘山粮油集散区及洞岙水库、姚坎门水库、城北水库为起点，串联定海城区、甬东、临城城区、沈家门至东港滨海沿岸设置滨水慢行网络工程，构成一个完整的网络系统。

（3）美景大道工程

依托山海通廊打造既维护生态，同时又提升美观性的道路改造工程。基于环城南路、海天大道、东海西路、滨港路及组团山海通廊，构建多条山海通廊。结合定海、临城、普陀组团分别修复建设多条景观大道，构建景观轴线，连通山海空间。以老塘山粮油集散区为起点，穿越盐仓、定海城区、甬东、临城、勾山、临城城北，穿越海湾至朱家尖城区；环山美景大道以临城城北为起点，北上经北蝉乡、百泉镇至定海工业园区。

（4）环山绿道工程

结合山体走势因地制宜设置环山步道网络工程。依托老塘山粮油集散区、定海城区、临城城区、普陀城区、北部产业园区设置多处上山步道入口，建设上山口节点空间，同时与城市美景大道工程形成完整的网络体系，增加城市绿色空间的可达性。

8. 行动计划八：通廊·连山现海的城市景观通廊营建行动

打通山体景观联系，严格限制通廊内的建筑高度，构建山体间的视线联系。通过对不同区段的滨海岸线控制、滨河界面控制、景观节点控制等确定控制要素及控制要求，构建山海景观通廊，凸显不同区段的景观特色（图9-83、图9-84）。

（1）滨河界面建设

滨河界面是城市的重要形象界面，通过界面建设提高其生态化、自然化和景观化。尽可能保持舟山河道改造天然的、蜿蜒的自然式形态，遵守并运用河流自然原则对滨河区进行生态化改造。在河流两侧形成连续的道路系统提供多样化、集中使用的景观节点空间，提高界面景观化。

（2）重要景观节点建设

城市重要景观节点结合标准性建筑物、景观大道建设、上山节点空间建设、水库空间及入海口空间进行建设。主要包括定海城区、临城城区、普陀城区、白泉城区、朱家尖岛结合城市公园绿地、滨海中央公园、滨海景观大道、城市地标、入海口形成廊道式的景观节点空间，串联成重要节点网络，建造城市开放空间节点，提升城市景观品质。

（3）山海视线廊道建设

疏通山海视线廊道，形成山海与城市之间功能与景观的互动。依靠临海面，依托昌州大道、环城南路、海天大道、东海西路、滨港路及海州路，打开城市内部必要的生态景观界面，形成看山观

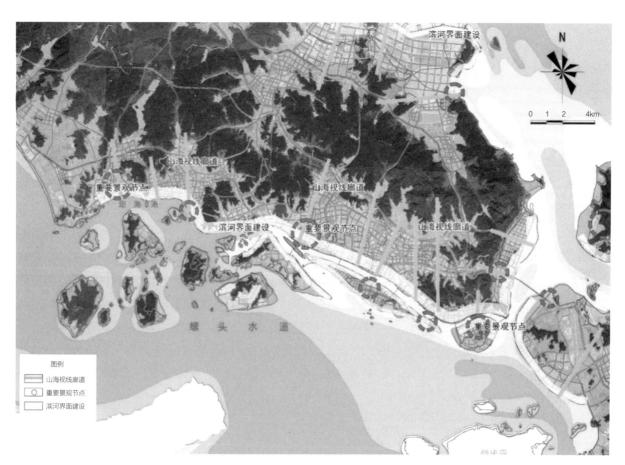

图9-83 行动计划八示意图

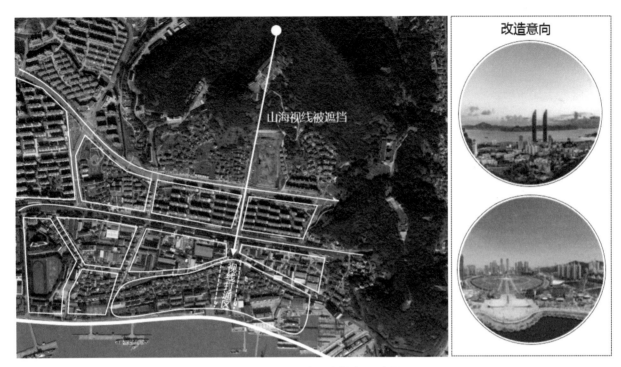

图9-84 行动计划八实施过程示意图

海的景观视线通廊。在之后的建设过程中逐步形成良好的廊道空间体系，整体层面上形成通山、达水、近海的生态格局体系。

9. 行动计划九：见花·择植赋景的城市景观形象提升行动

特色植物选择和植物组合打造城市微景观凸显城市形象特色，择选凸显舟山地域特色的植物，构建契合舟山城市景观的特色植物组合模式，并结合城市空间特色，打造花园植景凸显城市景观形象（图9-85、图9-86）。

（1）特色花卉景观大道

特色花卉景观大道以老塘山粮油集散区为起点，经盐仓至定海老城区后分为两条线路，一条为滨江特色花卉景观大道，穿越甬东、临城城区、勾山、临城城北、海湾至朱家尖岛城区；另一条为山体沿线特色花卉景观大道，穿越五雷山北上经临城城区北部，到达普陀区东港。特色花卉景观大道种植舟山本地花卉植物，灵活搭配。例如，定沈线建议种植杜鹃、金盏菊、紫藤等花卉；海印路建议种植紫罗兰、一串红、凌霄；港岛路建议种植络石、雏菊、紫罗兰；杭朱线建议种植石竹、栀子花、大花牵牛等植物。

（2）以花为植微绿空间改造

微绿空间的改造是城市景观形象提升行动的重要一环，针对"绿视率"低的城市空间，增绿赋景，改建绿色空间，提升城市品质，创造丰富多样、方便宜人的城市绿色空间场所，以花为植构建舟山海上花园城。

（3）特色景观公园

结合公园体系，依托舟山当地独特的景观文化元素，改建和新建特色景观公园，形成滨海公园、中央公园、生态公园、郊野公园四类特色景观公园，如定海老城区长岗山郊野公园、临城区翁

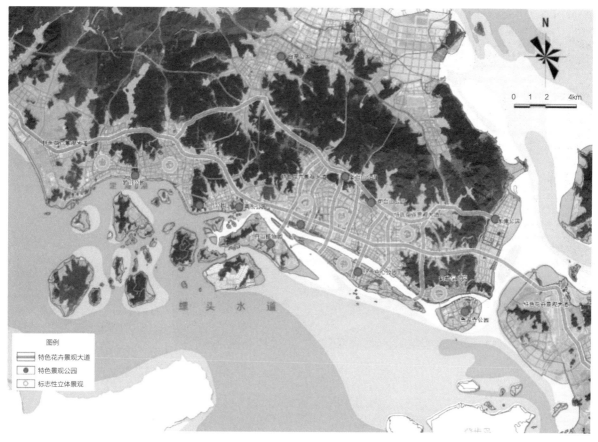

图9-85 行动计划九示意图

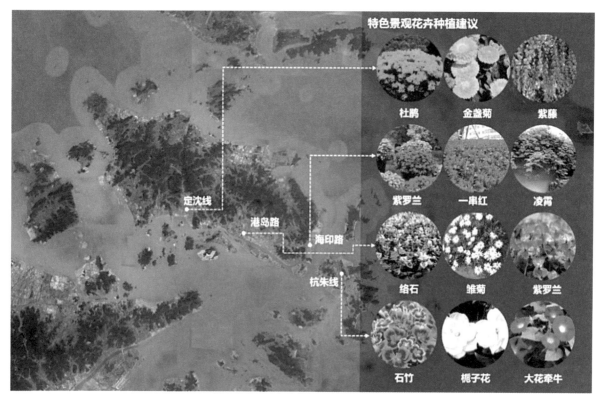

图9-86 行动计划九实施过程示意图

浦生态公园、普陀区滨海中央公园等。通过增加绿色空间、完善服务设施、构建特色景观节点等方法，进一步提高公园整体景观化，提高公园趣味性，同时提升区域整体景观环境品质。

（4）空中绿意——标志性立体绿化

城市立体绿化是城市绿化的重要形式之一，是改善城市生态环境、丰富城市绿化景观重要而有效的方式。在舟山城市景观形象提升行动中采用垂直绿化、屋顶绿化、树围绿化、护坡绿化、高架绿化等立体绿化形式。对于建筑物采用屋顶绿化及垂直绿化的形式，对于人行道等步行道空间进行树围绿化，对于高架桥、高速公路等基础设施采用高架绿化的形式，通过立体绿化形式丰富城区园林绿化的空间结构层次和城市立体景观艺术效果，有助于进一步增加城市绿量，减少热岛效应，吸尘、减少噪声和有害气体，改善城区生态环境。

10. 行动计划十：弘文·融文于景的城市文景品质提升行动

景观打造凸显地域文化、传统文化等特点，文化空间与景观空间融合。弘扬舟山历史古城、佛教观音、海岛渔港等文化（图9-87、图9-88）。

（1）历史古城文化体验景观

定海历史城区和马岙历史村镇，体现了舟山的历史传统风貌。历史古城文化体验景观打造应当重点保护历史街区、文保单位、定海"一城一山"的历史格局和景观视廊，沿马沙线—定马路—文化路—人民路设计一条历史记忆文化游线，串联马岙洋坦墩遗址、寺岭古桥—古驿道—古亭—古村节点、虹桥水库节点、定海老城等历史节点。开发特色旅游产品，打造舟山历史古城文化景观新体验。

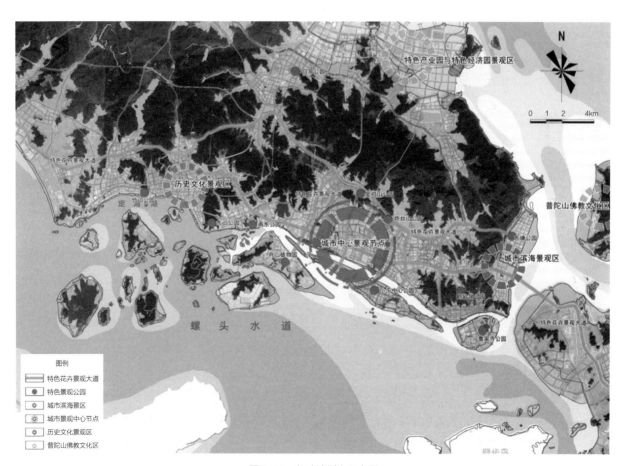

图9-87 行动计划十示意图

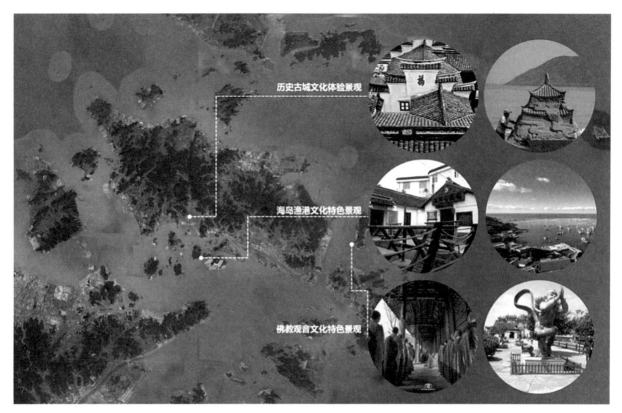

图9-88　行动计划十实施过程示意图

（2）佛教观音文化特色景观

普陀山风景名胜区是以佛教观音文化和海岛自然风光构成的海天佛国为特色，以开展宗教朝觐、观光休闲、科普教育和水上活动为主的国家级海岛自然风景名胜区。城市景观打造须融入佛教观音文化，融文于景，打造佛教景观小品，提升旅游观光体验。

（3）海岛渔港文化特色景观

舟山群岛拥有浓郁海岛特色的乡风民俗，成为了舟山海洋文化发展的艺术源泉。民间民俗文艺有深厚的群众基础，非物质文化艺术遍布舟山各渔农村。依托舟山现有特色岛屿（如桃花岛、岱山岛、衢山岛等）和特色渔村（黄石湾、簸箕湾渔村等），挖掘其各自的文化特色，结合滨海景观建设，打造海岛渔港特色文化景观，传承海岛渔港文化。

9.2.4　总结

总体来看，在生态本底中采用优岛·错位联动的城市岛域开发行动，对海岛进行分级管控和生态保育区域管理，构建千岛海上花园特色岛屿和渔村。其次采用美城·景观要素序列优化行动，对城市天际线优化和建筑色彩风貌控制，建设城市特色地标，构建城市近中远视觉景观秩序。再针对山海方面提出理山·营林复绿的城市绿色空间修复行动，包括进行山体自然林地复建、环山步道工程建设、矿山生态复绿和郊野公园建设。治水·连山通海的城市水系自然优化行动，包括河涌整治计划、河流岸线修复优化工程和入海口景观整治建设。最后为葺岸·近海活岸的城市海岸线提升行动，包括滨海景观林带建设、多类型岸线建设及滨海活力绿道建设。

对于感知体验营建策略，采用增园·添景赋活的公园体系连通计划，进行公园服务盲区增绿建设、中心城区"300m见绿、500m见园"公园体系建设工程、中心城区特色游园、开敞空间及社区公园等建设及滨海中央公园计划。然后采取连荫·增绿兴游的道路景观品质提升行动，进行滨海景观大道工程、滨水慢行网络工程、美景大道工程及环山绿道工程建设。最后通过通廊·连山现海的城市景观通廊营建行动，进行滨河界面、重要景观节点、山海视线廊道建设。

针对环境品质提升，通过采用见花·择植赋景的城市景观形象提升行动，进行特色花卉景观大道建设、以花为植微绿空间改造、特色景观公园和立体绿化的改造。还采用了弘文·融文于景的城市文景品质提升行动，包括历史古城文化体验景观、佛教观音文化特色景观、海岛渔港文化特色景观打造。

第 10 章
海上花园城建设空间治理体系

党的十八届五中全会要求，加强空间治理体系建设，推进国家治理体系和治理能力现代化。加强空间治理是当前推进城市治理体系和治理能力现代化的重要举措，以空间作为治理的切入点，有利于推动整个城市治理水平的不断提升，达到城市善治。

在长期城镇化发展进程中形成的各种问题，如城市结构失衡、城市空间生产异化、城市认同危机、城市空间秩序混乱和城市政治参与单一等，从城市空间治理角度来认识和处理，是非常必要的。

10.1 问题分析与体制目标创新

10.1.1 普遍性问题及在新区中的表现

（1）规划编制方面

相关部门分别组织规划编制，其内容包括对不同地表资源要素的利用。由于规划标准不一，考虑到侧重点不同，很容易导致成果互相矛盾。如果将这些规划叠加到一起，就会发现空间的整体性被肢解了，很难形成协调一致的"一张蓝图"，规划的科学性得不到保障。我国许多城市的城市规划明显缺乏前瞻性，技术人员话语权有限，而政绩规划、商人规划、实验规划和随意规划频频出现，短视化问题严重。

（2）规划审批方面

审批主体及审批环节较多，审批内容冗繁、审批时间过长，部门自由裁量权过大，导致审批效率较低，存在寻租空间。建设项目需花很大精力向各主管部门分头申报审批，手续繁琐，大大增加了建设项目的时间成本和管理成本。规划决策机制存在一些缺陷，各地规划委或局并不是真正的委员会制，而是与其他的行政部门架构一样，规划官员和专家的权力太小，从而导致规划的主管任意性太大。

（3）规划实施方面

规划编制与实际执行脱节，导致在实际建设过程中碰到较多问题，而修改过程多欠规范，往往为解决特定问题随意修改，或根据"长官意志"对规划进行修改。建设过程中存在部门各自为战的情况，缺乏整体、长远的规划或没有做统一的建设施工规划，从而导致管网等地下基础设施经常开展"拉链式工程"，导致资源浪费。

（4）规划监督方面

由于规划自身科学性不够、法律法规制度不完善、各部门事权结构不明晰，省级和城市本级政府对规划监督责任不明确，公众参与度低，导致了规划监督执行难、规划监督不到位、监管不严不到位，降低了行政效率和政府的威信力。

（5）规划处罚方面

由于没有完善的法律法规和技术规范作为规划处罚依据，缺乏有效的处罚手段，导致各类违规行为得不到及时纠正，违法建设、违章建筑在局部蔓延，严重影响了规划的严肃性。

10.1.2 舟山群岛新区面临的特殊情况

（1）舟山群岛新区规建管体制改革前的模式

设立浙江舟山群岛新区党工委管委会办公室，市委办公室、市政府办公室与其合署办公，实行"三块牌子、一套班子"，接受浙江省推进长三角协同发展工作领导小组的指导。新区管委会聘请总规划师，协同管理6个管委会，包括新城管委会。新城管委会负责新城的发展建设、管理等工作。市政府和城乡规划委员会下属的住房和城乡建设局、自然资源和规划局、综合行政执法局对新城管委会中的国土资源管理、城市规划建设管理部门进行指导。

目前舟山群岛新区为适应群岛型城市的特殊管理需求，初步建立了独具特色的城市规划建设管理体制。新区管委会下设直属机构和市政府下属有关工作部门设置，如图10-1所示。

（2）济发展快与社会治理基层基础工作薄弱之间的问题

舟山群岛新区是2011年国务院批复建立的，肩负着实施国家海洋强国战略的重任以及推进长三角协同发展、建设世界级港群城市群的功能，并承担着探索深化改革、创新驱动的重任，责任重

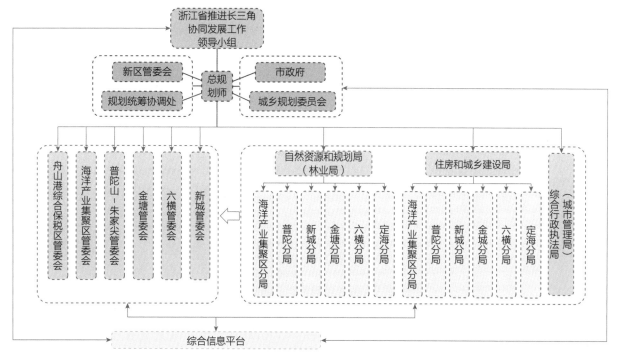

图10-1 新区现状有关机构结构

大。浙江舟山群岛新区拥有全国唯一的深水岛群，建港条件极其优越，在国家海洋经济开发中具有重要地位。

经济持续快速增长，地位平稳上升。"十一五"期间，舟山市GDP增速高于浙江省平均水平5个百分点。第二产业连续十年保持10%以上增长速度，是拉动经济的主要动力。2011年舟山市GDP达到765.3亿元，人均GDP达到67774元，位列浙江省第五位。海洋旅游产业快速发展，2011年全市接待境内外游客2460万人次，实现旅游总收入235.5亿元，分别较上年增长15%和17%，被批准为国家旅游综合改革试点城市和舟山群岛海洋旅游综合改革试验区。

（3）主体关系极其复杂

舟山群岛新区需要承接长三角的港口功能，其规划建设不仅涉及上海市、浙江省，也涉及中央各部门以及宁波等周边城市，主体关系非常复杂，统筹沟通协调任务很重。目前新区建设处于中期阶段，各级主体工作交织。根据中央部署要求，上海市、浙江省主动加强规划、政策、项目对接，实现上海—宁波—舟山港互联互通。中央有关部门都在根据自己的工作职责，抓紧策划开展调查研究等专项工作。浙江省委、省政府发挥主体责任，由浙江省推进长三角协同发展工作领导小组组织筹划，由省直各厅局分头负责推进相关规划编制和前期研究工作。

（4）现行体制限制多

舟山群岛新区辖区内本身存在着完整的"市—县（区）—乡镇（街道）"三级行政管理体制，同时实行经济功能区管理体制，设有舟山港综合保税区、海洋产业集聚区、新城、普陀山–朱家尖、金塘、六横共六个经济功能区管委会为新区管委会的直属机构。与之相对应，舟山市住房和城乡建设局下设有海洋产业集聚区分局、新城住建（规划）分局、普陀山规划分局、金塘规划分局、六横规划分局、定海规划分局共六个规划分局作为派出机构。各规划分局既要受舟山市住房和城乡建设局的管理协调，又要受各区政府、各经济功能区管委会的指导管理。但在实际的体制运行过程中，由于舟山市住房和城乡建设局的财政经费和人员编制有限，而且区政府掌握主要的财政经费分配权，与经济功能区相对接的、作为舟山市住房和城乡建设局派出机构的各个规划分局的实际话语权有限。在三级行政管理体制和经济功能区管理体制并行的现状下出现的多头管理、职能交叉等问题，导致规划分局层级部门难以充分履行其职能。

（5）制度创新必须突破

设立舟山群岛新区的重要任务之一就是要推进体制机制改革，发挥市场在资源配置中的决定性作用和更好地发挥政府作用，创建城市管理新样板，打造城市建设新典范。需要按照中央的高标准要求，顺应城市发展规律和新区建设规律，高水平谋划，精心设计，建立权责一致、分工合理、决策科学、执行高效、监督有力的体制机制，保障新区宏伟蓝图的顺利实现。

要充分吸收借鉴我国前沿探索和国际优秀经验，最大限度精简机构，划清职能，创新审批管理流程，建立智慧平台，强化有效监管措施，探索包容审慎监管和社会共治模式，不断根据新出现的问题优化调整。

（6）总体功能目标不清晰，导致战略地位不高

舟山群岛新区现状的空间开发方式，使得海岛的功能目标不清晰，不仅造成了单个岛屿的经济总量在全国不占优势，而且在专业职能、专项领域难以形成国家层面的战略地位。将舟山六横岛与上海长兴岛比较，岛屿规划建设用地面积均为50km²左右，人口规模均为10万人左右，然而上海长

兴岛不仅在海洋装备和船舶制造方面处于全国领先的战略地位，而且工业产值也相当于舟山六横岛的5倍。其关键原因在于上海长兴岛以海洋装备制造业为主导功能，围绕中国船舶工业集团有限公司、中海工业（上海长兴）有限公司、上海振华重工（集团）股份有限公司等核心企业，配套相关产业和服务设施，形成特色鲜明、分工明确的开发模式。

（7）空间开发模式不科学，致使开发绩效不高，管控工作任务艰巨

从空间开发方式上看，浙江舟山群岛新区的一些大岛仍然在延续全能开发、自成体系的固有模式。但是，这些产业功能之间往往存在一定的矛盾冲突，而且对有限的用地和岸线资源产生争夺，一些低门槛的开发项目甚至破坏了优质战略资源的价值。另一方面，大多数小岛以项目为导向，普遍开发船舶制造、储运码头等项目。由于缺乏城镇服务和设施配套，这些项目往往局限在比较低端的产业环节和层次，产业升级困难，而且对深水岸线和后方用地的利用普遍粗放低效。这样的开发方式导致舟山群岛新区的核心资源粗放利用，空间开发绩效不高。首先，舟山群岛新区发展海洋经济的核心资源是深水岸线，但是深水岸线普遍存在多占少用、粗放利用的问题。2010年舟山群岛新区平均工业产值为14.3亿元/km，如果延续目前的利用方式和产出水平，以新区规划深水岸线245.8km计算，未来即使消耗全部深水岸线，最多只能产出3500亿元工业产值，将无法支撑未来新区发展。其次，舟山群岛新区的用地资源相对紧缺，但用地产出水平比较低效。舟山群岛新区可用地的极限规模不超过430km^2。与浦东新区比较，2010年浦东新区建设用地的地均GDP产出为7亿元/km^2，而舟山群岛新区建设用地的地均GDP产出为2亿元/km^2，不到浦东新区的三分之一。如果延续目前的地均产出水平，未来即使把可用地资源全部消耗，所能支撑的GDP规模也难以超过1000亿元。

舟山群岛新区是在舟山空间范围内进行开发建设，海域开发建设居多，工作任务艰巨，情况复杂。目前海域间经济发展联系薄弱，原有基础设施条件薄弱，公共服务设施落后，相关制度落后。

（8）产业功能离散布局，转型升级面临困难

舟山群岛新区的产业项目以船舶修造和港口物流为主，对于深水岸线的依赖性很强。由于深水岸线散布在各个岛屿，导致大量造船、储运项目分散布局在各个岛屿，对外交通完全依赖水中转，岛屿之间的产业关联度低，彼此之间缺乏产业链联系和配套服务，难以构建产业集群。另一方面，由于产业项目分散在各个岛屿，而且大多以劳动力密集的制造组装环节为主，因此各企业大多以自主配套生活服务为主，而公共设施和基础设施难以统筹布局和高效配置，也不利于岛屿城镇服务功能的培育，这又进一步加剧了产业转型升级的困难。

10.1.3 空间治理体系改革目标

（1）优化治理结构

根据新区的发展定位，优化各层级政府治理结构。通过特定的关键性制度安排，明确中央及各部委，浙江省、上海市、宁波市以及新区的职责分工，形成中央–省–新区合理的权力结构。从权力划分的角度来看，中央及各部委、省级政府主要负责宏观层面的重大决策、总体规划审批等，而省级各部门、新区政府及部门主要负责宏观政策执行、微观层面的决策、日常管理、项目实施与监督。在权力划分方面，应给予新区政府充分的自主改革创新权，逐步完善各项制度，分步实施，实现从管委会到人民政府的平稳过渡。

（2）推行大部门制

我国现行管理体制框架下对土地和空间利用有决策、规划权的行政部门有十多个，各自依据的法律法规、标准体系、数据平台都不尽相同。为将新区建成体制机制新高地，应整合所有涉及空间的规划决策职能，统筹建设行为，在规划建设管理部门设置上推行"大部门制"，将职能相近的规划建设事项集中，形成宽职能的综合管理机构，减少矛盾与冲突。通过一段时间的努力，最终实现部门数量和人员编制少于同等规模条件下其他新区的改革目标，形成最优管理结构。

（3）实施权力制衡

将分散在各个部门的规划制定、规划实施、规划监督职能分别进行集中，形成规划制定、规划实施、规划监督三项职能既集中独立，又互相制衡的机制，形成有效协调反馈的良性互动局面，促进新区健康稳步发展。通过规划制定任务的统一管理，统筹协调规划编制，形成科学合理的规划成果，构建指导建设的"一张蓝图"，即一个完整的、互相不矛盾的、动态更新的规划数据库。通过规划实施职能的集中设置、统一管理，全面系统、统筹推进各项规划确定的建设项目，实现协同建设。通过规划监督职能的集中设置，统一管理，实现规划监督的法制化，保底线、保程序、保干部。

（4）改革审批流程

紧紧围绕规划建设审批"放管服"改革，简政放权、加强监管、优化服务。坚持"小政府大社会"，凡是社会可以做好的，政府都不参与，最大限度减少对微观事务的干预。实现"少人工多技术"，凡是智慧信息技术可以完成的，不人工干预，切实减少自由裁量权。

努力做到"限权力用制度"，凡是标准规范有明确要求的，不再另提要求重复进行审批，真正做到把权力关进制度笼子。尽可能"减环节增效能"，凡是可以精简压缩合并的环节，都不再重复，争取实现在全国同类新区审批中效能最高、环节最少、时间最短。

10.1.4 空间治理体系创新方向

（1）采取"分步走"策略

新区建设发展是个渐进的过程，机构设置要与这个过程相适应，保持历史耐心。需要根据建设过程中出现的新情况、新问题，不断调整改革以适应不同阶段的发展需求。要整体谋划，分步实施，保持定力，合理把握开发节奏。高度重视生态环境保护与宜居城市建设，充分借鉴国际先进成熟的规划建设管理经验，跟进可持续发展最新进展与总体要求，突出绿色、智慧、宜居、韧性、共享、包容等理念，争取将新区打造成城市建设的典范，实现可持续发展。

（2）厘清权责边界

牢固树立"以人为本"和"依法治区"的管理理念，围绕建设服务型政府的目标，切实转变政府职能，降低治理成本，提高行政效能。厘清权责边界，处理好政府与市场、公众的关系，让政府做到有所为有所不为，最大限度减少政府对微观事务的干预。新区建设是个系统工程，政府需要一套良好的制度协调不同主体、不同层级的利益关系，持续激发社会创新活力、调动社会组织的自我调节职能、吸引高端生产要素集聚。

（3）用好先进技术

坚持采用智慧绿色理念与先进技术，建设宜居新城。依托大数据、物联网等新一代信息技术，高水平建设新区统一集中的公共信息服务平台。充分利用信息化平台，将规划制定、审批、跟踪研究、监督协调、公众参与等环节纳入网络平台，全面推行行政审批事项网络化办公，精简流程。建立信息共享推进机制，推进数据开放。

10.2 空间治理体系改革建议

10.2.1 机构设置

1．基本思路

在各级主体分工合作机制方面，考虑到参与主体较多，建议通过临时性机构或工作机制，加强中央各有关部门与浙江省和舟山群岛新区的沟通联络，逐步明确责权关系，加强长三角相关城市间横向协同关系，凝聚各方力量，高水平服务舟山群岛新区规划建设管理。

功能区与行政区的关系呈多样化；同一个新区的不同功能区，同一个功能区的不同发展时期，模式也不一样。通过研究国内外新区的功能区与行政区的关系，建议功能区管理体制向"区政合一"的"分层运行"模式转变。一个地方各个功能区的管理体制不一样，一个功能区不同发展阶段的管理体制不一样，无固定模式，无长效模式，任何体制都有利有弊。需求，以解决主要矛盾为目的进行分类管理、动态调整，既不能固化，也不能照搬照抄。功能区要突出主业、轻装上阵，履行有限责任；功能区要强化市场主体；功能区要创新人事管理制度。行政管理体制机制改革是一项长期的工作，一定要适应功能区不同时期的发展。以"三强三优"为重点扎实推进新区行政体制改革，探索建立与现阶段新区开发开放相适应的行政体制。

2．主体关系

在新区管委会层面，根据纽约、新加坡、筑波等案例和我国普遍做法，建议成立"规划委员会"作为新区规划决策咨询与审议机构，建立科学、民主的规划决策机制。目前，新区参考新加坡总规划师制度，已经设立新区"总师"制度，负责主体功能区规划、海洋规划、城乡规划、土地规划、地理测绘信息管理、人民防空等方面工作，发挥专业技术权威的作用，提升规划建设管理部门的治理能力。新区管委会负责新区总体规划（2012—2030年）及相关规划的具体实施。

在浙江省层面，当前可继续通过现有的"浙江省推进长三角协同发展工作领导小组"工作机制，统一协调各相关厅局开展工作，服务舟山群岛新区规划和前期研究工作。规划和相关制度逐步成熟后，可以将各厅局承担的相关研究职能逐步转移到新区管委会统一进行协调推进，各厅局在技术方面提供支持。浙江省负责新区各类规划的组织编制、审批、实施、管理等职责，落实多规合一，按法定程序和要求开展建设项目的审批、管理。

在长三角层面，借鉴巴黎等区域协作模式，建议通过设立"规划建设协同工作制度"，形成新区与上海市、宁波市及其他周边城市在规划建设管理方面密切的合作关系，落实各省市推进长三角协同发展工作领导小组任务，加强日常工作对接。

在中央层面，借鉴筑波等管理模式，建议通过设立"浙江省推进长三角协同发展工作领导小组"，建立工作平台，统筹协调各部门资源，充分发挥各部门优势，形成通畅渠道。在党中央、国务院领导下，按照长三角协同发展工作领导小组部署要求，领导小组办公室加强综合协调，中央和国家机关有关部委、单位，上海市、浙江省等方面大力支持，浙江省委和省政府履行主体责任。在规划执行中遇有重大事项时，应及时向党中央、国务院和长三角协同发展工作领导小组请示报告。

3．机构设置与职能分工

（1）新区管理机构设置与职能

为了更好地集中精力启动城市相关规划和建设，提高新区行政效能，尽可能减少审批事项，缩短审批流程，"最多跑一次"正在舟山落地生根，统筹负责组织规划编制、规划实施和规划管理。新区规划建设管理服务范围要覆盖所有城乡居民点，包括现有城区、新建城区、镇区、村庄以及各类空间资源的管控工作，形成"长三角协同发展工作领导小组—新区管委会规划建设管理部门—地方政府下属规划建设管理部门"三级管理体系（图10-2）。

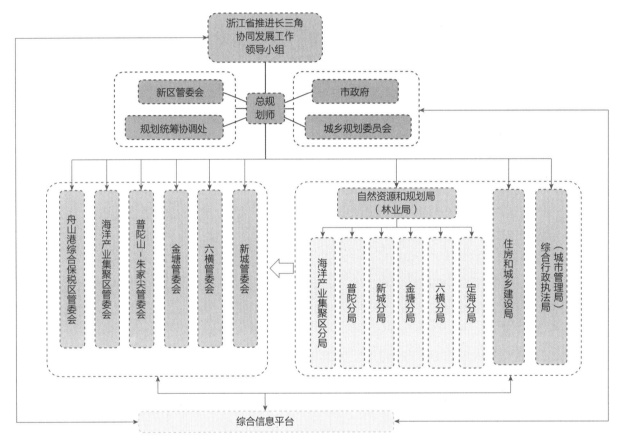

图10-2　规划管理体系划分示意图

长三角协同发展工作领导小组着眼于解决行政区位带来的集团式发展障碍，减少区域内各城市的同质化，减少不必要的竞争，协同发展。新区管委会及其下属规划建设管理部门接受浙江省长三角协同发展工作机制的指导和协调，统筹兼顾，依托自身优势，大力贯彻舟山市的区域定位和整体分工。

新区管委会规划建设管理部门的核心职能为：负责新区城乡规划的编制、报批和实施管理、地理测绘信息管理；负责各类建设项目的规划建设审批工作；负责工程规划管理与工程建设管理以及规划建设领域的监督检查；负责市政、交通、绿化、水利、人防、环保等项目的实施组织以及管理监督和日常管理；负责土地供应、住房制度建设、不动产管理；同时负责林业管理、组织编制并实施主体功能区规划、海洋规划、海洋资源调查和确权登记管理、水资源调查和确权登记管理以及自然保护区、风景名胜区等管理职责。

目前阶段，新区管委会聘请的总规划师由周建军担任，负责主体功能区规划、海洋规划、城乡规划、土地规划、地理测绘信息管理、人民防空等方面工作。要建立规划委员会，充分发挥专业技术人员和相关部门的综合作用，促进高标准高质量规划编制，形成一张蓝图。尽快建立综合信息平台，及时整合各类信息资源，为规划建设全流程审批创造条件。

舟山群岛新区处于高速发展的新阶段，需要高度重视规划建设管理中的权力制衡机制建设，属于决策范畴的职能即新区规划的编制和报批，与属于执行范畴的批后实施的组织、建设项目的规划管理以及属于监督范畴的生态环境管护、规划监督等职责，应分开设置。

（2）事业单位与法定机构

为加强规划建设管理部门的综合技术力量，可根据需要设立规划编研中心、不动产管理与交易中心、信息与政策研究中心等事业单位或法定机构，为规划建设管理部门提供专业化技术服务。

借鉴深圳等地法定机构试点的经验，此类机构可以设定为自主管理、独立运作的公益服务法定机构。法定机构是根据特定的法律、法规或者规章设立，依法承担公共事务管理职能或者公共服务职能，不列入行政机构序列，具有独立法人地位的公共机构。法定机构享有独立的人员使用与管理、经费筹措、绩效分配等法定事权，依法自主办理有关业务，独立承担法律责任。法定机构通过约定方式履行法定职责，与新区管委会或其局部等委托单位签订合同，明确双方权利义务。

法定机构的理事会为决策机构，根据工作需要聘用专业人士成立咨询委员会。法定代表人或机构负责人负责日常管理工作，对理事会负责，接受理事会监督。法定机构要建立科学、规范、公开的财务管理制度，按照精简、效能原则设置人员岗位。按照公平、公正、竞争、择优原则聘用人员，自主制定薪酬分配制度。法定机构在授权其自我管理的同时，又要接受管委会监管，在岗位数量、重大人事任用、薪酬分配方案、管理层薪酬标准、激励政策方面，要受管委会相应部门监督，接受审计监督，实现授权与控权的平衡。

4. 常态机构设置与职能分工

省部联席会的设立加快了建设四个舟山的步伐，加快推进了各项工作的规范化进程。目前阶段，应把工作重点由推动项目建设转移到加强精细化管理。考虑到新区属于城市管理的单元，为促进各种要素快速集聚，同时为避免权力过于集中，建议对集中式的规划建设管理部门进行拆分，将内设机构扩展为独立设置的、相互配合、相互监督的三个业务部门，并对其相关职能进行重新分配，可考虑命名为空间规划部门、建设环保部门、综合执法部门。

为更好地发挥规划委员会的职能，可根据新区规划建设发展的任务要求，按程序调整规划委员会委员和下设专业委员会。三个部门都应选聘总师，负责其职能中专业技术较强的管理工作，不断优化一般性行政领导与技术行政负责人分工合作关系，完整总师制度。保持综合信息平台运行的连贯性和整体性，不断丰富各类规划建设管理基础信息资料、完善功能，以实现数据共享，提高服务水平和行政效能。

（1）规划制定与土地管理：空间规划部门

目前，舟山群岛新区规划建设管理的重心由宏观规划制定、生态治理与修复、重大基础设施起步，转移到微观规划制定、大量项目的审批与监管以及城市综合管理等方面。在新区规划建设的同时，既有城区的城市更新问题也需要得到重视。

空间规划部门主要负责规划制定土地、海域、海岛管理等事项（表10-1）。推进主体功能区战略和制度，组织编制并监督实施国土空间规划和相关专项规划。开展国土空间开发适宜性评价，建立国土空间规划实施监测、评估和预警体系。组织划定生态保护红线、永久基本农田、城镇开发边界等控制线，构建节约资源和保护环境的生产、生活、生态空间布局。建立健全国土空间用途管制制度，研究拟订城乡规划政策并监督实施。组织拟订并实施土地、海洋等自然资源年度利用计划。负责土地、海域、海岛等国土空间用途转用工作。负责土地征收征用管理。牵头组织编制国土空间生态修复规划并实施有关生态修复重大工程。负责国土空间综合整治、土地整理复垦、矿山地质环境恢复治理、海洋生态、海域海岸线和海岛修复等工作。牵头建立和实施生态保护补偿制度，制定合理利用社会资金进行生态修复的政策措施，提出重大备选项目。

空间规划部门核心业务与职能 表10-1

核心业务	相关职能
总体规划	负责发展战略、总体规划、空间管制、分区规划、全区市政专项规划、综合交通规划等总体层面专项规划组织编制与管理
详细规划	负责详细规划、重点（节点）地区城市设计、公共空间与公共景观规划、重大（重点）项目的建筑设计、文化遗产保护专项规划组织编制与管理
市政交通	负责组织编制详细规划层面的市政专项规划；承担市政交通类建设项目的规划设计审查和建设工程规划许可工作
生态环境	负责组织开展能源、固体废弃物、矿产资源、水资源等相关政策制定与专项规划编制工作；负责组织开展林业与园林绿化、洪湖水系整治、防洪排涝水土保持等相关政策制定与专项规划编制工作，重点负责舟山群岛周围海域生态环境治理和保护规划相关事项
土地管理	负责土地管理相关业务工作规则的制定、用地选址和预审、用地转用、报批、土地使用权划拨和出让、转让等；负责制定耕地保护和土地开发整理计划等
防灾减灾	负责地质灾害防治、防震抗震、人防、民防、消防等标准，专项规划制定和审批工作
城市更新	负责棚户区和城中村等改造、房屋用地征收等工作

（2）规划实施与建设管理：建设环保部门

随着规划的实施，大量建设项目不断进入新区，在较长一段时间内，新区的建设都将会处于中高速发展状态，建设规模和数量将维持较高水平，因而建设项目审批流程精简应是关注重点。与此同时，市政、园林、交通等相关设施建设将会适当超前于现有城市开发规模。

随着新区建设项目的快速推进以及产业项目不断落地过程中人口的集聚，城市住房保障和不动产管理也极为重要。此外，生态环境是生活和生产的本底条件，与环境保护相关的事项和职能也属于建设环保部门的事权范畴。基于上述职能，在具体的机构设置上，建议重点关注市政景观、交通运输、工程监管等11项主要职能（表10-2），有重点地推进相关建设和环保事项。

建设环保部门核心业务与职能 表10-2

核心业务	相关职能
市政景观	负责市政综合管廊、各类管网、景观照明、建筑物外立面、户外广告等设施的建设、管理及安全监管工作等
交通运输	负责制定交通设施建设标准、建设计划，推进建设项目，进行相关建设管理，负责管理养护等；负责交通运营管理的指导

续表

核心业务	相关职能
工程监管	负责勘察设计、施工、检测等工程建设领域的质量安全监管工作；监督执行建设工程质量、安全生产和文明施工的法律、法规和政策；承担绿色施工、建筑工地建筑材料质量的监管工作等；负责人防工程监管
建筑监管	负责建筑行业发展，承担勘察设计、施工、监理、检测、建材等建筑行业管理和市场监管工作；负责绿色建筑、建材、建筑节能、墙改等
住房保障	制定住房改革和住房保障有关政策；制定住房规划、保障性住房供应计划，监督保障性住房的出售、出租等工作，承担住房相关的公积金工作
不动产管理	负责土地和房屋现状调查、权属及登记管理、变更调查等
节能减排	组织开展节能和污染减排工作；拟订并组织实施节能减排计划，进行监督考核和数据统计；监管排污权有偿使用和交易、碳排放交易等工作
水利水务	负责水资源和供水调度、水利工程建设、防洪治涝、流域水土保持、河道整治、排水管理、雨污水管网、农田水利、节水管理、水环境治理、水生态修复等工作
林业园林	负责森林资源保护与管理、绿化管理、公园建设管理、各类保护区管理
农渔发展	负责都市农业、渔业发展政策与监管
环境保护	负责水污染防治、土壤污染防治、大气环境整治、噪声管理等；负责环境影响评价等

（3）规划监督管理：综合执法部门

综合执法部门的主要职能是对规划制定、规划实施、土地等各类资源的利用和保护进行监督（表10-3）。建议将国土空间规划、工程建设、环境保护、自然资源、交通运输、农业、水务、文化体育旅游、城市管理等领域的相关行政处罚职责进行整合，纳入综合执法部门。规划建设管理领域的综合执法内容，如表10-3所示。可根据内容设置相应的部门，负责相关事项。

综合执法部门核心业务与职能　　　　　　　　　　表10-3

核心业务	相关职能
规划土地监察	负责利用卫星遥感数据进行规划、土地监察，开展违法建设执法行动，监督指导解决遗留问题
交通运输监察（交通警察）	负责交通运输市场秩序监管和行业违章行为稽查
环境保护监察	负责废水、废气、固体废物、粉尘、恶臭气体、噪声、振动等污染物排放情况现场检查监督取证，信访、环境执法稽查、行政处罚等
水务渔政监察	负责依法纠正和查处有关水务管理违法行为，负责对渔业资源、水生野生动植物保护的监督检查和渔业船舶检验工作，负责对违法违规行为进行查处
林业生物监察（森林公安、武警）	负责依法查处破坏野生动植物资源、乱砍滥伐森林、木材运销和非法经营、出售、宰杀国家保护的野生动物等行为
市政市容管理	负责行使市政管理、市容环境卫生和园林绿化方面法律、法规、规章规定的全部行政处罚权

10.2.2　关键制度

1. 部省际联席会议制度

2013年1月，国务院批复的《浙江舟山群岛新区发展规划》明确要求"国务院有关部门要按照职能分工，加强对舟山群岛新区建设的指导和支持，按程序建立部省际联席会议制度"。

国务院办公厅印发的《关于同意建立浙江舟山群岛新区建设部省际联席会议制度的函》（国办函〔2013〕115号），明确为加强对浙江舟山群岛新区建设发展的指导、协调和服务，增进部省之间的协调配合，经国务院同意，建立浙江舟山群岛新区建设部省际联席会议制度，联席会议由发展和改革委员会、教育部、科学技术部、工业和信息化部、公安部、民政部、人力资源和社会保障部、自然资源部、生态环境部、住房和城乡建设部、交通运输部、水利部、农业农村部、商务部、文化和旅游部、人民银行、海关总署、税务总局、市场监督管理总局、林业局、法制办、银监会、证监会、保监会、能源局、海洋局、铁路局、民用航空局、总参谋部和浙江省人民政府组成。发展和改革委员会为牵头单位。联席会议办公室设在发展和改革委员会，承担联席会议日常工作。

联席会议主要职责为在国务院领导下，研究拟订促进浙江舟山群岛新区建设发展的重大政策措施，向国务院提出建议；协调解决浙江舟山群岛新区建设发展在政策实施、项目安排、体制机制创新等方面存在的困难和问题；加强部门之间、部省之间在浙江舟山群岛新区建设中的信息沟通和协调，对《浙江舟山群岛新区发展规划》实施工作进行指导、监督和评估，督促检查建设发展各项工作，及时向国务院报告有关情况；完成国务院交办的其他事项。

2. 长三角层面规划建设协同工作制度

长三角城市规划建设协同工作制度的设立，是为了能够更好地促进长三角城市间规划建设管理方面的协调沟通，发挥区域联动效应。由新区管委会作为召集单位，具体参加城市由浙江省、上海市、江苏省根据协商内容确定。要紧紧围绕促进长三角协同发展和舟山群岛新区建设两大国家战略，有效加强城市间规划建设管理沟通交流，促进新区规划建设的快速推进。协同工作制度成员由相关城市领导或其规划建设管理部门负责人组成。

协同工作制度的主要任务是：贯彻落实国家推进长三角协同发展工作领导小组以及部际联席会的有关决策部署，推动重大规划和重大项目的实施；对接舟山群岛新区港口高端产业具体落实项目的规划建设管理事宜，就跨行政单元规划和重大项目建设事项进行沟通；研究解决涉及长三角三地规划建设管理的重大事项。

协同工作可采取会议集体讨论、负责人定期沟通以及网络交流等方式进行。各城市指定一名规划建设管理部门负责人为联络人，每次会议具体议题和议程由召集单位与各成员单位商定。

新区与长三角城市间的区域协同主要包括：按照科学规划、合理布局的原则，着力与上海港、宁波港在功能上优势互补，实现错位发展、互利共赢；安排教育、医疗、卫生、体育等功能，统筹布局生态、产业、交通和基础设施，实行协同规划、产业联动，努力打造协调发展示范区等。

3. 新区规划委员会制度

新区规划委员会制度的设立，是为了发挥组织协调和咨询审查作用，完善规划实施统筹决策机制，通过充分发挥政府部门与技术专家的合力，提高新区的规划水平，建立科学、民主的决策机制。新区规划委员会是新区政府设立的决策咨询与规划审议机构。

新区规划委员会委员由公务委员和非公务委员组成，其中公务委员由政府及相关职能部门代表组成，非公务委员由独立的专家和社会人士组成。委员总数应为单数，非公务委员人数应当超过总数的二分之一。公务委员包括新区管委会主任、分管规划建设管理工作的相关负责人及规划建设管理相关职能部门的主要负责人；非公务委员包括规划、建筑、景观、市政、交通、环保、文物、经济等方面的专家及社会代表。

根据审议项目类型的不同和工作分工，新区规划委员会可下设若干专业委员会。各专业委员会受新区规划委员会委托，就各自的议事范围为新区规划委员会提供审议意见。

新区规划委员会对新区规划和相关重大事项进行咨询和审议。对于需要报批的规划，要在规划上报最终评审前，对其规划方案进行审议，以提高规划的科学性和民主性。由新区规划委员会做出的咨询和审议意见原则上必须作为规划建设管理的依据。规划建设管理部门在执行中如遇特殊情况需要修改审议意见，需报请新区规划委员会重新审议。

新区规划委员会的主要审议内容包括：新区总体规划、近期建设规划、风景名胜区规划、控制性详细规划、生态环境保护和治理规划及各专项规划草案；既有城区更新改造项目规划；重点地段城市设计草案及对新区景观具有重大影响的建筑物、构筑物等设计草案；新区重大建设项目、重大交通及市政设施项目的选址、选线及规划设计草案；涉及新区规划建设管理的政策、法规、规范性文件草案等。

4. 新区规划建设领导小组（规划统筹协调处）制度

为促进新区各项规划统筹管理和有序衔接、有机融合，强化新区管委会对全市规划的统筹力度，进一步提高规划管理水平，舟山群岛新区改进了新区规划建设领导小组，开创了规划统筹协调处的特色制度。通过将新区建设初期的各类开发建设活动统筹在一个部门进行综合管理，避免了不同系统之间各自为政，出现拉链式工程，实现了横向建设活动的有机协调。依据法律法规与规章制度，加强对各建设项目的监管。

通过将原设在市住房和城乡建设局（规划局）的规划建设领导小组办公室调整为新区党工委管委会办公室的直属机构，在新区党工委管委会办公室增设规划统筹协调处，挂新区规划建设领导小组办公室牌子，负责统筹新区各项综合性、战略性规划的研究、编制和实施（图10-3）；完善规划审批决策机制；完善全市规划管理体系，制定指导新区规划编制、管理和建设的技术标准，细化各项规划编制、审批程序和制度；综合平衡和协调社会经济发展规划、土地利用规划、城乡规划、环境保护规划等规划和各项专项规划；完善全市规划领域议事协调流程、职责和机制。

在人员编制方面，新区规划建设领导小组办公室（规划统筹协调处）核增行政编制3人，核增科级领导职数2名（1正1副），专项用于规划管理统筹协调工作。

同时，为了加强与相关职能部门的对接，市发展和改革委员会、市自然资源和规划局、市住房和城乡建设局、市生态环境局各派1名业务骨干到新区规划建设领导小组办公室挂职，原则上两年一轮。挂职人员实行双重管理，以新区规划建设领导小组办公室管理为主。

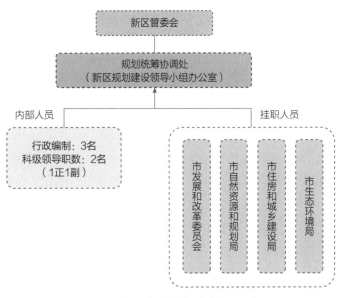

图10-3 新区规划统筹管理机构设置示意图

5．新区规划建设管理总师制度

总师制度的建立，是为了充分发挥专业技术权威的作用，提升规划建设管理部门的治理能力。总师对规划建设管理过程中遇到的专业技术问题进行审定。

总师必须是新区管委会党组成员，且是市政府的技术负责人，由新区管委会选拔任命。总师的主要职责为对规划建设相关事项决策提供专业支持和技术把关。

各有关部门，可根据自身技术需要设立部门总师，对规划建设管理过程中的技术问题和专业协调对接问题进行审定，在各自专业领域中对规划建设相关事项决策提供专业支持和技术把关。

为明确总师的专业技术权威的作用，新区管委会根据权责清单，厘清技术类问题和行政类问题，明确由总师负责的具体技术问题和管辖范围。通过区分规划建设领域一般性行政领导工作与专业技术决策工作，减少一般行政对专业技术的干预，提升规划建设管理部门的治理能力与专业技术水平。在专业技术决策方面，总师具有和行政负责人同等的决策权，对技术管理负责。要明确总师的职责、任命程序、管理方式等事宜，及早介入规划建设管理工作，探索一般行政管理和技术行政管理分设运行的机制。

6．新区权力与责任清单制度

新区权力与责任清单制度的建立，是为了强化权力与责任的对等性、一致性，通过公开行政权力，规范行政行为，提高行政效能，优化行政服务。

通过权力清单，向办事单位和人员公布各项用权行为。规划制定、建设实施以及管理监督三个部门所具有的权力行为各有侧重，但整体上以行政处罚、行政审批、行政检查、行政强制、行政备案及其他权利六类为主，以行政规划、行政指导、行政奖励、行政征收四类为辅。

通过责任清单，列明相关部门的具体责任，以责任促监管。重点关注规划建设管理中的违法建设治理、生态环境保护、大气污染防治、城市环境秩序治理、突发事件应急处置等。要明确规划建设管理相关的重点行业重点领域监管责任清单、事中事后监管责任清单、多部门行政协同责任清单等。

7．新区规划建设管理分类管治制度

新区规划建设管理分类管治制度的设立，是为了强调"法无禁止即自由"的原则，对禁止准入、限制准入和其他行业、领域及业务进行差异化管理，以便更好地引导产业、人才、建设项目向新区聚集。

分类管治制度要强调空间全覆盖，对禁止准入事项，行政机关不得受理；对限制准入事项，可实行核准制；其他项目可实行备案制。在项目立项阶段可简化流程和环节，最大限度缩短项目进入工程审查阶段的时间。要充分考虑与行政审批事项清单、产业结构指导目录、政府核准的投资项目目录以及市场准入管理事项相衔接。新区周边严禁高耗水、高耗能及高污染项目进入。

由新区各管理部门根据国家法律、法规、政策及自身职责，拟订各自责权范围内与规划建设管理有关的管治内容，由新区管委会进行审核、精简、补充以及统筹，形成分类管治方案。

规划建设管理部门要将分类管治方案内容逐条落实在地理空间上，形成管控边界，作为规划审批的依据。在新区建设过程中，规划建设管理分类管治方案应动态更新、与时俱进、实时调整、全程控制。

8．新区督察员制度

新区督察员制度的建立，是为了更好地保证规划有效实施，保证国家对新区规划建设管控目标

的落实，维护规划的严肃性和权威性。可由部际联席会议提出要求，由各部委分别选任具有城乡规划、建筑、交通、环保等专业知识和行政管理经验的人员担任督察员，经部际联席会议同意并授权后，向新区派驻。

新区督察员要对新区相关规划实施情况和新区内各重要项目建设情况进行经常性的监督检查。督察员需要具有较高的权威性，不受当地行政机构制约，可以独立、公正地进行监督。

督察员通过列席政府部门会议、抽查审批资料、核查项目现场和卫星遥感监测等方式，依据国家有关法律、法规、部门规章和经过批准的规划、国家强制性标准，对相关规划的执行情况和重大项目的建设情况进行实时监督，及时发现、制止和纠正事前和事中的违法违规行为，保证各项规划的有效实施，确保各项目合规建设，维护规划的严肃性和公共利益、长远利益。

10.2.3 日常运行机制

1. 基本思路

在机构设置与制度建立的基础上，新区规划建设管理运行要打破条块分割的弊病，避免部门之间事权博弈。按照规划决策、实施、监督三权分立的模式，明确从竖向条块分割到横向按阶段分层的改革方向。

规划编制阶段，要明确"多规合一"方向，实现一张蓝图，统一技术标准和空间坐标，明确各类空间管治边界，构建协同管理机制。规划审批阶段，要精简审批内容，减少审批环节，优化流程，最大限度提高效能，保证质量。规划实施阶段，要实行"宽职能、跨部门"运行机制，合理利用各项财政政策，实行全生命周期负责制，建立绿色宜居可持续发展机制。规划监督方面，整合资源，集中权力，综合执法，分级分类，充分利用现代技术，提高监管水平。

一般情况下，各项运行机制应该符合现有的法律法规框架。同时应依据国家有关法律法规和新区规划，按照创造"四个舟山"的要求，落实国家新区的战略功能，优化人口和城镇体系布局，完善综合交通与市政设施，指引重点岛屿的规划建设，塑造花园城市结构与特色。

2. 规划"一张图"

（1）统一组织规划编制，推进"多规合一"

目前，新区将传统由多个单位分别组织的规划编制以及相关的专项专题研究等工作交由新区管委会规划建设管理部门负责，避免因分别制定各类专项规划产生矛盾和冲突。

新区总体规划是新区各级各类规划的准则和指南，是指导新区建设发展的基本依据。贯彻《中共中央国务院关于建立国土空间规划体系并监督实施的若干意见》精神，落实《自然资源部关于全面开展国土空间规划工作的通知》（自然资发〔2019〕87号）要求，坚持以国土空间规划为统领、以详细规划为重点、以专项规划为支撑，形成全域覆盖、分层管理、分类指导、多规合一的规划体系。

在新区规划和专题研究成果的基础上，根据规划建设管理工作的需要，由新区管委会选定高水平规划设计单位，将与规划建设管理有关的土地、人口、产业、生态等现状基础资料，以及具有电子坐标的新区总体规划和其他有空间概念的交通、生态环境、文化遗产、河湖湿地等专项规划进行整合，统一技术标准、统一空间坐标、统一信息平台，形成一个完整的、互相不矛盾的、动态更新的规划数据库，实现"一张图"。依托国土空间基础信息平台，全面开展国土空间规划"一张图"建设和市县国土空间开发保护现状评估工作。

（2）对标国际一流岛城新区，建立花园城市指标体系

密切关注全球城市发展新理念、新动向，对标国际先进城市发展目标，建立舟山群岛新区指标体系，使之成为体现"国际一流、绿色、现代、智慧城市"的发展新标杆。指标体系要明确生态环境、空间利用、绿色交通、公共服务、经济创新、社会文化等领域的发展目标要求，以及2020年、2030年等阶段性发展目标。要将指标体系纳入规划建设管理平台，在控制性详细规划层面落实各项指标的要求，成为项目立项和规划建设审批的依据；要制定指标体系实施路径、监测平台、部门责任、评估办法、年度评估机制。定期对指标体系进行修订、更新、维护，将指标体系评估成果适时向社会公布。

（3）明确新区各类项目规划设计要求

根据审批后的新区规划，针对重点建设行为出台规范性的规划设计要求。建议编制由政府投资建设的公共建筑规划设计要求，明确建筑造型、立面的指导原则与要求，以及建筑面积标准、建筑层高等要求；编制新区慢行系统和公共空间管理规定，明确新区内绿地和通行类慢行系统及公共空间的建设要求；明确各类建设项目用地红线内面向所有市民全天免费开放的休闲、娱乐或者通行公共空间的认定标准、规划建设审批程序、鼓励政策及申报流程。

（4）明确新区绿色建设标准与验收要求

高标准制定绿色建筑发展政策，充分运用适宜、高效的绿色建筑技术，制定出台新区绿色建筑设计与运营指南以及以结果为导向的绿色建筑验收标准，努力构建在全生命周期内环保节能、舒适高效的绿色建筑。最大限度尊重自然，根据海绵城市专项规划等要求，开展项目建设。出台海绵城市验收指南等文件，明确技术标准和验收管理流程，强调最终成效的测评。

（5）明确各类空间管治边界，构建协同管理机制

划定新区周边一定范围为管控区，实施统一规划、严格管控，实行统一负面清单管理。按照新区规划要求，界定新区城镇开发边界、永久基本农田和生态保护红线，建立统一的空间管制分区和管控体系，形成相互配合的社会、经济、空间、环境政策体系。创新规划编制技术，建立一套统一的规划用地分类体系、目标指标体系、空间管制要求、规划许可管理规定。构建一个多部门共享的规划空间信息平台，采用统一的空间坐标系，提供信息化基础数据支撑，实现不同业务部门的规划协同制定。

（6）编制规划建设管理政务手册

确定规划建设管理部门主要职责、内设机构及其主要职责、下设事业单位及其主要职责。制定项目立项、用地与规划许可、建设工程、人防、环保、交通与公路、水务、市政园林及林业、工程质量监督与施工许可、工程安全监督等行政审批工作程序，编制各类行政许可事项审批要件标准。制定工作考核程序，起草相关管理办法。绘制行政权力运行程序流程图，统一工作标准，固化行政程序，规范行政权力，便于公众查看和监督。

3. 审批"一个证"

（1）探索新区简政放权、放管结合、优化服务新模式

坚持改革创新、大胆探索，坚持依法行政、稳妥推进。目前，舟山已经成立舟山审批服务与招投标管理委员会，从以前"跑断腿"向"跑一次"迈进。同时，新区工程建设项目审批制度改革与创新，提高了投资项目审批服务效率和监管水平。按照浙江省授权，新区行使有关行政审批

权限和管理权限，推进行政审批制度改革，全面实行负面清单管理，建立全新的投资项目审批制度，提高行政服务效率。推动一批行政许可事项由审批改备案，由许可改告知承诺。参照国际通用的"办理施工许可"指标要求，打造最简流程、最少审批、最优服务，提高审批效能，加快开工建设速度。

简化工作启动手续。改革发展部门根据集体审议结果，出具项目前期工作函件，推进各主体开展科研、环评、设计、招投标等各项前期工作，将项目建议书和可行性研究合并审议。

简化规划许可手续。规划建设管理部门根据项目设计方案，出具设计方案审查意见。根据审查意见，可以同步办理选址意见书、建设用地规划许可、建设工程规划许可证。在各项审批及条件具备的情况下，加快办理施工图审查、施工登记等手续。简化水、交通等相关审查手续。探索实行告知承诺制。一次性告知项目单位应具备的条件和需提交的材料，以及项目建设具体标准和要求；项目单位书面承诺按照标准和要求执行后，审批部门即以一定方式认可项目单位的申请事项，并加强对项目的监管，对确按标准和要求实施的，予以发放证照。

（2）高速发展阶段项目审批创新

高速发展阶段，全面实行一个入口受理、一份清单告知、一套材料申报、一个审批平台、一个出口发证（图10-4），最大限度减少项目提交材料内容和沟通成本。将工程建设项目审批流程简化为项目立项、工程审查、竣工验收三个阶段，实行并联审批机制，形成主办部门和协同部门双流程同步推进机制，杜绝互为前提审查，提高审批效率。通过分类管理、限时承诺、审批绩效评估等措施，探索审批"一个证"，即一次性获取各类依法需要核办的证书，不断改进审批效能，提高工作质量。

1）一个入口受理。设立新区一站式政务服务窗口，统一受理项目申请。申请人一次性将所需的材料提交到该窗口，由窗口负责统一接收。材料收齐后一并交给审批业务协同平台。改革发展部门、规划建设管理部门等专业部门通过平台接收申请材料，开展联动审批。可以探索靠前服务机制。

2）一份清单告知。审批部门出具一份项目申请办事指南，一次性提出申请条件和材料要求，明确具体标准和要求。对明确规定禁止准入的项目不予受理，对负面清单以外的项目新区政府不再审批，直接依照相关法规进入市场。

3）一套材料申报。按照全流程、全封闭、全监管的要求，把原分散于各相关审批单位的所有审批项目信息拢到一起，形成一个按项目成长过程和生命周期排列的较完整的"项目材料清单"。合并共性材料及前期批文，最大程度削减不必要的申报材料，以精简申报材料体量，减轻申报人员和审批部门的工作量，缩短审批时限。新区管委会集体决策会议确定的项目，可以作为立项审批依据。可通过信息平台共享而获得审批业务办理所需信息的，原则上不再要求申请人重复提交相关材料。

图10-4 项目申请审批流程示意图

4）一个审批平台。建立多部门协同项目审批和建设管理信息网络系统，经由统一的申请窗口将申请材料递交至综合信息管理平台。通过对各要素进行合理的布局和安排，打破中间的梗阻和障碍，建立一个责任明晰、运作协调高效的审批机制。全面推行线上审批，将项目审批涉及的所有事项全过程纳入平台运行。对补充材料和要求事项实行一次性告知，提高服务质量。审批部门依托该平台进行并联审批。平台信息实时动态更新，为申请人及时查询申请审批项目进展情况提供技术条件。

5）一个出口发证。由新区一站式政务服务窗口将审批结果、多项获批许可证书一次性送达至申请人。线下线上审批信息相结合，申请人可同时自行通过综合信息管理平台查询审批结果及相关要求。

6）三个阶段审批。将新区工程建设项目审批流程合并精简为项目立项、工程审查、竣工验收三个阶段。在项目立项阶段，财政投融资项目的可研批复、用地预审、项目选址意见书及建设用地规划许可（规划设计条件核定）并联审批，项目选址意见书与建设用地规划许可同步核发，社会资本投资项目的备案及报建各部门并联即办；在工程建设阶段，进行审批工程规划许可及施工许可核发，并联其他审查事项；在竣工验收阶段，进行竣工联合验收及备案工作。规划部门做出的项目设计方案审查，可作为依据，办理有关手续。

7）两条流程并联。新区项目建设管理审批采用主流程与协同流程并联进行的模式。在项目立项阶段，各部门并联办理项目报建、备案、勘察设计招标、建设用地划拨等事项。在工程审查阶段，并联办理环评、水土保持方案审查、施工图审查、消防设计审查、防空地下室审查、市政园林审查等项目，保证在开工前办理完毕即可。在竣工验收阶段，完成联合验收主流程的同时，并联办理竣工验收备案事项。

8）审批绩效评估。在审批开始前，通过网络信息平台将审批条件、机关、程序、手续向申请人明示。审批进行中，实行审批过程全流程监控，实时公开审批所处阶段及所需时间。审批结束后，结合行政审批绩效评估指标体系、申请人满意度打分等评估机制，对审批效率打分评估并向社会公布。

9）事中事后监管和信用体系建设。继续推行审批负面清单和告知承诺制，减轻前置性审批环节的干预，充分发挥法制监管的作用。注重事中事后监管，防止出现管理真空，构建以政府为主导，促进行业自律、企业自控、社会参与的监督格局，建立统一权威的市场监管机构，共同建立新区监督管理信息共享平台；加强信用体系建设管理，推进守信联合激励和失信联合惩戒等，切实提高信用监管工作水平。实行建设项目随机抽查和黑名单制度，建立对有关部门及其工作人员的责任追究制度，推进信用信息平台应用；转变监管方式，引入第三方力量。鼓励社会机构参与评估工作，引进保险机制作为政府监管的有力补充，发挥行业协会及学术团体的协助作用，提升监管效率和力度。

4．建管"一归口"

（1）统筹协调各方建管力量，形成合力，加强监管

依据大部门制原则设置新区管理机构，探索职能综合设置模式，实现建管一体。将新区规划建设领导小组办公室调整为新区管委会直属机构，增强其规划统筹协调职能，负责统筹新区各项综合性、战略性规划的研究、编制和实施；完善规划审批决策机制；完善全市规划管理体系，制定指导新区规划编制、管理和建设的技术标准，细化各项规划编制、审批程序和制度；综合平衡和协调社会经济发展规划、土地利用规划、城乡规划、环境保护规划等规划和各项专项规划；完善全市规划

领域议事协调流程、职责和机制。将新区建设初期各类开发建设活动统筹在一个部门进行综合管理，避免不同系统之间各自为政，出现拉链式工程，实现横向建设活动的有机协调。依据法律法规与规章制度，加强对各建设项目的监管。对涉及违法的事项，交由综合执法部门进行处理。

（2）探索开展控制性详细规划弹性管理机制

围绕舟山群岛新区的发展定位和开发时序，探索对新区用地布局和规划指标进行弹性管理制度。在总量控制的前提下，依法对用地布局和规划指标实行弹性管理，允许预留一定比例的待研究用地。处理好远期预留与近期开发的关系，努力在政府的刚性管控和市场的激活活力之间取得平衡，提升城市精细化管理水平。

（3）建立新区公共设施建设管理机制

确立"政府引导、政企分开、企业主体、市场运作"的社会化公共设施建设管理机制。可设立专业化公共设施服务企业，通过社会化、企业化运作方式，负责相关的基础设施和公共设施的投资、建设、运营和维护，并享有相应的投资权、经营权和收益权。通过制度创新，专业化公司要取得政府专项授权，坚持市场化经营，采取专业化运作，实施规范化管理。政府与开发主体分工明确、各司其职，既相对独立又相互联系，避免政企职责不明、资金界限不清、发展动力不足问题。

（4）建设与管护结合，无缝对接，实行全生命周期管理

充分利用新区规划统一电子平台的信息共享与业务协同功能，依托"一张蓝图"，按照事前强策划、事中简审批、事后重监管的思路，推进减环节、改方式、强监管、重实效的具体措施。建立高质量建设与长效管理相统一的管理机制，做到项目终身负责制，实现纵向系统的无缝衔接。

（5）合理利用各项财政政策

充分发挥市场在资源配置中的作用，合理利用土地收益、税收财政等措施，形成有力的财政杠杆，降低基础设施建设成本，保障新区建设的高效推进。

（6）生命共同体协同管理，联合保护修复生态环境

明确责任主体，强化自然资源与生态环境保护职能，统筹协调和监督管理。将相互关联的自然生态系统和环境保护工作纳入统一的管理，避免出现"九龙治水"、多头管理局面，实现山水林田湖生命共同体的综合协调管理，保护修复生态环境。

（7）形成绿色生态发展体制机制

积极探索"绿色生态新城区"的实现途径，明确各类规划建设标准，通过系统的制度设计，将具体要求落实到相应地块，并将其纳入规划建设条件中，定期进行跟踪评估。为适应气候变化、生态城市、韧性城市等国际发展趋势采用先进绿色生态技术，以分布式、小型化、并联设置为原则，建设各类城乡基础设施。高水平建设海绵城市，探索建立雨水排放收费制度。高标准推动绿色建筑发展，重点发展被动式低能耗建筑、装配式建筑。坚持低碳发展理念，建立碳排放数据监测统计制度和碳交易机制，尽可能利用清洁、可再生能源。最大限度做到资源循环利用，争取实现零外排。充分发挥自然生态空间的本底优势，借鉴我国传统生态智慧，实现山水林田湖相互和谐的诗意栖居，构建"水城共融"的生态城市。

5．监督"一个帽"

（1）分级分类，科学管制，监管分离

明确规划的刚性控制和弹性引导机制，最大限度发挥市场机制的积极作用。建立分级管理、分

类管制、层级传导、权责明晰的规划监督机制。实现监管分离，建立监督与管理职能既分离又相互促进的体制机制。

（2）集中监督处罚权，综合执法，统筹管理

统一各类监察和执法活动，形成联合执法协同机制，综合执法，做到管理全覆盖，不留死角，整合行政资源，提高执法效能，实现"多帽合一"，严格规范公正文明执法，避免多头执法、重复执法问题。

（3）形成网格化闭环管理工作机制

坚持高位监督机制，直接向行政首长负责。实行网格化管理，确权确责，实现定位、定量和定性的精细化管理。建立一套闭环的问题发现、处置、结案和评价的工作流程。引入绩效评价考核体系，将综合行政执法机构人员履职情况全部通过客观的数据来生成并进行考核。引入公共参与机制，不断改进工作体系。

（4）充分利用现代技术，提高执法水平

综合运用测绘数据、3S技术、4D技术、视频、无线通信、影像识别、物联网、大数据、无人机、无线互联等技术手段，开发建设涵盖新区规划建设管理各专业领域的执法系统，开发移动执法APP系统，实时进行数据采集。

（5）及时反馈规划制定与规划实施问题

畅通公众参与渠道。坚持开门开放编规划，汇众智、聚众力，搭建全过程、全方位的公众参与平台，健全规划公开制度，鼓励引导各领域专家和公众积极参与，在后续规划编制、决策、实施中发挥作用，确保规划反映民意，凝聚起人民群众建设新区的正能量。

同时，利用综合执法大数据分析挖掘规划的缺项、建设的漏项、管理的弱项，对反复发生的问题进行规律分析，提出问题解决方案建议，并通过一定渠道把解决方案反映给规划编制、建设管理等机构，从源头解决问题，对处理结果做考核，督促各部门更好地履职。

10.3 智慧信息平台建设

10.3.1 基本思路

中央城市工作会议提出，城市的规划、建设和管理要走向一体化。从源头解决城市管理问题，从城市建设和管理实际结果出发，优化城市规划编制和实施。在新区谋划之初，搭建新区国土空间基础信息平台和数字规划建设管理平台，建立"实施－监测－评估－维护"机制，用信息技术手段打通城市从谋划到实施再到实际运行的链条，适应现代城市系统运行的复杂性、自组织特征。通过技术介入，有利于排除体制改革中的非理性因素干扰，以保障整个运行体系的效率。

10.3.2 智慧新区建设的顶层目标

智慧新区要实现对新区自然、社会、建设和各种流动要素的全采集、全掌控，为新区规划提供科学依据，杜绝各类违法占地、违法建设、违规使用等现象。

智慧信息平台建设应做到：新区全部规划要求和政策要求标准化、规则化、可视化，确保规划建设决策高效、科学合理、追查有迹；建立信息融合的承载平台，为一张蓝图管到底提供技术支持；

新区建筑和市政设施项目建设BIM全面接入规划建设管理一体化平台，确保透明、连贯，使建筑信息得以可持续利用；新区各项基础设施要实现全面自动化监测，同时建设智慧传感系统；全面实施网格式精细化城市管理，确保责任主体明晰、高位监督、监管分离；全面实现对规划、建设和管理主体绩效的客观评价；形成城市共性基础地理信息平台，接入相关经济社会数据为规划编制实施提供支撑，也为其他相关业务和城市运行提供可靠支持，成为新区智慧城市系统的关键组成部分（图10-5、图10-6）。

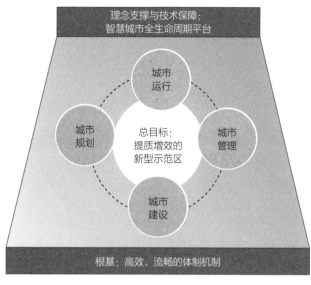

图10-5 智慧城市全生命周期平台与其规划建设管理体制的关系

　　平台须为新区建设提供全程支持保障，在新区高速发展阶段，平台有着重要应用，有助于平台开发建设的时间与资源统筹，提高新区高速建设过程中的资源利用效率。

　　目前，舟山处于快速发展建设阶段，新区的空间格局、功能体系已初步成型，平台可逐步引入、完善其数据挖掘分析、日常管理决策等功能，应用重点从规划、建设监督向辅助城市治理转变；以"自下而上"的工作模式，运用信息平台系统末端采集到的数据，逐步提高分析决策功能模块的自适应能力，实现平台的自我学习、自我纠错、自主演进。信息化建设应坚决贯彻依法治国的理念，充分考虑到信息系统开发存在的黑箱问题。信息系统以确定性为基础，一切反馈都是规则的结果。在信息系统建立之初严格遵守法制观念，严肃对待每一条规则的决定过程，使之于法有据，公开透明。

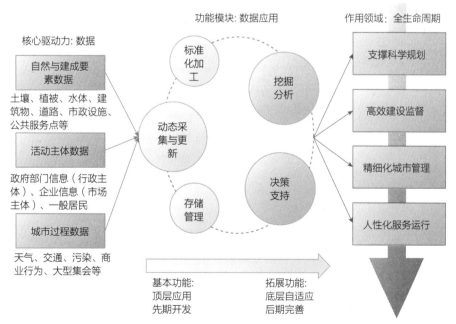

图10-6 智慧城市综合平台的主要运行框架

要确保信息平台对新区体制改革发挥切实的支撑保障作用，必须满足"先、快、全"三个要求。信息采集传感设备、数据存储处理中心、管理决策、监察指挥功能模块应作为新区最早的重点项目之一，在大规模开发活动开始之前完成建设与功能测试，并投入使用，以保证覆盖新区的规划、建设、运行管理全生命周期；平台须实现对新区的地域全覆盖，可引入分布式、网格化等理念与方法，将顶层决策所面临的不确定性逐步转化为底层的确定性问题，以适应"一个平台支撑全域全周期"的要求。

应建立专门的团队实施规划建设管理一体化平台的规划转译、规则更新、动态维护、法务保障工作。应以规划建设管理一体化平台为契机，构建新区的智慧城市体系，实现智慧城市的真正落地，实现不同部门间数据真正的交互共享，服务于政府决策和市场创新需求。

10.3.3　全要素综合性基础数据库

"数据"是新区智慧化全域全周期信息平台的核心构成要素，主要描述四类信息：自然与建成要素信息、活动主体信息、城市过程信息、规划空间政策信息。

自然与建成要素信息对新区范围内的一切自然、人工的物质要素的基本特征信息进行描述。描述对象具体包括土壤、植被、水体、建筑物、道路、市政设施、公共服务点、产业等，描述内容包括要素的空间位置、建成时间、设施状态、归属责任部门等。

活动主体信息对政府部门、企业团体、居民三大城市活动主体的基本特征信息进行描述。

城市过程信息是对新区城市运行状态的实时、动态性数据描述，包括道路交通情况、公共空间人流与治安情况、各建设工地操作与安全情况、垃圾站点与公共厕所管理情况，以及各类重要公共建筑的建设过程与使用维护情况。这些数据可以作为城市规划编制与修订、城市管理和实施决策的重要依据。

规划空间政策信息应实现按照多规融合的要求，通过信息手段将所有涉及空间的规划统一在一个平台上。以街区和地块等空间单元为载体，叠加城乡规划、城市设计、国土规划、生态保护规划、公共设施规划等各类规划的控制规则要求，确保规划一张图落到实处。

10.3.4　智能联动规划建设审批平台

借鉴巴黎、纽约、新加坡等案例，打破静态的工程设计思维，采用动态的、引导式的政策管治思路，搭建面对市民、政府、开发商的实时空间数据库，整合现状（土地、人口、产权等）和规划信息，从而实现规划审批管理的一站式平台。该类平台将进一步为智慧城市建设提供稳定详实的空间数据。

紧扣规划、建设和管理体制改革目标，借助信息平台建设，全面梳理各项行政事务办理程序，切实提升管理效能。主要内容包括：

一是流程重构，把所有项目审批关联事项全都纳入平台管理，大幅度减少审批环节，为所有数据提供统一的入口，杜绝不同部门间重复提交材料，实现从单线程向多线程、从部门化管理向网络化管理的转变。

二是自动核查，基于规划规则库和禁止清单库等约束条件，利用人工智能技术对待审项目实施系统自动初审。

三是智能督办，打通规划建设管理流程，让监管者和决策层清晰了解每一个项目的生命周期和各个审批环节的进展情况。对不符合规划规则库的审批行为、建设行为、城市状态、行政行为等情况自动示警、全程督办，确保规划建设管理过程有痕可查、透明阳光，并接受全民和上级监督。

四是智能评价，利用系统保存的数据对行政部门履责情况、城市运行管理情况进行科学和客观的评价并作为部门业绩考核的重要依据。

10.3.5　数字化网格式城市管理平台

对各类违法建设和破坏环境的行为进行有力管控是新区起步阶段所面临的突出挑战。建议在城市建设的整体范围内，依据规划建设管理一体化平台的建设需求，抓紧开展覆盖全域的网格式管理体系建设，及时发现违法建设、破坏环境等事件，快速传递到相关责任部门，第一时间得到妥善处理，并反馈公示，形成闭环。

网格式管理体系应遵循高位监督、监管分离、闭环处置、多网融合四大原则。成立隶属于新区管委会的、相对独立的、高位统筹的监督指挥中心，整合资源，履行统筹指挥、监督考核和分析研判等职责，负责城市管理、社会治理、公共服务、应急管理、信息联通等事项的统筹协调和服务管理，同时，独立承担监督职责与管理职责，将网格化管理问题的处置和监督考核的职责分离。各层级单位或各部门之间应依托监督指挥中心，建立网格化信息采集、监督中心，形成协调指挥、处置、监督评价、分析研判的处理流程。在网格式管理平台建立之初就将城市管理、社会管理、安全管理、调查统计等不同网格进行统一布局，同时实现责任网格、统计网格双重功能。

健全公共就业基层服务平台，实施"互联网＋公共就业服务"计划，推进公共服务事项向基层延伸，让群众"足不出岛"享受就业服务。整合市县行政服务平台，推进示范型乡镇（街道）、村（社区）便民服务中心建设，完善基层政务服务平台功能，让群众"办事不出岛"。

10.3.6　决策仿真系统

整合所有与空间相关的规划，建立新区三维可视化分析平台，基于规划规则库，开展建设项目自动分析评价并出具论证结论。模块的主要功能可包括：建设项目对周边地区的交通压力、公共设施压力、基础设施压力、土地价值、社会影响等各类因子的影响评价。此部分功能可考虑以收取服务成本费用的模式向社会开放，以确保透明、可信。

在新区建设过程中，全面应用BIM技术并实现BIM模型与规划建设管理一体化平台的接入，自动实现城市基础数据库的动态更新，并对建设项目进行动态管理控制和评价。

研发建设项目实施时序与新区发展动力分析模块，辅助新区管委会进行招商和重大项目决策，使新区建设保持可持续发展动力。

10.3.7　大数据决策支持系统

充分运用大数据、云计算、物联网、移动互联网等新一代信息技术，构建统一的城市管理数据共享标准体系，建立城市管理数据资源中心，拓展环卫、市容、市政、执法等智慧城市管理应用。按照"一中心四平台"运行模式，建立智慧城管指挥中心、城市日常管理平台、应急指挥平台、公共服务互动平台、决策分析平台。以问题为导向，创新运行机制，实施城市精细化管理，为打造最干净、最美丽的海上花园城市提供强有力的信息化支撑。平台应以"数据应用"为目标，实现数据采集与更新、标准化加工、存储管理、挖掘分析、决策支持等功能。

数据采集与更新、标准化加工、存储管理属于基本功能，必须做到使采集到的数据精确、标准、完整、安全、可追溯，为后续的分析调用、开放共享打好基础。挖掘分析、决策支持是平台的数据拓展功能，也是能集中体现城市"智慧"的模块。分析决策功能模块可通过内置多种城市研究模型，将各类城市发展运行的理论、规律融入到信息平台中，结合采集到的各种数据，对城市运行的现状进行监测、判断、处理，对城市未来的状态进行预测。

考虑到数据的多样性、海量性、复杂性及后期调用的需要，应保证支撑平台功能所需的设备设施在技术上足够先进。除传统的物联网、大数据、人工智能技术外，区块链、量子计算等技术由于适应于当前信息更新的海量、快速等特点，也可以考虑引入到平台的功能构建中，既为新区未来的高效管理运行提供充足的技术支持，也有助于通过实践推动我国在相关前沿技术领域的研究创新。

依托上述功能，期望平台能大力促进新区规划建设管理决策科学化，有效推动公众参与，切实提高城市建设的质量，精准、快速解决城市运行难题，将技术发展所产生的"数字红利"转化为实质性的生产、生活、管理便利，实现优质、高效的新区建设目标。

第11章
海上花园城建设实施效果

11.1 海上花园城建设实施概况

海上花园城市建设是一项长期的系统工程。自《中共舟山市委舟山市人民政府关于建设海上花园城市的指导意见》《中共舟山市委关于贯彻省第十四次党代会精神建设创新舟山、开放舟山、品质舟山、幸福舟山的决定》发布后,《"品质舟山"建设三年(2017—2020年)行动计划》《舟山市2017年海上花园城市建设攻坚行动实施方案》《舟山市2018年海上花园城市建设攻坚行动实施方案》等各项行动计划、实施方案相继制定,海上花园城市的实践有条不紊地进行。经过两年多的建设,城市面貌发生了明显的变化,城市品质得到较大提升(图11-1~图11-3)。

图11-1　海上花园城景色

图11-2 海上花园城夜景

图11-3 海上花园城滨海界面

11.2 2017年攻坚行动实施效果

　　2017年，舟山市委市政府以建设国家级新区和浙江自贸区为契机，认真贯彻落实中央和省委城市工作会议精神，对标新加坡、杭州等国内外先进城市，突出提升城市品质，发布《舟山市2017年海上花园城市建设攻坚行动实施方案》，确定了十大攻坚行动、31类工程、315个项目。其中十大攻坚行动分别为：中心城区提升攻坚行动、城市景观亮化工程攻坚行动、城市公园绿化绿道建设攻坚行动、城市污水和环卫设施建设攻坚行动、小城镇环境综合整治攻坚行动、"城中村"治理改造攻坚行动、城乡危旧房治理改造攻坚行动、老旧小区改造及农贸市场提升攻坚行动、"三改一拆"违法建筑拆除攻坚行动、城市交通拥堵治理攻坚行动。

　　2017年期间，全市各级党委、政府及各相关单位认真贯彻落实新区党工委管委会和市委市政府的决策部署，围绕打造"最干净、最美丽城市"目标，奋力推进海上花园城市建设攻坚行动，圆满完成了各项年度目标任务。城中村改造、危旧房治理、违法建筑拆除、小城镇环境综合整治等专项行动均超额完成省政府下达的目标任务，市政道路、景观亮化、污水环卫设施建设等民生实事项目全面完成年度目标任务。

图11-4　体育路改造后实景图

11.2.1　中心城区提升攻坚行动

　　完成6条道路改造提升、6条背街小巷改造、3个入城口改造工程（图11-4）。

11.2.2　城市景观亮化工程攻坚行动

　　完成新城核心区一期、定海区新河北路、盐仓翁洲大道、岱山县长河路、蓬莱路、金塘树弄村亮化工程（图11-5、图11-6）。

图11-5　新城核心区景观亮化实景图

图11-6　新城景观亮化实景图

11.2.3　城市公园绿化绿道建设攻坚行动

新城翁浦公园、科创公园一期2个特色公园及朱家尖福兴路河边绿地等街头游园完成（图11-7～图11-10）；新增道路绿化、河岸绿化40万m²，新增新城、定海等地绿色游步道143.5km，建成珍贵彩色健康森林6500亩。

图11-7　翁浦公园实景图

图11-8　樱花公园实景图

图11-9　桥畔公园实景图

图11-10　茶山浦公园实景图

11.2.4　城市污水和环卫设施建设攻坚行动

加快污水设施建设，完成普陀山、金塘、六横、高亭、岛北污水处理厂一期提标改造；新建污水管网68.2km、修复改造污水管网198.7km。建设完成公共厕所30座（图11-11）。建设完成普陀城北中转站。实施海绵城市示范项目新城科创公园园路排水盲沟样板段工程，建设完成综合管廊6.5km。

（a）　　　　　　　　　　　　　　　　　　　（b）

图11-11　星级厕所
（a）翁浦公园星级厕所；（b）普陀山星级厕所

11.2.5　小城镇环境综合整治攻坚行动

舟山全市34个小城镇计划实施整治项目838个。截至2017年12月底，已开工646个。申报浙江省小城镇整治办验收的第一批15个小城镇，计划实施整治项目382个，已完工382个，完成年度投资计划的100%。

11.2.6　"城中村"治理改造攻坚行动

舟山全市共有城中村54个（总户数30097户、总面积465.35万m²）。截至2017年12月底，共启动改造36个，基本完成改造18个。整村拆迁的城中村共47个，已启动改造32个，基本完成16个，共完成签约13770户、拆除10122户，分别完成总任务数的48.32%和35.52%。综合整治的城中村共7个，已启动整治4个，其中完成整治2个，完成改造737户，完成总任务数的46.09%。

11.2.7　城乡危旧房治理改造攻坚行动

截至2017年5月底，已累计完成城镇C级危房治理改造9.5万m²，D级危房治理改造4.8万m²，提前1个月完成城镇危旧住宅治理改造三年行动计划任务。截至2017年7月底，完成渔农村1000户D级危房和84户涉及公共安全的C级危房治理改造工作，提前5个月完成年度目标任务。

11.2.8　老旧小区改造及农贸市场提升攻坚行动

完成定海新桥公寓等5个老旧小区改造，完成新城王家墩农贸市场、定海区东门菜场等11个农贸市场提升改造项目。

11.2.9 "三改一拆"违法建筑拆除攻坚行动

2017年全年拆除违法建筑200.43万m²，实施"三改"498.70万m²，"三改"和"一拆"完成率均突破200％。拆后土地利用率达到83.09％。浙江省"三改一拆"办已对嵊泗县创建"无违建县"、定海区和普陀区创建"基本无违建县区"工作进行了现场考核验收。

11.2.10 城市交通拥堵治理攻坚行动

已打通"断头路"13条，拓宽瓶颈路14条，新建城市道路9条。高标准推进百里滨海大道建设。积极谋划定海—新城—普陀东港城市中部通道前期研究。新增28个公共停车场，共计2673个停车泊位。

11.3 2018年攻坚行动实施效果

2018年聚焦"品质舟山"和海上花园城市建设目标和要求，全面实施"城中村"改造、旧城区改造和危旧房治理改造、"三改一拆"违法建筑拆除、小城镇环境综合整治、城市道路建设、中心城区提升、城市景观亮化工程、城市公园绿道建设、城市污水和环卫设施建设、国际社区及邻里中心建设十大攻坚行动，共20类工程、376个项目。

2018年期间，全市各级党委、政府及各相关单位认真贯彻落实新区党工委管委会和市委市政府关于建设群岛型、高品质、国际化海上花园城市的战略部署，围绕打造"最干净、最美丽城市"目标，持续深入推进海上花园城市建设攻坚行动，并基本完成了各项年度目标任务。

11.3.1 "城中村"改造攻坚行动

截至2018年12月底，基本完成城中村改造45个（图11-12、图11-13）。累计已签约23192户；已完成拆迁20383户，建筑面积292.19万m²；已完成整治4220户，建筑面积77.32万m²。

图11-12 新城老碶村（金岛路商业街）改造效果图

图11-13　新城老碶村（金岛路商业街）改造夜景效果图

11.3.2　旧城区改造和危旧房治理改造攻坚行动

老旧小区改造方面，11个老旧小区均已完成提升改造。城乡危旧房治理改造方面，舟山市开展第二次城镇房屋大排查，共计排查城镇房屋18441幢，其中需鉴定的丙类房屋898幢，已完成鉴定工作。全市新增D级危房19幢，C级危房385幢，建筑幕墙无C、D级。根据鉴定结果，全市基本建立城镇动态危房清单并基本完成城镇房屋系统的数据录入工作。提前完成农村危房治理改造工作。

11.3.3　"三改一拆"违法建筑拆除攻坚行动

舟山全市共实施"三改一拆"289.20万m²，完成目标任务的144.60%，其中城中村改造146.46万m²、旧住宅区改造117.14万m²、旧厂区改造25.60万m²；拆除违法建筑164万m²，完成目标任务的149.09%，累计拆后土地利用率达到86.88%。

11.3.4　小城镇环境综合整治攻坚行动

截至2018年12月底，舟山全市54个小城镇项目总数834个（图11-14），已开工834个，开工率100%，累计完工826个，完工率97.8%，舟山小城镇整治项目整体开工率、项目完成投资率居全省前列。

11.3.5　城市道路建设攻坚行动

城市道路建设方面，2018年舟山全市打通断头路8条、拓宽瓶颈路3条、新建城市道路8条，合计完成道路建设19条，共计9.56km；12条道路开工建设。百里滨海大道陆上道路基本贯通（图11-15～图11-18）。开展定海—新城—东港城市中部通道建设，新城大道东段（富丽道路—小干大桥接线）完成雨污水管铺设、道路开挖、塘渣填筑，累计完成总工程量的40%；普陀段完成规划方案和概念性方案设计。停车场设施建设方面，2018年完成西园新村29幢危房解危停车场、定海芙蓉弄停

车场、新城桥畔公园配套停车场、普陀鲁家峙市场配套停车场、鲁家峙北岸线公共停车泊位、金塘
沥港大桥下新建停车泊位等22处，共计1586个停车位建设。

（a）

（b）

图11-14 岱山衢山现状与愿景对比
（a）改造前；（b）改造后

图11-15 百里滨海大道效果图

图11-16 百里滨海大道实景图

图11-17 百里滨海大道绿道实景图

图11-18 百里滨海大道夜景图

11.3.6 中心城区提升攻坚行动

道路提升改造方面，完成定海昌洲大道白改黑、环城南路（环城西路—东港桥）整体提升改造、329国道沿线景观提升改造、港岛路提升改造、莲花路提升改造等7条道路年度提升改造计划。入城口改造方面，完成文化路高架桥区块提升改造、岭陀隧道北口绿化提升改造、海天大道惠民桥区域城西道路环境提升改造工程、金塘高速服务区绿化提升工程等9个入城口景观提升改造（图11-19～图11-21）。

图11-19 海天大道实景图

图11-20 港岛大桥实景图

图11-21 港岛大桥夜景图

11.3.7 城市景观亮化工程攻坚行动

完成定海电视塔景观亮化、定海入城口景观亮化、鲁家峙北岸线景观提升工程、329国道临城段高架桥亮化工程、朱家尖慈航广场（三期）景观亮化工程、金塘东堠海岸线亮化工程等12个亮化工程（图11-22）；推进滨港路、沿港路景观亮化和沙河路、东海路两侧亮化提升设计等前期工作。

图11-22　滨海商务区景观亮化实景图

11.3.8 城市公园绿道建设攻坚行动

公园建设方面，完成海之歌景观提升工程、鲁家峙文化公园、岛沁公园提升改造工程、北马峙湿地公园等8个公园建设；按年度目标任务推进定海公园提升改造、江湾公园、蓬莱公园提升改造、儿童公园等6个公园建设（图11-23、图11-24）。绿道建设方面，完成滨海大道定海段绿道10km、滨海大道新城段绿道3.5km、鲁家峙北岸线二期绿道0.8km、东港防浪堤绿道1.6km等合计23.3km；另外完成海洋产业集聚区大成十一路绿道1.5km，推进六横管委会龙山至峧头城区8.2km绿道建设，全年共完成绿道33.3km。

11.3.9 城市污水和环卫设施建设攻坚行动

城镇生活污水处理设施和管网建设方面，2018年已新建污水管网51.10km，修复改造污水管网64.28km；完成岛北污水处理厂扩容主体建设和主要设备安装；推进舟山市污水处理中心及相关配套项目（一期）工程。城市环卫设施建设方面，东港一期垃圾中转站改造、岱山衢山垃圾中转站、嵊泗县垃圾外运中转站、新城甬东垃圾中转站建设完成；完成定海青岭环卫综合服务中心总工程量的22%。新建20座公共厕所，改建100座公共厕所均按计划建设完成，圆满完成本年度公共厕所革命。

图11-23　新城儿童公园效果图

图11-24　普陀江湾船厂效果图

11.3.10　国际社区及邻里中心建设攻坚行动

国际社区建设方面，定海蓝郡国际打造国际社区（图11-25），招商5个品牌，一期招商整体完成；普陀东港浙能蓝园增设双语标识标牌，已完成涉外社工岗，设立文康社区警务室开展了"外籍人士贴心服务站"；内湖商圈完成双语标识建设打造国际街区，浙江自贸区普陀国际进口商品中心累计引进企业153家（图11-26），打造完成银港街精品示范街；新城长峙岛国际社区、国际学校（图11-27）已建设完成；世界海岛大会永久会址落户朱家尖（图11-28）；自贸金融中心大厦筹建（图11-29）。邻里中心建设方面，东港台贸商场幸福会所、菜园镇金平渔业综合服务中心、新港邻里中心一期、浦西邻里中心、金塘西堠邻里中心等6幢均已完成建设任务或已投入使用。

图11-25　长峙岛国际社区

图11-26　普陀内湖商圈

图11-27 育华国际学校实景图

图11-28 世界海岛大会永久会址实景图

图11-29 自贸金融中心大厦效果图

附录

附录1 海上花园城建设评价指标权重计算过程

1. 评价指标体系的构建——层次结构模型

根据AHP中递阶式层次结构模型建立的原则，构建出海上花园城建设评价的特色指标体系框架，该框架在参考目标层、准则层和指标层结构的基础上有所延伸，共分为A、B、C、D四个层次，见附表1-1。

海上花园城建设评价指标体系   附表1-1

目标层（A）	维度层（B）	领域层（C）	指标层（D）
A 海上花园城建设评价的特色指标体系	B₁ 生态和谐的绿色城市	C₁ 优越的自然生态本底	D_1城市蓝绿空间占比（%）
			D_2全年空气质量优良天数占比（%）
			D_3城市森林覆盖率（%）
			D_4近岸海域水质优良比例（%）
			D_5海岛永久自然生态岸线占比（%）
		C₂ 绿色低碳的城市建成环境	D_6建成区绿化覆盖率（%）
			D_7城市林荫路推广率（%）
			D_8新建建筑中绿色建筑占比（%）
			D_9建成区海绵城市达标覆盖率（%）
		C₃ 先进的环保管理机制	D_{10}生态空间修复率（%）
			D_{11}生活垃圾回收利用率（%）
			D_{12}再生水利用率（%）
			D_{13}街道清洁度（%）
			D_{14}生态环境质量公众满意度（分）
	B₂ 以人民为中心的共享城市	C₄ 高安全感城市	D_{15}城市"天眼"设施覆盖密度（个/km²）
			D_{16}人均应急避难场所面积（m²）
			D_{17}食品安全检测抽检合格率100%的农贸市场占比（%）
			D_{18}危险化工类设施占比（%）

续表

目标层（A）	维度层（B）	领域层（C）	指标层（D）
A 海上花园城建设评价的特色指标体系	B₂ 以人民为中心的共享城市	C₅ 美好品质生活城市	D₁₉15min社区生活圈覆盖率（%）
			D₂₀居民工作平均单向通勤时间（min）
			D₂₁城市保障房占本市住宅总量比例（%）
		C₆ 步行＋公交都市	D₂₂非工业区支路网密度（km/km²）
			D₂₃城市专用人行道、自行车道密度指数（km/km²）
			D₂₄城市公共交通出行比例（%）
			D₂₅公交站点300m服务半径覆盖率（%）
			D₂₆岛际联系便捷度（%）
		C₇健康休闲城市	D₂₇万人拥有城市公园指数（个）
			D₂₈骨干绿道长度（km）
			D₂₉400m²以上绿地、广场等公共空间5min步行可达覆盖率（%）
			D₃₀步行15min通山达海的居住小区占比（%）
			D₃₁建成区活力品质街道密度（km/km²）
			D₃₂人均体育场地面积（m²）
			D₃₃国际知名商业品牌指数（家/万人）
			D₃₄人均拥有3A及以上景区面积（m²）
	B₃ 多元包容的开放城市	C₈ 包容性高质量增长	D₃₅人均GDP（万美元）
			D₃₆城乡常住居民人均可支配收入（万元）
			D₃₇城乡收入比
			D₃₈基尼系数
		C₉ 国际化开放门户	D₃₉与"一带一路"沿线国家的贸易额年均增长率（%）
			D₄₀海洋大宗商品贸易额占全国比重（%）
			D₄₁人均年实际利用外资规模（美元）
			D₄₂世界500强企业落户数（家）
			D₄₃境外客运航线数量（条）
		C₁₀ 多元海洋经济体系	D₄₄海洋经济增加值占GDP比重（%）
			D₄₅海洋新兴产业增加值占GDP比重（%）
			D₄₆海洋金融业增加值占GDP比重（%）
			D₄₇海洋物流指数（万t）
			D₄₈海洋旅游指数：年旅游收入、人均旅游消费水平（亿元、元）
	B₄ 独具人文特色的和善城市	C₁₁ 高历史传承度	D₄₉城市非物质文化遗产数量（项）
			D₅₀万人拥有历史文化风貌保护区面积（ha）
			D₅₁市区特色海岛渔农村打造数量（个）
		C₁₂ 高人文交往度	D₅₂国际友好城市数量（个）
			D₅₃年境外游客接待量（万人次）
			D₅₄年国际、国家级体育赛事、节庆活动、会议会展数量（次）
			D₅₅市民注册志愿者占常住人口比例（%）

续表

目标层（A）	维度层（B）	领域层（C）	指标层（D）
A 海上花园城建设评价的特色指标体系	B₄ 独具人文特色的和善城市	C₁₃ 高设施友好度	D₅₆公共场所无障碍设施普及率（%）
			D₅₇公交双语率（%）
			D₅₈每10万人拥有公共文化设施数量（个）
			D₅₉和善社区创建率（%）
	B₅ 永续发展的智慧城市	C₁₄ 海洋科创中心城市	D₆₀全社会研究与试验发展经费支出占GDP比重（%）
			D₆₁海洋科技基金规模（亿元）
			D₆₂国省级海洋科技实验室数量（家）
			D₆₃人均双创空间建筑面积（m²）
			D₆₄海洋科技成果应用率（%）
			D₆₅海洋科技专利占全国比例（%）
		C₁₅ 海洋创新人才基地	D₆₆每万人海洋科技类高端人才拥有量（人）
			D₆₇每万名劳动人口中研发人员数（人）
		C₁₆ 智慧管理示范城市	D₆₈5G网络覆盖率（%）
			D₆₉是否建成海洋城市智慧大脑
			D₇₀智慧景区占比（%）

2. 结合德尔菲专家法构造判断矩阵

（1）专家调查问卷说明

为了构建科学的判断矩阵，我们结合德尔菲专家法设置了《舟山海上花园城创新性建设指标相对重要性专家打分表》，并发放给专家学者进行数据收集，此问卷表格包括指标概览、打分表释义、各层次打分表格三部分内容，其中列举了22个评分表格，包含5个维度、16个领域、72个指标之间的分层次两两比较的内容。

本次问卷调查的对象包含人文地理、城市规划等专家，既有理论研究学者，也有规划的实务人员。我们选取浙江大学、浙江工业大学相关专家与学者、城市规划从业者、旅游规划从业者、政府部门工作者等进行了问卷调查。发放专家调查问卷14份，收回12份，有效问卷10份，有效回收率71.4%。

（2）构造判断矩阵

在对有效问卷的处理方面，我们首先依据受访团队成员对海上花园城建设的敏感程度和理解程度，将评价小组分为三类，对其评价意见给予不同的重要等级，权重值见附表1-2。

专家成员权重分配表　　　　　　　　　　　　　　　　附表1-2

专家类别	专家人数	权重值／人	说明
Ⅰ	2	0.25	①专家说明
Ⅱ	3	0.10	Ⅰ类：指城市相关的理论研究学者
Ⅲ	5	0.04	Ⅱ类：从事城市、旅游、景观等规划的专业人士 Ⅲ类：相关行业政府部门从业人员
合计	10	—	②重要程度说明 Ⅰ类＞Ⅱ类＞Ⅲ类

根据收回的问卷进行数据整合与处理，对专家小组按照AHP模型，采用1~9比例标度法对体系中各层次、各指标进行两两相对重要性的比较，按照上述权重赋值进行加权平均计算，分别得出B维度层、C领域层、D指标层中各指标的相对重要性，形成最终的A–B、B–C、C–D判断矩阵（附表1–3~附表1–5）。

A–B的判断矩阵　　　　　　　　　　　　　　　　　　　　附表1–3

A 海上花园城	B₁ 生态维度	B₂ 社会维度	B₃ 经济维度	B₄ 人文维度	B₅ 科技维度
B₁生态维度	1	0.7250	1.5000	1.5000	1.5000
B₂社会维度	1.3793	1	1.9000	1.8000	1.8000
B₃经济维度	0.6667	0.5263	1	1.2000	1.2000
B₄人文维度	0.6667	0.5556	0.8333	1	1.0000
B₅科技维度	0.6667	0.5556	0.8333	1.0000	1

B₁–C的判断矩阵　　　　　　　　　　　　　　　　　　　　附表1–4

B₁ 生态维度	C₁ 优越的自然生态本底	C₂ 绿色低碳的城市建成环境	C₃ 先进的环保管理机制
C₁优越的自然生态本底	1	1.8000	1.8000
C₂绿色低碳的城市建成环境	0.5556	1	0.9000
C₃先进的环保管理机制	0.5556	1.1111	1

依此类推得到领域层（C）相对于维度层（B）的5个判断矩阵为：

$$B_1-C=\begin{bmatrix} 1 & 1.8000 & 1.8000 \\ 0.5556 & 1 & 0.9000 \\ 0.5556 & 1.1111 & 1 \end{bmatrix} \quad B_2-C=\begin{bmatrix} 1 & 0.9000 & 0.7800 & 0.6500 \\ 1.1111 & 1 & 0.8500 & 0.5800 \\ 1.2821 & 1.1765 & 1 & 0.5400 \\ 1.5385 & 1.7241 & 1.8519 & 1 \end{bmatrix}$$

$$B_3-C=\begin{bmatrix} 1 & 0.5000 & 0.8000 \\ 2.0000 & 1 & 0.8500 \\ 1.2500 & 1.1765 & 1 \end{bmatrix} \quad B_4-C=\begin{bmatrix} 1 & 0.5167 & 0.5667 \\ 1.9335 & 1 & 1.2000 \\ 1.7647 & 0.8333 & 1 \end{bmatrix} \quad B_5-C=\begin{bmatrix} 1 & 3.7000 & 2.3000 \\ 0.2703 & 1 & 1.1500 \\ 0.4348 & 0.8696 & 1 \end{bmatrix}$$

C₁–D 的判断矩阵　　　　　　　　　　　　　　　　　　　　附表1–5

C₁ 优越的自然生态本底	D₁ 城市蓝绿空间占比	D₂ 全年空气质量优良天数占比	D₃ 城市森林覆盖率	D₄ 近岸海域水质优良比例	D₅ 海岛永久自然生态岸线占比
D₁城市蓝绿空间占比	1	1.0000	0.7000	0.5100	1.7000
D₂全年空气质量优良天数占比	1.0000	1	0.7000	1.4000	1.7000
D₃城市森林覆盖率	1.4286	1.4286	1	0.4200	2.0000
D₄近岸海域水质优良比例	1.9608	0.7143	2.3810	1	2.0500
D₅海岛永久自然生态岸线占比	0.5882	0.5882	0.5000	0.4878	1

依此类推得到指标层（D）相对于领域层（C）的16个判断矩阵为：

$$C_1-D = \begin{bmatrix} 1 & 1.0000 & 0.7000 & 0.5100 & 1.7000 \\ 1.0000 & 1 & 0.7000 & 1.4000 & 1.7000 \\ 1.4286 & 1.4286 & 1 & 0.4200 & 2.0000 \\ 1.9608 & 0.7143 & 2.3810 & 1 & 2.0500 \\ 0.5882 & 0.5882 & 0.5000 & 0.4878 & 1 \end{bmatrix} \quad C_2-D = \begin{bmatrix} 1 & 2.3500 & 2.9000 & 1.9500 \\ 0.4255 & 1 & 2.6000 & 1.2000 \\ 0.3448 & 0.3846 & 1 & 0.8000 \\ 0.5128 & 0.8333 & 1.2500 & 1 \end{bmatrix}$$

$$C_3-D = \begin{bmatrix} 1 & 0.7000 & 0.7500 & 1.0667 & 0.8000 \\ 1.4286 & 1 & 1.3000 & 1.6667 & 1.6000 \\ 1.3333 & 0.7692 & 1 & 1.3667 & 1.3000 \\ 0.9375 & 0.6000 & 0.7317 & 1 & 0.8667 \\ 1.2500 & 0.6250 & 0.7692 & 1.1538 & 1 \end{bmatrix} \quad C_4-D = \begin{bmatrix} 1 & 1.2000 & 1.1000 & 0.9500 \\ 0.8333 & 1 & 0.8000 & 0.9000 \\ 0.9091 & 1.2500 & 1 & 0.9000 \\ 1.2500 & 1.1111 & 1.1111 & 1 \end{bmatrix}$$

$$C_5-D = \begin{bmatrix} 1 & 2.2200 & 4.0000 \\ 0.4505 & 1 & 1.5000 \\ 0.2500 & 0.6667 & 1 \end{bmatrix} \quad C_6-D = \begin{bmatrix} 1 & 1.0000 & 1.8000 & 1.1000 & 2.5000 \\ 1.0000 & 1 & 1.3000 & 1.8000 & 2.5000 \\ 0.5556 & 0.7692 & 1 & 1.3000 & 2.0000 \\ 0.9091 & 0.5556 & 0.7692 & 1 & 1.6000 \\ 0.4000 & 0.4000 & 0.5000 & 0.6250 & 1 \end{bmatrix}$$

$$C_7-D = \begin{bmatrix} 1 & 1.5000 & 0.9000 & 0.4000 & 2.0000 & 2.5000 & 2.8000 & 2.0000 \\ 0.6667 & 1 & 0.8000 & 0.8000 & 0.4000 & 1.0000 & 2.0000 & 0.8000 \\ 1.1111 & 1.2500 & 1 & 1.0000 & 1.8000 & 1.2000 & 2.8000 & 1.8000 \\ 2.5000 & 1.2500 & 1.0000 & 1 & 1.8000 & 1.8000 & 2.0000 & 1.8000 \\ 0.5000 & 2.5000 & 0.5556 & 0.5556 & 1 & 2.0000 & 3.0000 & 0.8000 \\ 0.4000 & 1.0000 & 0.8333 & 0.5556 & 0.5000 & 1 & 1.1000 & 0.6000 \\ 0.3571 & 0.5000 & 0.3571 & 0.5000 & 0.3333 & 0.9091 & 1 & 0.5000 \\ 0.5000 & 1.2500 & 0.5556 & 0.5550 & 1.2500 & 1.6667 & 2.0000 & 1 \end{bmatrix}$$

$$C_8-D = \begin{bmatrix} 1 & 1.0000 & 1.2000 & 1.2000 \\ 1.0000 & 1 & 1.2000 & 1.2000 \\ 0.8333 & 0.8333 & 1 & 1.2000 \\ 0.8333 & 0.8333 & 0.8333 & 1 \end{bmatrix} \quad C_9-D = \begin{bmatrix} 1 & 0.8000 & 1.2000 & 2.5000 & 1.1667 \\ 1.2500 & 1 & 1.7000 & 3.0000 & 1.6000 \\ 0.8333 & 0.5882 & 1 & 3.0000 & 0.8000 \\ 0.4000 & 0.3333 & 0.3333 & 1 & 0.3000 \\ 0.8571 & 0.6250 & 1.2500 & 3.3333 & 1 \end{bmatrix}$$

$$C_{10}-D = \begin{bmatrix} 1 & 0.8000 & 1.0000 & 1.0500 & 1.0500 \\ 1.2500 & 1 & 1.2000 & 1.2000 & 1.2000 \\ 1.0000 & 0.8333 & 1 & 1.3000 & 1.2000 \\ 0.9524 & 0.8333 & 0.7692 & 1 & 1.0000 \\ 0.9524 & 0.8333 & 0.8333 & 1.0000 & 1 \end{bmatrix} \quad C_{11}-D = \begin{bmatrix} 1 & 0.7500 & 0.6500 \\ 1.3333 & 1 & 0.5000 \\ 1.5385 & 2.0000 & 1 \end{bmatrix}$$

$$C_{12}-D = \begin{bmatrix} 1 & 3.2000 & 2.6600 & 0.7000 \\ 0.3125 & 1 & 0.7429 & 0.5600 \\ 0.3759 & 1.3462 & 1 & 1.4000 \\ 1.4286 & 1.7857 & 0.7143 & 1 \end{bmatrix} \quad C_{13}-D = \begin{bmatrix} 1 & 1.9000 & 0.7000 & 1.7000 \\ 0.5263 & 1 & 0.3667 & 0.7000 \\ 1.4286 & 2.7273 & 1 & 3.0000 \\ 0.5882 & 1.4286 & 0.3333 & 1 \end{bmatrix}$$

$$C_{14}-D = \begin{bmatrix} 1 & 0.7000 & 0.8000 & 0.6000 & 1.0000 & 1.8000 \\ 1.4286 & 1 & 0.8000 & 10.8000 & 1.3000 & 1.9000 \\ 1.2500 & 1.2500 & 1 & 1.2000 & 2.8000 & 2.3000 \\ 1.6667 & 1.2500 & 0.8333 & 1 & 2.0000 & 1.5000 \\ 1.0000 & 0.7692 & 0.3571 & 0.5000 & 1 & 2.5000 \\ 0.5556 & 0.5263 & 0.4348 & 0.6667 & 0.4000 & 1 \end{bmatrix}$$

$$C_{15}-D = \begin{bmatrix} 1 & 2.0000 \\ 0.5000 & 1 \end{bmatrix} \quad C_{16}-D = \begin{bmatrix} 1 & 1.0000 & 0.7000 \\ 1.0000 & 1 & 0.8000 \\ 1.4286 & 1.2500 & 1 \end{bmatrix}$$

3．权重计算及一致性检验

下面以A–B判断矩阵为例进行权重计算及一致性检验。

（1）权重计算

根据加权平均权重以及公式进行A–B（维度层相对于目标层）判断矩阵的权重计算，结果见附表1–6。

A–B判断矩阵权重计算结果 附表1-6

A 海上花园城	B_1 生态维度	B_2 社会维度	B_3 经济维度	B_4 人文维度	B_5 科技维度	M_i 各元素乘积	V_i 乘积的 n 次方根	W_i 权重
B_1生态维度	1	0.7250	1.5000	1.5000	1.5000	2.4468	1.1959	0.2303
B_2社会维度	1.3793	1	1.9000	1.8000	1.8000	8.4910	1.5338	0.2970
B_3经济维度	0.6667	0.5263	1	1.2000	1.2000	0.5052	0.8723	0.1667
B_4人文维度	0.6667	0.5556	0.8333	1	1.000	0.3086	0.7904	0.1531
B_5科技维度	0.6667	0.5556	0.8333	1.000	1	0.3086	0.7904	0.1529

如附表1-6所示，要计算W_{b1}的权重，首先要计算B_1各行乘积$＝B_{11}\cdot B_{12}\cdot B_{13}\cdot B_{14}\cdot B_{15}$得到2.4468，再计算乘积的$n$次方根即5次方根得到$V_1＝1.1959$，用以上方法得到其他四个维度的数值，相加得到总数$V＝V_1＋V_2＋V_3＋V_4＋V_5＝5.1828$，最后用$V_1/V$得到$B_1$的权重值为0.2303。依此类推，可以计算出其他各维度在目标层中、各领域在维度层中、各指标在领域层中的权重值。

（2）单层次权重排序及一致性检验

以附表1-6的A–B判断矩阵为例，通过计算得到A–B判断矩阵的最大特征根$\lambda_{\max}＝5.0080$，$n＝5$，根据附表1-7相应的$RI＝1.12$。根据公式$CI＝(\lambda_{\max}-n)/(n-1)$计算出$CI$值为0.0020，根据公式$CR＝CI/RI$计算出$CR＝0.0018<0.1$，符合一致性要求。同理可得到其他B–C、C–D判断矩阵的检测结果，见附表1-7。

各判断矩阵层次单排序结果 附表1-7

判断矩阵	指标权重 W	一次性检验			
		$\lambda_{\max}$	CI	RI	CR
$A:B_1 \sim B_5$	0.2303，0.2970，0.1667，0.1531，0.1529	5.0080	0.0020	1.12	0.0018
$B_1:C_1 \sim C_3$	0.4720，0.2510，0.2770	3.0010	0.0006	0.52	0.0012
$B_2:C_4 \sim C_7$	0.1970，0.2040，0.2330，0.3660	4.0180	0.0060	0.89	0.0067
$B_3:C_8 \sim C_{10}$	0.2448，0.3851，0.3701	3.0446	0.0223	0.52	0.0429
$B_4:C_{11} \sim C_{13}$	0.2123，0.4239，0.3638	3.0009	0.0004	0.52	0.0008
$B_5:C_{14} \sim C_{16}$	0.5925，0.1916，0.2158	3.0422	0.0210	0.52	0.0404
$C_1:D_1 \sim D_5$	0.1748，0.2134，0.2134，0.2861，0.1122	5.2070	0.0517	1.12	0.0462
$C_2:D_6 \sim D_9$	0.4325，0.2457，0.1298，0.1920	4.0644	0.0214	0.89	0.0240
$C_3:D_{10} \sim D_{14}$	0.1677，0.2696，0.2210，0.1598，0.1818	5.0099	0.0025	1.12	0.0022
$C_4:D_{15} \sim D_{18}$	0.2649，0.2188，02444，0.2718	4.0536	0.0179	0.89	0.0201
$C_5:D_{19} \sim D_{21}$	0.5941，02508，0.1551	3.0037	0.0019	0.52	0.0037
$C_6:D_{22} \sim D_{26}$	0.2601，0.2688，0.1980，0.1705，0.1026	5.0484	0.0121	1.12	0.0108
$C_7:D_{27} \sim D_{34}$	0.1527，0.1132，0.1619，0.1628，0.1408，0.1113，0.0313，0.1260	8.3987	0.0570	1.41	0.0404
$C_8:D_{35} \sim D_{38}$	0.2721，0.2721，0.2377，0.2181	4.0042	0.0014	0.89	0.0016
$C_9:D_{39} \sim D_{43}$	0.2212，0.3022，0.1885，0.0701，0.2181	5.0406	0.0105	1.12	0.0094
$C_{10}:D_{44} \sim D_{48}$	0.1977，0.2334，0.2123，0.1848，0.1718	5.0076	0.0019	1.12	0.0017
$C_{11}:D_{49} \sim D_{51}$	0.2554，0.2800，0.4646	3.0337	0.0169	0.52	0.0325

续表

判断矩阵	指标权重 W	一次性检验			
		λ_{max}	CI	RI	CR
$C_{12}:D_{52} \sim D_{55}$	0.3683, 0.1418, 0.2157, 0.2743	4.2616	0.0872	0.89	0.0980
$C_{13}:D_{56} \sim D_{59}$	0.2783, 0.1382, 0.4183, 0.1652	4.0194	0.0064	0.89	0.0072
$C_{14}:D_{60} \sim D_{65}$	0.1413, 0.1865, 0.2318, 0.1998, 0.1336, 0.1071	6.1324	0.0265	1.26	0.0210
$C_{15}:D_{66} \sim D_{67}$	0.6109, 0.3891	2.0288	0.0288	1.00	0.0288
$C_{16}:D_{68} \sim D_{70}$	0.2909, 0.3030, 0.4061	3.0020	0.0010	0.52	0.0019

由附表1-7可知，各层次判断矩阵的一致性比例 CR 值均小于0.1，在单层次的角度满足一致性检验要求。

（3）总层次权重排序及一致性检验

在获得了同层各要素之间的相对重要程度即权重值后，还需要核对各级因素相对于总目标的组合权重。

进行总的指标一致性检验，就是把所有指标放在总目标里来判断是否满足一致性要求，即D层指标在B层维度里是否也满足一致性，因此需要获取D层相对于B层的 CI 值与 RI 值。B_1 生态维度、B_2 社会维度、B_3 经济维度、B_4 人文维度、B_5 科技维度分别包含14、20、14、11、11个指标，相对应的 RI 值分别为1.58、1.63、1.58、1.52和1.52。根据公式计算得出指标层（D）相对于维度层（B）的一致性比例分别为 $CR（B_1）=0.0131$，$CR（B_2）=0.0145$，$CR（B_3）=0.0147$，$CR（B_4）=0.0567$，$CR（B_5）=0.0025$，结合已获取的维度层权重分别为0.2303、0.2970、0.1667、0.1531、0.1529。根据 $CR=CI/RI$ 的原则，总的一致性比例计算为：

$$CR_{总}=\frac{0.2303\times0.0131+0.2970\times0.0145+0.1667\times0.0147+0.1531\times0.0567+0.1529\times0.0025}{0.2303\times1.58+0.2970\times1.63+0.1667\times1.58+0.1531\times1.52+0.1529\times1.52}$$

$$=0.01195$$

由以上计算可知，判断矩阵总层次的一致性比例 $CR_{总}=0.011950.1$，满足一致性检验的要求。

附录 2　舟山创建海上花园城市指标体系责任分工表（附表 2-1）

舟山创建海上花园城市指标体系责任分工表　　　　　附表2-1

目标	领域	序号	具体指标	责任单位
生态和谐的绿色城市	优越的自然生态本底	1	城市蓝绿空间占比（%）	舟山市住房和城乡建设局
		2	全年空气质量优良天数占比（%）	市环保局
		3	城市森林覆盖率（%）	舟山市自然资源和规划局
		4	近岸海域水质优良比例（%）	市环保局、舟山市海洋与渔业局
		5	海岛永久自然生态岸线占比（%）	市环保局、舟山市海洋与渔业局
	绿色低碳的城市建成环境	6	建成区绿化覆盖率（%）	舟山市住房和城乡建设局
		7	城市林荫路推广率（%）	舟山市住房和城乡建设局、舟山市城市管理局
		8	新建建筑中绿色建筑占比（%）	舟山市住房和城乡建设局、市环保局
		9	建成区海绵城市达标覆盖率（%）	舟山市住房和城乡建设局
	先进的环保管理机制	10	生态空间修复率（%）	市国土资源局、市环保局、舟山市五水共治办公室
		11	生活垃圾回收利用率（%）	舟山市城市管理局
		12	再生水利用率（%）	舟山市水利局
		13	街道清洁度（%）	舟山市城市管理局
		14	生态环境质量公众满意度（分）	市环保局
以人民为中心的共享城市	高安全感城市	15	城市"天眼"设施覆盖密度（个/km²）	舟山市公安局
		16	人均应急避难场所面积（m²）	舟山市住房和城乡建设局、舟山市民防局
		17	食品安全检测抽检合格率100%的农贸市场占比（%）	舟山市市场监督管理局
		18	危险化工类设施占比（%）	舟山市应急管理局、市环保局
	美好品质生活城市	19	15min社区生活圈覆盖率（%）	舟山市住房和城乡建设局、舟山市教育局、舟山市卫生健康委员会、舟山市文化和广电旅游体育局
		20	居民工作平均单向通勤时间（min）	舟山市交通运输局
		21	城市保障房占本市住宅总量比例（%）	舟山市住房和城乡建设局
	步行＋公交都市	22	非工业区支路网密度（km/km²）	舟山市住房和城乡建设局
		23	城市专用人行道、自行车道密度指数（km/km²）	舟山市住房和城乡建设局
		24	城市公共交通出行比例（%）	舟山市交通运输局/舟山市公共交通有限责任公司
		25	公交站点300m服务半径覆盖率（%）	舟山市交通运输局/舟山市公共交通有限责任公司
		26	岛际联系便捷度（%）	舟山市交通运输局
	健康休闲城市	27	万人拥有城市公园指数（个）	舟山市住房和城乡建设局
		28	骨干绿道长度（km）	舟山市住房和城乡建设局、舟山市交通运输局
		29	400m²以上绿地、广场等公共空间5min步行可达覆盖率（%）	舟山市城市管理局、舟山市住房和城乡建设局
		30	步行15min通山达海的居住小区占比（%）	舟山市住房和城乡建设局

续表

目标	领域	序号	具体指标	责任单位
以人民为中心的共享城市	健康休闲城市	31	建成区活力品质街道密度（km/km²）	舟山市住房和城乡建设局
		32	人均体育场地面积（m²）	市文广新局
		33	国际知名商业品牌指数（家/万人）	舟山市招商局
		34	人均拥有3A及以上景区面积（m²）	舟山市住房和城乡建设局、舟山市城市管理局
多元包容的开放城市	包容性高质量增长	35	人均GDP（万美元）	舟山市发展和改革委员会
		36	城乡常住居民人均可支配收入（万元）	
		37	城乡收入比	
		38	基尼系数	
	国际化开放门户	39	与"一带一路"沿线国家的贸易额年均增长率（%）	舟山市自贸办
		40	海洋大宗商品贸易额占全国比重（%）	舟山市自贸办、舟山市商务局
		41	人均年实际利用外资规模（美元）	舟山市招商局
		42	世界500强企业落户数（家）	舟山市招商局
		43	境外客运航线数量（条）	舟山市港航和口岸管理局
	多元海洋经济体系	44	海洋经济增加值占GDP比重（%）	舟山市自贸办
		45	海洋新兴产业增加值占GDP比重（%）	市发改委、海洋产业集聚区管委会
		46	海洋金融业增加值占GDP比重（%）	舟山市经济和信息化局
		47	海洋物流指数（万t）	舟山市港航和口岸管理局
		48	海洋旅游指数：年旅游收入、人均旅游消费水平（亿元、元）	舟山市文化和广电旅游体育局
独具人文特色的和善城市	高历史传承度	49	城市非物质文化遗产数量（项）	舟山市农业农村局
		50	万人拥有城市历史文化风貌保护区面积（ha）	舟山市住房和城乡建设局、舟山市文化和广电旅游体育局
		51	市区特色海岛渔农村打造数量（个）	舟山市文化和广电旅游体育局
	高人文交往度	52	国际友好城市数量（个）	舟山市委宣传部
		53	年境外游客接待量（万人次）	舟山市文化和广电旅游体育局
		54	年国际、国家级体育赛事、节庆活动、会议会展数量（次）	市文广局、舟山市文化和广电旅游体育局
		55	市民注册志愿者占常住人口比例（%）	舟山市人力资源和社会保障局
	高设施友好度	56	公共场所无障碍设施普及率（%）	舟山市住房和城乡建设局、市旅委、舟山市残疾人联合会
		57	公交双语率（%）	舟山市公共交通有限责任公司
		58	每10万人拥有公共文化设施数量（个）	舟山市文化和广电旅游体育局
		59	和善社区创建率（%）	舟山市民政局
永续发展的智慧城市	海洋科创中心城市	60	全社会研究与试验发展经费支出占GDP比重（%）	舟山市科学技术局
		61	海洋科技基金规模（亿元）	
		62	国省级海洋科技实验室数量（家）	

续表

目标	领域	序号	具体指标	责任单位
永续发展的智慧城市	海洋科创中心城市	63	人均双创空间建筑面积（m²）	舟山市科学技术局
		64	海洋科技成果应用率（%）	
		65	海洋科技专利占全国比例（%）	
	海洋创新人才基地	66	每万人海洋科技类高端人才拥有量（人）	舟山市科学技术局、舟山市人力资源和社会保障局
		67	每万名劳动人口中研发人员数（人）	
	智慧管理示范城市	68	5G网络覆盖率（%）	舟山市经济和信息化局
		69	是否建成海洋城市智慧大脑	
		70	智慧景区占比（%）	舟山市文化和广电旅游体育局

参考文献

[1] 李刚，王斌，刘筱慧. 国民幸福指数测算方法研究[J]. 东北大学学报（社会科学版），2015，17（4）：376–383.

[2] 张宏亮，肖振东. 基于AHP的公共环境投资项目效益审计评价指标体系的构建[J]. 审计研究，2007（1）：30–36.

[3] 刘凌. 基于AHP的粮食安全评价指标体系研究[J]. 生产力研究，2007（15）：58–60.

[4] 朱介鸣. 基于市场机制的规划实施——新加坡花园城市建设对中国城市存量规划的启示[J]. 城市规划，2017（4）：98–101.

[5] 任登峰，郑林. 关于和谐花园城市建设的理论探讨[J]. 国土与自然资源研究，2005（4）：25–27.

[6] 朱介鸣. 市场经济下城市规划引导市场开发的经营[J]. 城市规划学刊，2004（6）：11–15.

[7] 丁新军，阚维民. 后工业时代的英国"新花园城市"：肯特郡埃布斯弗利特规划分析[J]. 国际城市规划，2017，32（2）：142–146.

[8] 史斌. 城市新区规划设计探析——以浙江舟山群岛新区为例[J]. 城市建设理论研究（电子版），2013（16）.

[9] 赵建平. 生态城市理论与实例研究——以西递镇总体规划为例[D]. 保定：河北农业大学，2007.

[10] 张超. 美丽厦门建设背景下后房溪滨海小流域综合治理模式探究[D]. 厦门：国家海洋局第三海洋研究所，2015.

[11] 刘畅. 城市设计视角下我国花园城市规划策略研究[D]. 天津：天津大学，2014.

[12] 陈濛. 海岛生态带规划方法及舟山实例研究[D]. 杭州：浙江大学，2014.

[13] 郑泽爽. "墨尔本2050"发展计划及启示[J]. 规划师，2015，31（8）：132–138.

[14] 陈志梅. 美丽厦门战略规划背景下小嶝岛和谐开发模式探究[D]. 厦门：国家海洋局第三海洋研究所，2014.

[15] 曲涛. 青岛与济南的生态城市建设对比研究[D]. 青岛：青岛大学，2009.

[16] 施连江. 厦门市武术馆现状及发展对策研究[D]. 厦门：集美大学，2015.

[17] 查荣新. 东台城市生态建设研究[D]. 苏州：苏州大学，2007.

[18] 卢一华. 文化体验型绿道模式探索——以礼佛亲海绿道为例[C]//中国城市规划学会. 城市时代，协同规划——2013中国城市规划年会论文集（04-风景旅游规划），2013.

[19] 赵建强. 城市旅游产业竞争力研究——以环渤海四城市为例[D]. 北京：中国人民大学，2006.

[20] 何大华. 长株潭区域经济可持续发展研究[D]. 南京：河海大学，2006.

[21] 汪维勇. 突出城市个性 彰显文化底蕴——刍议园林艺术在花园城市建设中的走向[J]. 农林经济管理学报，2004，3（4）：127–130.

[22]　薛蓉莉. 我国生态文明与生态城市建设研究[D]. 成都：成都理工大学，2006.

[23]　杨柳. 绥芬河生态市建设规划研究[D]. 哈尔滨：东北林业大学，2009.

[24]　庞荣. 重庆市三峡库区生态城市化研究[D]. 重庆：西南师范大学，2004.

[25]　张彦民. 关于吉林省松原市生态市建设的研究[D]. 北京：中国农业科学院，2007.

[26]　王德强，于振伟. 大型科学仪器资源调查与开放共享研究[J]. 中国新技术新产品，2018（4）：126–129.

[27]　龚道孝，王纯，徐一剑，等. 生态城市指标体系构建技术方法及案例研究——以潍坊滨海生态城为例[J]. 城市发展研究，2011（6）：44–48.

[28]　程雪林. 基于宜居住生态城市理念的天津滨海新区建设研究[D]. 天津：天津大学，2007.

[29]　梁东，罗旖旎，王哲. 基于“田园城市”理论的现代城市规划探析——以西咸新区为例[J]. 城市建设理论研究（电子版），2012（21）.

[30]　焦涛. 以城市标识系统设计建立城市特色形象[J]. 山西经济管理干部学院学报，2010（2）：95–98.

[31]　张文斌. 邢台市城市空间发展战略规划研究[D]. 保定：河北农业大学，2006.

[32]　郑德高，陈勇，王婷婷. 舟山群岛国家新区发展战略中的“央、地”利益权衡分析[J]. 城市规划学刊，2012（S1）：1–5.

[33]　于明言. 青岛市城阳区生态城市建设研究[D]. 杭州：浙江大学，2006.

[34]　黄立群. 基于共生型国际秩序的中国—东盟命运共同体研究[D]. 南宁：广西大学，2016.

[35]　林上军. 舟山：以国家战略为起点通江达海[J]. 今日浙江，2017（9）：72–73.

[36]　张云彬. 环境友好型城市人居环境规划与管理研究[D]. 上海：同济大学，2009.

[37]　文宁. 河南节约型建筑的领跑者——新乡市“国家可再生能源建筑示范城市”称号探源[J]. 中州建设，2012（21）：19–21.

[38]　李化. 基于自然—经济—社会复合系统的城市生态规划[D]. 成都：四川大学，2006.

[39]　王洁宁. 生态园林城市解析[D]. 南京：南京林业大学，2006.

[40]　董智勇. 中国循环型城市发展探讨[D]. 呼和浩特：内蒙古工业大学，2005.

[41]　汤勇，岑巍. 舟山群岛新区的无线发展“蓝图”[J]. 上海信息化，2013（8）：44–47.

[42]　米玛. 西藏拉萨市生态城市建设研究[D]. 天津：天津大学，2009.

[43]　江灶发. 城市生态建设与可持续发展[J]. 江西林业科技，2004（4）：55–57.

[44]　朱兴平. 生态城市系统模型的建立与应用研究[D]. 南京：南京大学，2004.

[45]　姜冰. “生态城市”建设初探——一条可持续发展之路[D]. 大连：东北财经大学，2003.

[46]　聚力共建：打造城市核心景观[J]. 宁波经济：财经视点，2015（9）：26–27.

[47]　白海林. 发展城市森林建设美好家园——新乡市着力打造林业生态市[J]. 决策探索，2009（8）：87.

[48]　毛燕菲. 小城镇生态建设及其规划指标体系研究——以天津市汉沽区大田镇为例[D]. 天津：天津师范大学，2008.

[49]　成实，成玉宁. 从园林城市到公园城市设计——城市生态与形态辨证[J]. 中国园林，2018，34（12）：47–51.

[50]　朱介鸣. 城市发展战略规划的发展机制——政府推动城市发展的新加坡经验[J]. 城市规划学刊，2012（4）：22-27.

[51]　于英. 城市空间形态维度的复杂循环研究[D]. 哈尔滨：哈尔滨工业大学，2009.

[52]　徐利权，谭刚毅，周均清. 都市圈新城规划建设实效评估方法研究——以武汉城市圈为例[J]. 城市规划学刊，2018（1）：83-89.

[53]　郝胜涛. 资源型城市生态建设研究——以抚顺市为例[D]. 乌鲁木齐：新疆师范大学，2009.

[54]　戚荣昊，杨航，王思玲，等. 基于百度POI数据的城市公园绿地评估与规划研究[J]. 中国园林，2018（3）：32-37.

[55]　陈家鹜，胡宇佳，沈守云，等. 海绵城市设计理念在河道治理中的应用研究[J]. 环境科学与管理，2018，43（7）：30-33.

[56]　王香春，蔡文婷. 公园城市，具象的美丽中国魅力家园[J]. 中国园林，2018，34（10）：28-31.

[57]　潘国武. 浅析山水格局对城市绿地系统构建的意义[J]. 城乡建设，2010（16）：107-108.

[58]　秦德君. 新时代城市的"新宜居观"[J]. 决策，2018（4）：12.

[59]　冯现学. 快速城市化进程中的规划管理机制研究——以深圳地区为例[D]. 上海：同济大学，2005.

[60]　达良俊，田志慧，陈晓双. 生态城市发展与建设模式[J]. 现代城市研究，2009（7）：11-17.

[61]　陈柳钦. 国外主要绿色建筑评价体系解析[J]. 绿色建筑，2011（5）：54-57.

[62]　原华君. 生态城市的概念及发展回顾[C]//中国地理学会. 2004年学术年会暨海峡两岸地理学术研讨会，2004.

[63]　周建军. 谱写海上花园城市建设新篇章[R]. 浙江日报，2017-03-30.

后记

从群岛型、国际化、高品质海上花园城市规划建设理论与实践探索课题启动，到本书的定稿，历时两年有余。启动课题的初衷，希望能够借鉴国内外城市在花园城市规划和建设实践中的经验，为舟山海上花园城的建设目标、建设指标、建设策略、建设行动提供指导。同时，也希望能够对2012年以来，在"海上花园城"这一城市建设目标正式提出后，特别是于2017年5月4日舟山全市召开海上花园城市建设动员会和市委市政府发布《关于建设海上花园城市的指导意见》，开启了舟山生态文明新发展理念指导下建设海上花园城市的新篇章之后，对舟山在城市规划和建设方面的实践和探索进行总结，以期能够为新时代生态文明要求指引下的花园城市的理论发展和实践创新以及未来其他城市的花园城市建设提供参考。本次研究由舟山群岛新区总规划师周建军博士主持，负责课题研究框架、主题、章节要点和案例的制定、选编和总统稿。同时，还得到了多家研究团队的参与，其中：本书第2、3章的海上花园城理论发展和建设经验研究部分，由同济大学朱介鸣教授牵头编写；第4~7章的海上花园城建设指标和评价部分，由浙江工业大学陈前虎教授牵头编写；第9章的海上花园城生态化建设策略部分，由重庆大学杨培峰教授牵头编写；第10章的海上花园城建设空间治理体系部分，以及第2章的2.2~2.4节、第5章的5.3节，由中国生态城市研究院陈鸿副研究员牵头编写；第8、11章的海上花园城建设指引和实施效果部分，由舟山市城市规划设计研究院编写，后由舟山市自然资源和规划局以及中国生态城市研究院进行了书稿的整合和完善，得以最终成稿。在课题推进的过程中还得到了舟山市政府、舟山市自然资源和规划局、舟山市住房和城乡建设局及舟山市政策研究室等部门的大力支持和积极参与，同时，本课题还对已有的文献和研究成果进行了引用，在此对本书成稿和出版过程中提供帮助的各位领导和专家，以及所引文献和成果的原作者一并致以诚挚的感谢。